全国印刷类高等职（专）业统编教材

印 刷 概 论

主编 冯瑞乾

文化发展出版社
Cultural Development Press

内 容 提 要

　　本书主要讲述印刷发展简史、印刷综述、图像信息处理、制版、印刷、特殊印刷品的印刷及印后加工等内容。具有理论知识与实际应用密切结合的特点，特别突出了实用性、可操作性。

　　本书适合印刷专业的师生及具有中等文化程度的印刷人员阅读。

图书在版编目（CIP）数据

　　印刷概论/冯瑞乾著.-北京：文化发展出版社，2001.10
　　ISBN 978-7-80000-440-7
　　Ⅰ.印… Ⅱ.冯… Ⅲ.印刷-概论 Ⅳ.TS80
　　中国版本图书馆CIP数据核字(2001)第065565号

印刷概论

冯瑞乾　著

责任编辑：	王清溪
出版发行：	文化发展出版社（北京市翠微路2号 邮编：100036）
网　　址：	www.wenhuafazhan.com　www.keyin.cn　www.printhome.com
经　　销：	各地新华书店
印　　刷：	北京兴怀印刷厂
开　　本：	787mm×1092mm　1/16
字　　数：	304千字
印　　张：	11.75
彩　　插：	2
印　　数：	54201～55200
印　　次：	2001年12月第1版　2018年4月第26次印刷
定　　价：	35.00元
ISBN：	978-7-80000-440-7

◆ 如发现印装质量问题请与我社发行部联系　发行部电话：010-88275710

出 版 前 言

我国印刷业的发展随着改革开放的进程,已步入了全国发展的崭新阶段。印刷业发展的每一步进程,都与我国印刷教育事业有着密不可分的联系。

早在20世纪80年代,我国印刷业刚刚起步向现代化技术发展时期,原文化部出版事业管理局就组织我印刷工业出版社会同有关院校及科研、印刷单位的专业人员出版了全套印刷技工学校专业课教材,为我国印刷技工学校和印刷职工技术教育做出了突出贡献。

随着发展,国家教委高教司下达了高等院校专业规划教材编写任务。1992年国家新闻出版署正式成立了高等学校印刷工程类专业教材编审委员会,负责组织编写出版高等学校印刷工程类各专业全套规划教材,我印刷工业出版社为教材的具体出版单位。

随后,我社受有关上级主管单位委托先后又组织出版了电脑排版、平版制版、平版印刷及全国普通高校教育包装统编教材,为我国印刷教育教材出版奠定了坚实基础,为我国印刷教育事业及至我国印刷业的发展做出了卓越贡献,受到业内外人士一致公认及好评。

近几年,我国印刷业在高新技术推动下,全国各地纷纷引巨资办厂,各种先进的生产设备如雨后春笋不断涌现。于是大批的生产第一线人员急需尽快掌握各种先进的印刷生产设备操作知识,与此相配套的基础理论知识也成为生产第一线人员迫在眉睫的学习任务。针对这一应用型技术人员的需要与职业发展要求的紧密结合的特点,目前急需一套具有实用性、先进性和高效性相结合的印刷类高等职(专)业统编教材。

为此,我社经国家新闻出版署批准,正式组织出版全国印刷类高等职(专)业统编教材。

本书为该统编教材中的其中一本,内容包括印刷发展简史、印刷综述、图像信息处理、制版、印刷、特殊印刷品的印刷及印后加工等。

该套教材在编写出版过程中得到了业内外很多专家学者的支持和帮助,在此谨表真诚的谢意,对于书中出现的不足恳请广大读者批评指正,对于全套教材出版有何建议请不吝赐教。

2001年3月

目　　录

第一章　印刷术发展简史 …………………………………………………………（1）
第一节　印刷术的起源 ……………………………………………………………（1）
一、文字的产生 ……………………………………………………………………（1）
二、笔、纸、墨的发明 ……………………………………………………………（3）
三、盖印与拓石 ……………………………………………………………………（3）
第二节　印刷术的发明与发展 ……………………………………………………（4）
一、雕版印刷术的发明 ……………………………………………………………（4）
二、活字版印刷术的发明 …………………………………………………………（6）
第三节　现代印刷术的发明与演进 ………………………………………………（7）
一、我国印刷术向国外传播 ………………………………………………………（7）
二、现代印刷术的产生和演进 ……………………………………………………（8）
第四节　我国近代印刷术的发展和新中国的印刷事业 …………………………（9）
一、我国近代印刷术的发展 ………………………………………………………（9）
二、新中国的印刷事业 ……………………………………………………………（9）
第五节　我国印刷技术今后10年（2001～2010年）发展预测 ………………（10）
一、印前数字、网络化 ……………………………………………………………（10）
二、印刷多色、高效化 ……………………………………………………………（11）
三、印后多样、自动化 ……………………………………………………………（11）
四、器材高质、系列化 ……………………………………………………………（12）
习题 …………………………………………………………………………………（13）

第二章　印刷综述 …………………………………………………………………（14）
第一节　印刷和印刷品 ……………………………………………………………（14）
一、印刷的定义 ……………………………………………………………………（14）
二、印刷的特点 ……………………………………………………………………（14）
三、印刷品及印刷品的策划 ………………………………………………………（15）
四、印刷品的制作过程 ……………………………………………………………（16）
第二节　印刷的分类 ………………………………………………………………（16）
一、按照媒质转移到承印物上的方式分类 ………………………………………（16）
二、按照印版表面的结构形式分类 ………………………………………………（17）
三、按照印刷品的色彩分类 ………………………………………………………（19）
四、按照印刷品的用途分类 ………………………………………………………（20）
五、印刷工艺流程 …………………………………………………………………（20）
第三节　印刷的要素 ………………………………………………………………（21）
一、原稿 ……………………………………………………………………………（21）

二、印版 ……………………………………………………………… (22)
　　三、油墨 ……………………………………………………………… (23)
　　四、承印物 …………………………………………………………… (24)
　　五、印刷机械 ………………………………………………………… (29)
　习题 ……………………………………………………………………… (31)
第三章　印刷图像信息处理 ………………………………………………… (32)
　第一节　连续调图像原稿阶调复制的原理 …………………………… (32)
　　一、网点对图像阶调的传递 ………………………………………… (32)
　　二、网点的特性 ……………………………………………………… (33)
　第二节　颜色再现的基本原理 ………………………………………… (36)
　　一、颜色的分类和特征 ……………………………………………… (37)
　　二、颜色的分解和颜色的合成 ……………………………………… (40)
　第三节　制版照相工艺 ………………………………………………… (43)
　　一、照相设备及器材 ………………………………………………… (43)
　　二、线条原稿的照相工艺 …………………………………………… (44)
　　三、单色连续调图像原稿的照相工艺 ……………………………… (45)
　　四、彩色图像原稿的照相工艺 ……………………………………… (46)
　第四节　电子分色加网工艺 …………………………………………… (47)
　　一、电子分色机的主要结构和功能 ………………………………… (47)
　　二、电子分色机的操作 ……………………………………………… (48)
　　三、电子整页拼版系统 ……………………………………………… (49)
　第五节　彩色桌面出版系统 …………………………………………… (50)
　　一、DTP 的输入设备 ………………………………………………… (50)
　　二、DTP 的加工处理设备 …………………………………………… (51)
　　三、DTP 的输出设备 ………………………………………………… (52)
　　四、高端联网 ………………………………………………………… (52)
　习题 ……………………………………………………………………… (53)
第四章　制版 ………………………………………………………………… (54)
　第一节　文字排版 ……………………………………………………… (54)
　　一、印刷的字体和规格 ……………………………………………… (54)
　　二、书籍的组成及版式设计 ………………………………………… (57)
　　三、活字版排版工艺 ………………………………………………… (59)
　　四、照排工艺 ………………………………………………………… (64)
　　五、计算机排版工艺 ………………………………………………… (66)
　第二节　平版制版 ……………………………………………………… (69)
　　一、PS 版制版工艺 …………………………………………………… (69)
　　二、其它平版的制版工艺 …………………………………………… (71)
　第三节　凸版制版 ……………………………………………………… (73)
　　一、铜锌版的制版工艺 ……………………………………………… (73)
　　二、感光树脂版的制版工艺 ………………………………………… (75)

  三、高弹性、高分辨率柔性版制版工艺 ………………………………………………… (77)
 第四节　凹版制版 …………………………………………………………………………… (79)
  一、印版滚筒的制作 ……………………………………………………………………… (79)
  二、照相凹版的制版工艺 ………………………………………………………………… (80)
  三、电子雕刻凹版的制版工艺 …………………………………………………………… (81)
 第五节　孔版制版 …………………………………………………………………………… (83)
  一、丝网制版的设备及器材 ……………………………………………………………… (83)
  二、丝网制版工艺 ………………………………………………………………………… (83)
 第六节　打样 ………………………………………………………………………………… (87)
  一、机械打样法 …………………………………………………………………………… (87)
  二、预打样法 ……………………………………………………………………………… (88)
习题 ……………………………………………………………………………………………… (88)
第五章　印刷 …………………………………………………………………………………… (89)
 第一节　平版印刷 …………………………………………………………………………… (89)
  一、平版印刷的原理及实施条件 ………………………………………………………… (89)
  二、平版印刷使用的润湿液 ……………………………………………………………… (90)
  三、橡皮布 ………………………………………………………………………………… (90)
  四、平版印刷机 …………………………………………………………………………… (91)
  五、平版印刷工艺 ………………………………………………………………………… (92)
  六、常见的印刷故障 ……………………………………………………………………… (97)
  七、平版印刷品的质量控制 ……………………………………………………………… (97)
  八、平版印刷的新工艺 …………………………………………………………………… (99)
  九、珂珞版印刷 …………………………………………………………………………… (101)
 第二节　凸版印刷 …………………………………………………………………………… (103)
  一、凸版印刷机 …………………………………………………………………………… (103)
  二、铅版和感光树脂版的印刷工艺 ……………………………………………………… (104)
  三、高弹性、高分辨率柔性版印刷工艺 ………………………………………………… (107)
  四、常见的印刷故障 ……………………………………………………………………… (110)
  五、柔性版印刷品的质量要求 …………………………………………………………… (111)
 第三节　凹版印刷 …………………………………………………………………………… (112)
  一、凹版印刷机 …………………………………………………………………………… (112)
  二、塑料薄膜的表面处理 ………………………………………………………………… (114)
  三、照相凹版印刷工艺 …………………………………………………………………… (114)
  四、凹版印刷的质量控制 ………………………………………………………………… (115)
  五、雕刻凹版印刷工艺 …………………………………………………………………… (116)
  六、凹版印刷车间的印刷环境 …………………………………………………………… (118)
 第四节　丝网印刷 …………………………………………………………………………… (118)
  一、丝网印刷机 …………………………………………………………………………… (118)
  二、丝网印刷工艺 ………………………………………………………………………… (119)
  三、常见的印刷故障 ……………………………………………………………………… (120)

四、影响丝网印刷质量的主要因素 ·· (120)
　　五、丝网印刷的质量控制 ·· (121)
第五节　数字印刷 ·· (123)
　　一、数字印刷方法 ·· (123)
　　二、彩色数字印刷机 ·· (126)
习题 ·· (127)

第六章　特殊用途印刷品的印制 ·· (128)
第一节　不干胶标签印刷 ·· (128)
　　一、不干胶标签印刷及其特点 ·· (128)
　　二、不干胶标签材料 ·· (128)
　　三、不干胶标签印刷机及印版网点线数 ·· (129)
　　四、不干胶标签印刷工艺 ·· (130)
第二节　表格印刷 ·· (131)
　　一、表格印刷机 ·· (132)
　　二、表格印刷工艺 ·· (132)
第三节　数据卡制作工艺 ·· (133)
　　一、数据卡的分类及应用 ·· (133)
　　二、PVC磁卡 ·· (134)
第四节　全息照相印刷 ·· (136)
　　一、拍摄全息图 ·· (136)
　　二、制作全息图母版 ·· (136)
　　三、母版表面金属化 ·· (137)
　　四、电铸金属母版 ·· (137)
　　五、压印 ·· (137)
　　六、真空镀膜 ·· (137)
第五节　条码印刷 ·· (137)
　　一、条码的组成 ·· (138)
　　二、条码的识读原理 ·· (138)
　　三、条码印刷 ·· (139)
第六节　立体印刷 ·· (140)
　　一、立体图像的获得 ·· (140)
　　二、立体印刷工艺 ·· (140)
第七节　贴花印刷 ·· (141)
　　一、裱纸 ·· (142)
　　二、制版 ·· (142)
　　三、印刷 ·· (142)
　　四、转印 ·· (142)
第八节　铭牌印刷 ·· (143)
　　一、铝材的预处理 ·· (143)
　　二、耐酸铝的加工 ·· (144)

三、印刷 (144)
　　四、封孔处理 (144)
 第九节　软管印刷 (144)
　　一、冲制软管 (145)
　　二、印刷 (145)
 第十节　盲文印刷 (145)
 第十一节　木刻水印 (146)
 习题 (147)

第七章　印后加工 (148)
 第一节　书刊装订工艺 (148)
　　一、书刊装订工艺的演进 (148)
　　二、书刊装订的方法及主要工艺流程 (148)
　　三、骑马订工艺 (150)
　　四、平装工艺 (152)
　　五、精装工艺 (158)
 第二节　表面整饰加工 (166)
　　一、上光 (166)
　　二、覆膜 (167)
 第三节　模切与压痕 (169)
 第四节　烫金 (172)
　　一、电化铝箔材的结构 (172)
　　二、烫印机的基本结构 (172)
　　三、电化铝烫印工艺 (172)
 第五节　凹凸压印 (173)
　　一、压凸纹 (173)
　　二、模切压痕 (174)
 第六节　UV仿金蚀刻油墨网印装饰 (175)
　　一、UV仿金蚀刻油墨 (175)
　　二、UV皱纹花样墨网印工艺 (175)
　　三、UV冰花墨网印装饰 (176)
 习题 (176)

参考文献 (178)

第一章　印刷术发展简史

人类积存有用的知识，大约有近万年的历史。文字的产生，曾使知识的存留和传播跃进了一大步。印刷术的发明和应用，各类印刷品的大量涌现，使有用的知识不胫而走，珍贵的典籍千载流传，使人类文化有了长足的进步。到了近代，社会生产力的发展和科技的进步，促成了印刷技术的突飞猛进，印刷的发展又推动了教育的普及和知识的传播，从而使人类文明进入了一个崭新的时代。

今天，印刷术已经熔现代科技成果和艺术表现于一炉，成为现代化的综合技术；印刷工业在国民经济中的地位稳步上升，已成为庞大的、独立的工业体系；而书籍、报纸、杂志、画报、广告、地图、货币、单据、包装装潢材料等大量精美的印刷品，已经和现代人的生活息息相关，成为不可缺少的必需品了。印刷术的发明，对于人类文明是有着莫大的历史功绩的，被誉为"文明之母"实在是恰当不过的。

印刷术的发明，是人类文明史上的光辉篇章，而建立这一伟绩殊勋的莫大光荣属于中华民族。

第一节　印刷术的起源

约在1300年前，我国发明了印刷术。印刷术的发明，是我国祖先智慧的结晶，有着漫长而艰辛的探索过程。

一、文字的产生

我国的汉字是从古代的结绳、刻木记事开始的，后来经过绘画记事逐渐形成了象形文字（参看图1-1和图1-2）。

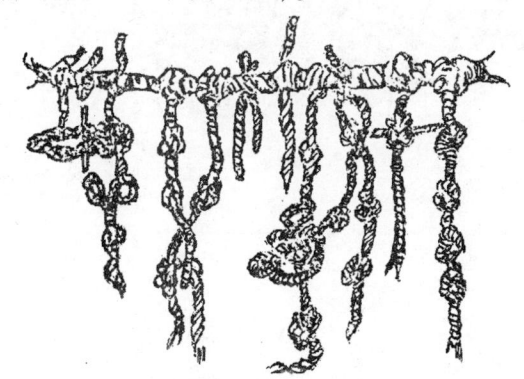
图1-1　结绳记事

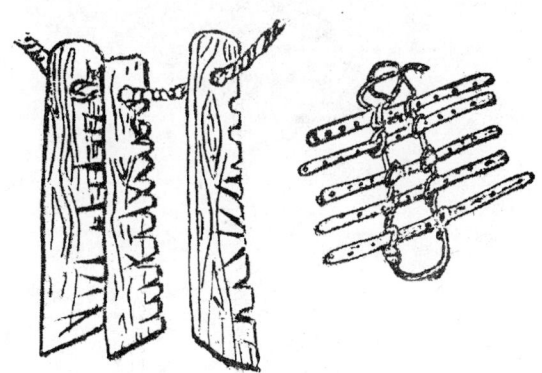
图1-2　木刻条痕记事

汉字的字体，在长期的发展过程中总在不断地变化。最早的是殷商时代的甲骨文和周朝的钟鼎文（也叫金文）。自秦朝以后，逐渐规范化，经篆书、隶书到现今的楷书、行书和草书（参看图1-3、图1-4、图1-5和图1-6）。

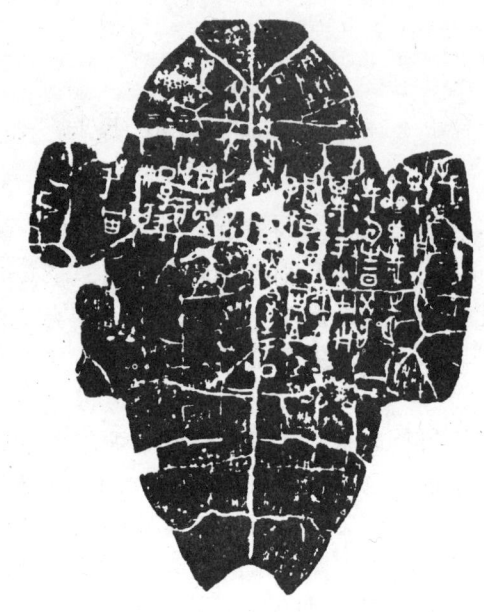

图1-3

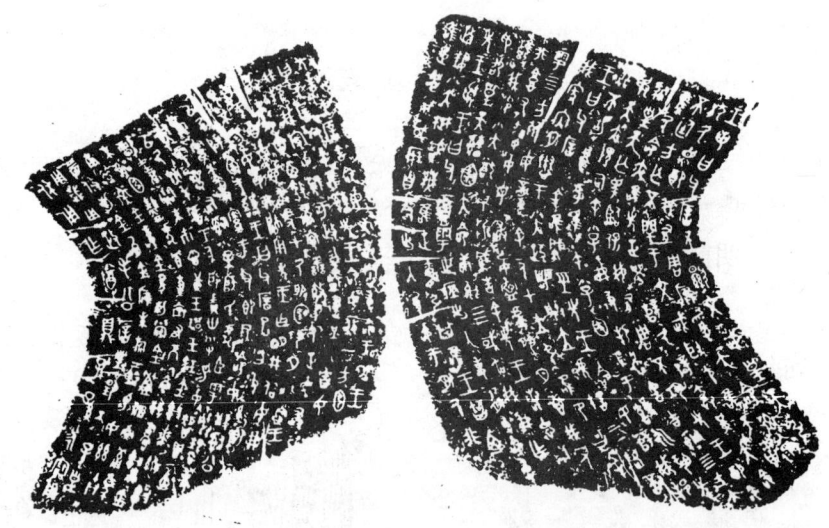

图1-4 钟鼎文字图

图1-5 汉字形体的演变

图1-6 汉字形体的演变

汉字从象形图画向抽象符号过渡，直至形成规划文字的过程源远流长，连绵不断，其轨迹鲜明生动，总的趋势是由繁而简，由圆而方，更方便于书写和印刷。

文字的发明是人类文明的一大跃进，文字的应用，使得语言信息得以准确、完整、形象地再现，给以后的刻石、刊木，以至抄书、印书，创造了便捷的条件，促进了印刷术的诞生。

二、笔、纸、墨的发明

笔、纸、墨的相继发明，为文字的存留创造了必要的物质基础。

大约在印刷术发明前1000年的时候，我国就出现了毛笔，当时用兔毫作为笔头，以细竹为笔杆，蘸朱砂之类的有色物料在竹简、丝帛之类的载体上涂画。毛笔涂画便捷、经久耐用，历代相传，不断改进，成为上好的书写工具沿用至今。

公元2世纪初，东汉和帝年间，蔡伦总结了前人抄造纸张的经验，采用树皮、麻头、破皮等造纸原料，制成了质地优良的植物纤维纸，人称"蔡候纸"。纸张具有轻便柔软、韧性良好、制造容易、价格便宜等优点，是十分合适的书写材料，很快取代了笨重的竹简和昂贵的丝帛。

到了公元3世纪，我国制成了烟炱墨，这种墨用松烟和动物胶配制而成。易溶不晕，色浓不脱，非常适用于书写和印刷。

三、盖印与拓石

从印刷技术的角度来看，印章相当于印版，盖印即是印刷，而刊刻印章，则属制版。

印章，初期只作信凭之用，面积很小，通常刻的是姓名或官衔。到了公元4世纪的晋朝，出现了面积较大的印章，据曲籍所载，这时已有120个字的印章。用120个字的印章盖的印，得到的应该是一篇短文的复制品了。

早期的印章，多是凹入的反写阴文，印在泥土上，得到的是凸起的正写阳文。纸张发明以后，流行的是凸起的反写阳文印章，印在纸上得到的是白地黑字的正写文字。这种文字从反写阳文取得正写文字的复制方法，已经孕育着雕版印刷术的雏形。

拓石是印刷术发明的另一渊源。

春秋以前，在石碑上镌刻文字，民间已广为流传。春秋以后，石碑刻字技术相当娴熟，秦始皇出巡时，到处刻石记功。到了公元175年（汉灵帝熹平四年），中郎蔡邕奉命书写儒家经典，并使人刻了46块石碑，这就是著名的《熹平石经》。用拓刷的方法把石碑上的字拓印下来，称为碑帖（参看图1-7、图1-8）。显然，盖印与拓石有异曲同工之妙。

盖印与拓石的发明与使用，使人们对阳文、阴文、反书、涂墨、盖印等图文复制技术的基本原理有所认识，为雕版印刷术的发明提供了启示并奠定了技术基础。

图1-7 熹平石经残石

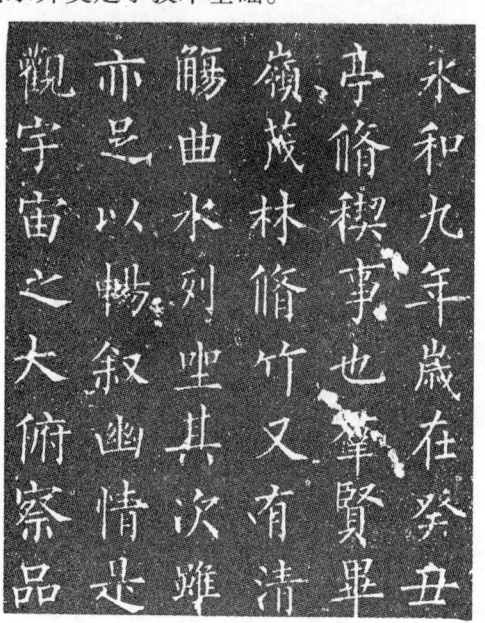

图1-8 唐兰亭序碑文拓片

第二节 印刷术的发明与发展

一、雕版印刷术的发明

雕版印刷术是盖印与拓石两种方法发展、合流而形成的。

雕版印刷术的工艺过程如下：把硬度较大的木材刨平、锯开，表面刷一层稀浆糊，然后把写好字的透明薄纸，字面向下贴在木板上，干燥后用刀雕刻出反向、凸起的文字，成为凸版（参看图1-9）。经过在版面上刷墨、铺纸、加压力后，便得到了正写的文字印刷品。

雕版印刷术的发明，约在1300年前的我国唐朝。当时，社会安定、经济繁荣，又以科举取仕，提倡读书，盛行佛教，流行经文，对于书籍的需要大为增加，于是，书籍逐渐成为商品。这时，楷书久已流行，纸、墨也广泛应用，盖印和拓石的方法日臻完美，雕版印刷术就是在这样的社会历史条件下诞生的。

从现存最早的文献记载和实物来看，雕版印刷术出现在我国唐朝的初期是完全可靠的。

明朝史学家邵经邦所著的《弘简录》中，有唐太宗"梓行"长孙皇后所撰《女则》十篇的记载，"梓行"就是指雕版印刷。可见，在唐太宗执政时期（从公元625年到公元649年的25年间），雕版印刷术已经有所应用了。

这一时期留存下来的实物，也充分证明了上述的论断。如公元1900年，在我国甘肃省敦煌千佛洞发现的大批文物中，有一卷刻印精致的《金刚经》（参看图1-10），它长一丈六尺，宽一尺，由七个印张粘接而成，上面刻有佛像和经文，卷尾落款是："咸通九年四月十五日王玠为二亲敬造普施"，咸通九年即公元868年。《金刚经》现存英国伦敦博物馆内，这是保存到现在载有明确日期的最早雕版印刷品。

唐朝末年，雕版印刷在我国南方很盛行，四川、江苏、安徽等地成了刻印书籍的中心，主要刻印佛教经文和通俗读物。长兴三年（公元923年）宰相冯道提倡刻印《九经》，用了二十年的时间完成，这是我国历史上第一次由政府主持用雕版印刷经书，目的是为了校正文本。

到了宋代，雕版印刷业极为昌盛，除了印刷

图1-9　雕刻木版

图1-10　金刚经

一些儒家经典、佛教经书之外，还出版了自然科学类的书籍及民间文艺作品，不仅各级官府出资刊刻印刷，而且有私家刻书和坊间刻书，形成了以雕版印刷作坊为主体的印刷中心（参看图1-11）。所印书籍品种齐全，刻工精细，技术性和艺术性都有很大提高，如刻印工程浩大的《释藏》、《道藏》和历史名著《资治通鉴》以及《玉惠方》等史书和药书等。宋代末年，印刷业几乎遍及全国了。

在元、明、清三个朝代，雕版印刷术不但印书，还印纸币（参看图1-12），中国印刷品最早就是以纸币传入欧洲的。

图1-11 我国古代雕版印刷作坊

图1-12 传入欧洲的纸币

雕版印刷术的另一重大发展,是采用"套版"和"饾版"印刷彩色图画。

套版是把一张原稿分成几块印版,用不同颜色的色料,分别套印在同一张纸面上。

饾版也是把原稿按不同的颜色,分别雕刻成若干块印版,刷墨时有深有浅,然后叠印在同一张纸面上,因其印版零碎,用时要摆布拼凑,有如陈设的食品饾饤,故称饾版。饾版所用版数不同,有时几块、几十块,多时达千块,根据原稿而定。明朝年间(明熹宗天启六年即公元1627年),南京胡正言用饾版印制了《十竹斋画谱》,设色艳丽、浓淡适度,作为艺术珍品流传至今。

雕版印刷术是我国的伟大发明,在我国历代沿用,至今仍有保留,如北京荣宝斋的木刻水印。

二、活字版印刷术的发明

活字版印刷术是宋朝仁宗庆历年间(公元1041~1048年)毕昇发明的。宋代著名科学家沈括在《梦溪笔谈》中,详细记载了毕昇发明胶泥活字的情况,这是我国继雕版印刷之后又一伟大发明。

毕昇发明的活字版印刷,采用泥活字排版,从造字、排版到印刷都有明确的方法,由于当时条件的限制,毕昇的发明难免粗糙,但它的基本原理和现在的活字版印刷十分相近,与雕版印刷相比,活字版印刷术既经济又方便,具有明显的优越性,因而逐渐取代了雕版印刷术的地位。

毕昇的活字版印刷比雕版印刷有很大的进步,推动了我国印刷技术的发展,但缺点是泥活字不易保存,不能用来做第二次印刷。

公元1296年(元成宗元贞二年),县尹王祯设计木刻活字,并发明了转轮排字架,工人排字时以字就人,减轻了排字的劳动,经

图1-13 毕昇像

两年应用，印成了11万字的"农书"百部（见图1-14）。尤其重要的是，王祯把制造木活字的方法，以及拣字、排字、印刷的全过程，都系统详细地记载了下来，写成《造活字印书法》一书，这是世界上最早讲述活字印刷术的专门文献。

明清两代木活字很流行，清政府曾用木活字印成《武英殿聚珍版丛书》2300多卷。15世纪末期（明孝宗弘治年间）我国无锡人华燧首创并用铜活字刊印《宋诸臣奏议》等书，这是现存最早的铜活字书本。

图1-14 王祯发明的轮转排字架

活字印刷术的发明，对于现代印刷术的产生有着直接的影响。

第三节 现代印刷术的发明与演进

一、我国印刷术向国外传播

我国印刷术发明以后，就逐渐向外传播。

朝鲜是最早接受中国印刷术的国家。中朝两国疆土相连，交往密切，公元995年（高丽朝六世成宗十四年），曾派遣使臣来宋朝请求官版《大藏经》，带了回去作为蓝本刻印，历时十年之久，完成了1521部、6589卷的木刻卷本。这就是有名的《高丽大藏经》。

日本最早的印刷物是《陀罗尼经》，印成于公元770年（日本神户景云四年），它是在中国东渡的高僧鉴真大和尚与同去的中国匠人到日本以后刻印而成的。《陀罗尼经》共印100万张，分藏在十大寺院内，至今仍有实物保存。

越南、柬埔寨、泰国、菲律宾、印尼等国家的印刷术，据历史记载，是通过使臣、商人的往来以及中国僧人、华侨、印刷工人的外出，逐渐从我国传播出去的。

我国的印刷术，不仅传到了上述各国，而且经过丝绸之路影响到欧洲，促进了现代印刷术的产生。

1907年，在敦煌千佛洞发现的回纥文的木活字，是完全按照王祯的方法制造的。据分析，约在十三四世纪，回纥人的印刷工业曾经相当发达，而且，回纥人的印刷术来源于宋朝和元朝。

波斯（现在的伊朗）是继回纥之后，中国印刷术西传途径上的另一个中继站。公元1294年，伊尔汗国曾在波斯的首都塔布里兹，用雕版印刷术印刷过一种纸币，是仿照元朝的"至元宝钞"，用汉文和阿拉伯文两种文字印刷的。波斯著名的历史学家拉施德在公元1310年完成的名著《世界史》中，也有关于中国印刷史的详细记载。

十三世纪初建立起来的蒙元帝国地跨欧、亚两洲。随着蒙元帝国疆域的扩大，欧洲和中国人员之间的交往逐渐增多，尤其是当时元朝的纸币，已经达到"每日印造不可数计"的程度，流传极广，这也促进了印刷术的传播。意大利旅行家马可·波罗曾将元朝的纸币带回欧洲，并在他的《游记》中有详细的记载。十二三世纪的十字军东征，也使欧、亚两大洲发生了前所未有的接触，十字军从东方带回去的纸币、纸牌、版画等印刷品，对欧洲印刷术的发展产生了很大的影响。

总之，亚洲各国的印刷术多是从中国传去的，欧洲印刷术的产生也深受中国印刷术的影响，我国的印刷术，可说是源远流长。

二、现代印刷术的产生和演进

我国发明的活字版印刷术，在国外得到了进一步的发展和完善，成为现代印刷术的主流。对中国古代活字版印刷术，有突出改进和重大发展的是德国人谷登堡，他创造的铅合金活字版印刷术，被世界各国广泛应用，直到现在，仍为当代印刷方法之一。

谷登堡创建活字版印刷术大约在公元 1440～1448 年，虽然比毕昇发明活字版印刷术晚了 400 年之久，但是，谷登堡在活字材料的改进、脂肪性油墨的应用，以及印刷机的制造方面，都取得了巨大的成功，从而奠定了现代印刷术的基础。各国学者公认，现代印刷术的创始人，是德国的谷登堡。

谷登堡用作活字的材料是铅、锡、锑合金，易于成型，制成的活字印刷性能好，像这样的配比成分，甚至到今天，也没有太大的改变。在铸字的工艺上，谷登堡使用了铸字的字盒和字模，使活字的规格容易控制，也便于大量的生产。谷登堡还首创了脂肪性油墨，大大提高了印刷质量，脂肪性油墨也一直沿用至今。谷登堡发明的印书机，虽然结构简单，但改进了印刷的操作，是后世印刷机的张本。

图 1-15　德国满盈支市的谷登堡塑像

以上这些都是毕昇发明活字版印刷术所没有的，也是毕昇活字版印刷术没能广泛流传的技术原因。谷登堡的创造，使印刷术跃进了一大步。

谷登堡首创的活字印刷术，先从德国传到意大利，再传到法国，到 1477 年传至英国时，已经传遍欧洲了。一个世纪以后传到亚洲各国，1589 年传到日本，翌年，传到中国。

谷登堡的铸字、排字、印刷方法，以及他首创的螺旋式手扳印刷机，在世界各国沿用了 400 余年。这一时期，印刷工业的规模都不大，印刷厂多为手工业性质。

1845 年，德国生产了第一台快速印刷机，这以后才开始了印刷技术的机械化过程。

1860 年，美国生产出第一批轮转机，以后德国相继生产了双色快速印刷机，印报纸用的轮转印刷机，到 1900 年，制造了 6 色轮转机。从 1845 年起，大约经过一个世纪，各工业发达国家都相继完成了印刷工业的机械化。

从 20 世纪 50 年代开始，印刷技术不断地采用电子技术、激光技术、信息科学以及高分子化学等新兴科学技术所取得的成果，进入了现代化的发展阶段。70 年代，感光树脂凸版、PS 版的普及，使印刷迈入了向多色高速方向发展的途径。80 年代，电子分色扫描机和整页拼版系统的应用，使彩色图像的复制达到了数据化、规范化，而汉字信息处理和激光照排工艺的不断完善，使文字排版技术发生了根本性的变革。90 年代，彩色桌面出版系统的推出，表明计算机全面进入印刷领域。总之，随着近代科学技术的飞跃发展，印刷技术也在迅速改变着面貌。

第四节　我国近代印刷术的发展和新中国的印刷事业

一、我国近代印刷术的发展

从明朝开始，就有西方传教士把铅活字的排版方法传入我国，但长期没有得到推广和应用。直到1819年，英国人玛利逊第一次用汉字活字印成了《圣经》。1838年英国人台约尔制成了一套汉字字模并铸字印刷，1843年英国人麦都思在上海开设海墨书馆，出版铅印书籍，1872年《申报》在上海创刊，1875年上海土山湾印书馆设立石印印刷部，1897年商务印书馆成立，1912年又成立了中华书局。在出版大量书刊杂志的同时，普遍采用了先进的印刷机械，创造新的印刷字体并改进印刷技术。这样，到了20世纪初期，一千多年来的手工业印刷术开始退居到次要地位，机械化的现代印刷逐渐成为我国印刷技术的主流。

二、新中国的印刷事业

新中国成立以后，人民政府十分关心印刷工业的发展，成立了新闻出版署，统管印刷、出版、发行工作。全国各省相继建立了以书刊印刷为主的新华印刷厂，逐渐形成了有一定规模、布局合理的印刷工业体系。改革开放以来，印刷业有了飞速的发展，以书刊为例，到1999年底，已有出版社566家，出版新版图书8.3095万册，重版图书5.8736万册，总印数为73.16亿册，印张391.35亿，耗用纸张92.19万吨，印刷从业人员达300万，已经形成了现代化的印刷业体系。

我国的印刷工业，在吸收、引进国外先进印刷技术和设备的基础上，进行了许多改革，并取得了显著的成效。

在文字排版方面，1974年命名为"748"工程的汉字信息处理技术被列为国家重点科研项目。1983年研制成功计算机—激光汉字编辑排版系统，为汉字的编排开创了新路。1990年山东潍坊计算机公司，推出了华光Ⅴ型电子出版系统。1991年北京大学新技术公司，重新注册推出了方正电子出版系统（方正91卡），这一系统采用了世界先进的栅格图文处理器RIP，大大降低了成本，字号可以无级变倍，还可实现高速远程传送。1993年又推出了方正93卡，字体更加丰富。

在图像制版方面，电子分色机和整页拼版系统，从20世纪80年代中期开始，逐渐成为彩色图像复制的主要设备，电子分色技术也日趋成熟。20世纪90年代，我国开发研制成功了彩色桌面出版系统，达到了国际先进水平。

在印刷机械制造方面，近10年来，制造能力和质量水平都有明显提高，全国印刷机械厂有几十家，制版、印刷及其它印刷设备均已配套，有的还向国外出口，1995年德鲁巴国际纸张印刷展览会上，我国第一次展出了大对开幅面、带酒精润湿系统的五色胶印机，标志着我国的印刷机械制造水平已步入了世界的先进行列。

为了适应印刷工业的飞速发展，从1956年我国相继组建了北京印刷技术研究所（中国印刷科学技术研究所前身）等20多所印刷科技研究机构，在基础研究、印刷工艺、材料及设备等方面取得了许多重大成果。印刷教育也有很大的发展，除专业性很强的北京印刷学院、上海印刷专科学校外，还有西安理工大学、武汉测绘科技大学等10多所高校设有印刷专业。此外，印刷专业的中等专科学校、职业高中、技工学校遍及全国，在职成人教育也取得了长足的进步。

尽管我国的印刷事业取得了巨大的成果,但是,我国的印刷工业基础薄弱,新中国成立以后,虽然发展很快,但与其它工业发达的国家相比,还有较大的差距。例如:出版周期较长,印刷质量普遍水平不高,印刷企业管理还缺乏科学性等。因此,要彻底改变我国印刷工业的落后面貌,就必须大力加强科研和教育工作,培养更多的印刷人才,继续引进国外先进的印刷技术,积极开发印刷新工艺和新材料,早日实现印刷技术的现代化。

第五节 我国印刷技术今后10余年(2001~2010年)发展的预测

人类历史已经跨入21世纪,对人类文明做出了重大贡献的印刷技术,今天面临着巨大的变革。随着电子计算机技术、信息传输技术、多媒体技术、机光电一体化技术的创新和发展,从印前、印刷到印后,传统的印刷工业遇到了空前的挑战和机遇。全数字式的印前制版、数字打样、数字印刷、绿色(环保)印刷技术,全新概念的印刷设备、工艺和材料,整个生产过程的计算机管理和控制等等,令人目不暇接,发展神速。从这个意义上来讲,以常规角度来预测今后10余年印刷技术在我国的发展,是一个非常困难的课题。

中国印刷及设备器材工业协会,组织专家论坛,客观分析我国国情的现状,准确把握国外印刷技术发展动向,提出我国从2001~2010年印刷技术发展的28字方针,具体内容是:印前数字、网络化;印刷多色、高效化;印后多样、自动化;器材高质、系列化。

一、印前数字、网络化

1. 含义。"印前数字、网络化",是指在今后10余年内,随着电子计算机技术和信息传输技术在我国的不断发展,印前领域——包括彩色桌面系统、计算机直接制版、数字式打样等数字化处理和网络化信息传输将得到迅速发展;全数字化工作流程将逐渐取代模拟式图像和页面处理过程,使高精度、数字式彩色图像的采集、处理、图文组合、打印(打样)、输出、传输,直至无胶片直接制版、无版材数字式印刷,以及计算机控制的印后加工、发行成为现实,数字化信息处理将逐步占据主导地位;逐步实现页面文件输出多媒体化和远程出版网络化;印前工序配套的系统硬件向集成化、专业化、多元化方向发展,配套的应用软件向开放(跨平台)化、智能化和文件格式标准化方向发展。

2. 2010年前印前发展的主要目标。

(1) 引进并开发高精度、高性能的数字式照相机和彩色扫描仪,智能化的彩色校准软件逐步得以推广应用。

(2) 提高彩色桌面系统的国产配套水平,在引进国外高性能输出设备(包括数字打样系统、直接制版机、激光照排机、数字印刷机等)的同时,自行开发关键技术和关键设备,提高系统硬件的精度和性能价格比;逐步推广应用直接制版、数字打样和数字印刷技术。

(3) 加强应用软件,特别是以提高印刷产品质量和生产效率为目的的智能化应用软件的开发,并得以推广应用。

(4) 加强扩展汉字字符集的开发和推广。

(5) 高压缩率的数据传输、多种媒体的记录输出、远程网络出版和网络印刷技术逐步得以推广应用。

(6) 国际上所有新型、通用的数据文件格式和标准化数据处理、网络传输技术能迅速在我国推广和普及。

二、印刷多色、高效化

1. 含义。"印刷多色、高效化"是指印刷品由单色向多色方向发展并不断提高印刷效率和质量。为此,将大力发展一次印刷过程即可印出多色印品的工艺和高效设备,在满足印品质量和环保要求的前提下,不断提高效率和质量。

2. 2010 年前印刷发展的主要目标。

(1) 在发展电子出版物的同时,继续大力发展纸基印刷品。大力推广应用能一次印出多色印品的工艺和高效设备。提高彩色印刷的比重、质量和效率。

(2) 在各种印刷方式中,胶印仍占主导地位。在包装印刷中柔印将有较快的发展。

(3) 以数字印刷为主要印刷方式的按需印刷将有一定的发展。符合环保要求的绿色印刷将愈来愈受到社会的重视。

(4) 印刷机发展的重点仍然是多色胶印机。

单张纸胶印机,首先要在对开多色胶印机提高质量和档次的基础上,形成完整的系列产品;适当发展四开多色胶印机和适应小批量按需印刷的多色小胶印机。

卷筒纸胶印机除继续完善和提高书刊用机外,重点发展新闻用多色机和中、高档的商业用机。新闻用机首先发展 6~7 万张/小时的单幅多色机。在此基础上,发展双幅和速度更高的多色机及配套装置。

无论哪种胶印机都应首先解决国际上先进适用,而国内尚不完全过关和应尽快研制的技术,使其实用、稳定、可靠,并在此基础上研制水平更高的设备,重点是自动化、数字化和智能化控制系统。

(5) 适当发展柔印和凹印机。柔印机首先发展带有后续加工设备(如裁切、模切、上光、烘干等)的窄幅机组式柔印机,使其性能稳定、可靠,达到国际中、上等水平。在此基础上根据市场需求发展卫星式及层叠式机。

凹印机重点发展多色中、高档机。

(6) 其他印刷机。密切关注数字印刷机的发展动向,适时研发适合我国市场需求、性能可靠的数字印刷机。

根据市场需求,发展中、高档的表格印刷机及印后配套加工装置。注意研制发展胶印、柔印、凹印及其它印刷方式的混合式印刷机。

根据市场需求,发展工艺先进、设备性能适用的机器,淘汰落后的工艺及设备。

三、印后多样、自动化

1. 含义。"印后多样化",是指印刷后序加工(包括印品表面整饰、书刊装订和包装成型加工等)采用多种工艺和多种设备来完成。

"印后自动化",是指广泛采用自动化、机械化的工艺和设备,逐步改变手工和半机械化生产的落后状况,从根本上提高最终产品的质量和生产效率,并力争达到先进国家的一般水平。

2. 2010 年前印后加工的发展目标。

(1) 通过广泛采用多种印品整饰工艺(如上光、压光、覆膜、过胶、上蜡、凹凸压印、烫金、打孔、打拢、打号、喷字等),提高印品的光泽性、耐磨性、耐腐蚀性和防水性。

（2）通过广泛采用自动化、连续生产水平较高的折页、配页、锁线、无线胶订、骑马订、精装、裁切、打包等设备，提高书刊产品的外观和内在质量。

（3）通过多种包装成型工艺（如模切压痕、烫金、折叠糊盒、开窗、贴面、复合、分切、制袋等），满足迅速增长的包装市场多品种、高质量、短周期的需求。

（4）重点推广应用胶订工艺，开发和完善无线胶订单机和联动机、精装单机和联动线自动切纸机。

（5）开发和广泛应用计算机包装设计应用软件、计算机控制的模切版激光切割机、雕刻机、刀具成型机，着重提高模切精度和模切加工速度。

（6）应用和开发高精度、高速度、多功能的自动连续印后复合机、折叠糊盒机、制袋机、瓦楞机、瓦楞纸板和彩色细瓦楞自动生产线，以及为卷筒纸表格印刷机、柔印机配套的后序加工装置（包括圆压圆模切机等）。

四、器材高质、系列化

1. 含义。 高质，是指提高印刷器材产品性能和质量，以适应各种印刷的需求。目前在众多国产印刷器材中，中低档产品多，精品少，质量不稳定。今后各种印刷器材的发展，都应把提高质量作为重点。

系列化，是指规格齐全，品种多样。目前有些国产印刷器材品种还不配套，不成系列；此外有些高新技术产品，如计算机直接制版（CTP）版材等，目前尚属空白。

今后我国印刷器材发展方向和重点是提高质量，增加品种，达到系列化，力争跟上国际发展步伐，适应印刷技术进步的需要，以满足市场需求。

2. 2010 年前印刷器材发展的主要目标。

（1）感光胶片。重点发展激光记录输出胶片，提高分辨率、物理性能、改进显影工艺等，使其接近国外同类胶片水平。同时稳步提高电子分色片和照相、拷贝片质量，开发生产明室胶片，以及对环保有利的干式胶片等系列品种。

（2）印刷版材。重点发展平版印刷的 PS 版和新型计算机直接制版版材及柔性版版材。

第一、PS 版：着重改进砂目处理技术和提高感光层质量，达到高分辨率和高耐印力，满足国内高档印刷市场的需要。同时开发超精细、无水印刷、UV 印刷等专用版材。

第二、计算机直接制版（Computer To Plate 简称 CTP）的版材：应在尽量短的时间内研制和生产银盐型版材，并使其接近国外同类产品水平。同时研制开发热敏型 CTP 系列版材等。

第三、柔性版：开发、生产各种规格的系列感光柔性版，提高版材的回弹力、耐老化性、感光度、分辨率等各项指标，使其接近国外同类产品水平。同时开发多样化的版材成型工艺。

（3）印刷用纸张。今后纸张发展趋势是低定量、高质量和多品种。在新闻纸、书刊纸及包装与装潢用纸方面，着重提高原材料中的木浆比重和草浆质量，以改进纸张强度，增加不透明度和强化表面性能。提高涂布技术，使胶印新闻纸实现低定量和轻微涂布，以适应高速轮转、多色印刷的要求。同时不断增加与发展其他低定量、薄膜涂布胶印纸，以及不同规格的包装纸和各种特殊用纸等系列产品。

（4）印刷油墨。今后油墨发展目标是适应多色、高速、快干、无污染、低消耗等需要。改进热固型轮转油墨、凹印表面印刷油墨及柔性版油墨等产品质量，提高对现代工艺的适应性、产品的稳定性，并要提高国内油墨原材料的质量和油墨包装水平。同时积极开发在国内仍处于短缺和空白的各种水基墨、无水胶印油墨、食品包装油墨、耐晒油墨等多种产品。

（5）胶印橡皮布。重点研制、生产高速印刷机（单张纸印刷机1万张/小时以上，卷筒纸印刷机6万张/小时以上）所需的中、高档气垫橡皮布，以及不同规格、型号的配套铝夹板，以满足各种印刷机的需求。

（6）其它印刷器材。按照国际发展方向和国内市场需求，加大对计算机输出设备材料、防伪印刷材料、喷墨印刷材料、烫金装饰材料、热熔胶以及各种印刷辅助材料等方面的研究开发力度，以适应我国高新印刷技术的发展。

回顾过去，展望未来，我们充满信心，一定要使我们祖先发明印刷术的光荣传统，在我们这一代发扬光大。

习　题

1. 为什么说盖印与拓石是印刷术的起源？
2. 雕版印刷术是在什么样的条件下发明的？
3. 毕昇的活字版为什么没有得到流传和发展？
4. 谷登堡对现代印刷术作出了什么贡献？
5. 从毕昇、谷登堡发明凸版印刷的历史来看，你认为一种新的印刷方法的诞生，需要哪些物质和技术条件？
6. 我国21世纪初，印刷技术发展的28字方针是什么？简述它们的含义。
7. 作为一名印刷从业人员，你认为如何才能更好地促进我国印刷技术的发展？

第二章　印刷综述

环顾我们的周围，就会发现大量种类繁多的印刷品。报纸、书刊、邮票、钞券、广告样本、票据、商标、壁纸、包装材料等印刷品，都是利用印刷技术生产的产品。印刷已经发展成一种较完善的工艺技术。

第一节　印刷和印刷品

一、印刷的定义

中国古时的印刷，系以毛笔蘸黑涂敷在印版的表面，覆纸张与印版的表面上，再用另一只干毛刷在纸张上轻轻刷拂，使得印版上凸起的反向图文上的油墨在纸张上印出正向图文的墨迹。因这一刷便得一印，故称印刷。

长期以来，传统的印刷必须要有印版，印版上的油墨（或色料）只有在压力的作用下，才能够转移到承印物上。因此，人们认为印刷技术的发展就是印版和压力的演变。但是，近几十年，尤其是最近的 10 年间，由于电子、激光、计算机等技术向印刷领域的不断扩展以及高科技成果在印刷中的应用，对以印版和压力为基础的传统模拟印刷提出了挑战，不需要印版和压力的数字化印刷方法层出不穷。例如：激光打印、电子束成像、喷墨打印、热蜡转印、热升华转印、液体热敏喷墨打印等。使印刷的定义有了新的概念。我国颁布的国家标准 GB9851《印刷技术术语》中写到：印刷是使用印版或其它方式将原稿上的图文信息转移到承印物上的工艺技术。

从印刷的定义可以看出，印刷是一种对原稿图文信息的复制技术，它的最大特点是，能够把原稿上的图文信息大量、经济地再现在各种各样的承印物上，可以说，除了空气和水之外都能印刷，而其成品还可以广泛流传和永久保存，这是电影、电视、照相等其它复制技术无法与之相比的。

二、印刷的特点

1. 大众性。印刷品是传播科学文化知识的媒介，是教育事业必须具备的物质基础，是装潢、宣传商品的一种手段。可以说，我们生活的一举一动，一景一物都离不开印刷品，印刷已经成为人类生活中不可缺少的一部分。

2. 政治性。报纸、期刊、书籍、文件等印刷品，具有宣传国家政策、方针的作用，是为政治服务的强有力的舆论工具。每一个国家的权力机构都要牢牢地掌握这些舆论工具，使这些印刷品为巩固国家的政权而服务。

3. 严肃性。印刷品的种类繁多，涉及到政治、文化、军事、科研等领域。在印刷品的生产过程中，必须认真负责、严格校对，使其按照原稿准确无误地印刷出来，不允许有差错，否则会造成事故。

4. 机密性。印刷品中有限制阅读的非公开出版发行的读物，有严防伪造的钞券、票据，有军用地图、科研资料，有未经使用的试卷……。从事这类印刷品生产的人员，必须"保守机密，慎之又慎"，模范遵守保密纪律。

5. 工业性。 印刷品是由运用印刷技术的生产部门加工而成的。印刷业与造纸、油墨、印刷机械制造业构成了一个庞大的工业体系，属于轻工业的范畴，具有一般工业的特性。必须实行经济核算，计划管理和技术管理。要求全面完成品种、原材料消耗、成本、产值、利润、质量、劳动生产率等指标。

6. 科学性。 印刷技术是建立在数学、物理、化学、电子学、力学、机械学、演变学等基础学科之上的。长期以来，印刷技术在发展过程中，又围绕自身的印刷内容，逐步形成了一套印刷理论，如：网点的形成，阶调、颜色的再现，材料的印刷适性、印刷油墨转移原理等，科学愈进步，印刷愈发达。

7. 技术性。 印刷是实用科学。必须理论与技术密切结合才能成功。如：印刷压力的调整，油墨的配置，墨色的控制，印刷速度的掌握，色序的运用等，都需要有娴熟的技术，才能处理得当。经验丰富、技术熟练者与经验不足、技术生疏者，所制作的印刷成品，在质量上往往有较大的差距。

8. 艺术性。 印刷品是否使读者赏心悦目、爱不释手，除内容外，视原稿设计的精美，版面安排的生动，色彩调配的鲜艳，装潢加工的典雅、大方等而定，必须赋予印刷品以美的灵感，印刷技术本身就是一门艺术加工的技术。

综上所述，印刷品是科学、技术、艺术的综合产品。因此，印刷的从业人员，应具有较高的文化水平，掌握必要的印刷理论知识，还要具备熟练的印刷操作技能，在生产实践中，不断提高自身的美术修养，才能生产出精良、优美的印刷品。

三、印刷品及印刷品的策划

印刷品是印刷的产品，是使用印刷技术生产的各种产品的总称。

在日常生活中，人们所看到的或用到的报纸、杂志、地图、海报、广告、信封、信笺、商标、名片、请柬、信用卡、钞票、贺卡、台历、挂历、包装纸盒、装饰壁纸、电路板等等，都属于印刷品的范畴。事实上，现代社会印刷品已成为人类生存和发展的重要组成部分。

一幅色彩丰富、层次细腻、古朴典雅的油画，一帧构思精巧、拍摄考究的摄影作品，一部内容充实、创意新颖、意境隽永的传世名著，只有被复制成大量的印刷品，才能广为传播、长久保存，才能在流传中显示出它们的价值。

印刷品的种类、用途、质量要求各不相同，有的甚至相差十分悬殊。因此，个人、出版商或印刷品经纪人，在打算印刷某种印刷品时，首先要对印刷品的制作做出总体安排，具体的内容包括：确定要复制的对象，明确质量要求，选择印刷方法，并在此基础上做出工价估算，这就是印刷品制作的策划。

报纸、期刊一类的出版物印量很大、版面有限，是追求社会时效的普及性传媒读物，对印刷质量并不十分苛求；许多词书佳著，内容或浩瀚或经典，读者或经常翻阅或意在长期收藏，印刷质量要求颇高，装帧力求精美；至于包装装潢印刷品，则要表现商品的特点，印刷要新颖而具个性，材料要结实而易于加工，对印刷成本尤为关注。所有这些在印刷品制作的策划中要充分注意并圆满体现出来。

印刷方法的选择十分重要。每种印刷方法都有它的长处和短处，选择印刷方法则要全面考虑，其中主要有：印刷品的质量要求和尺寸、承印材料的类型和物理性能、印刷品的产量和印刷周期等。

印刷品的策划工作，总是要本着"新、美、牢、廉"的原则，简练而经济地为印刷品的制作做出最优的选择和切实高效的筹划。

四、印刷品的制作过程

一般地说，将图文原稿制成印版，在印版上涂布油墨，经加压将油墨转移到纸张或其它承印材料上，形成作为原稿复制品的印张，这样的过程就是传统意义上的印刷。大量的印张再经整饰加工即是印刷品了。可见，印刷品的制作是通过印前处理（分色、加网、制版）、印刷、印后加工等过程，运用印刷技术生产的工业产品。

现代印刷品大都是科技含量很高的集约化产品，用计算机设计原稿、计算机制版、计算机控制印刷过程或用数字印刷机印刷。印刷品生产的工艺流程如图2-1所示。

印刷品的复制过程：

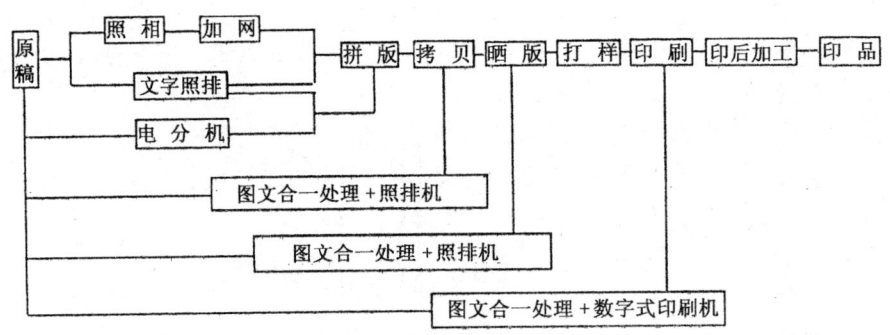

图 2-1

第二节 印刷的分类

由于计算机在印刷品的复制中得到了广泛的应用，使印刷的分类也有了一定的变化。现在的分类方法有：按照媒质转移到承印物（油墨、色料）的方式分类，按照印版表面的结构形式分类，按照印刷品的色彩分类和按照印刷品的用途分类四种。

一、按照媒质转移到承印物上的方式分类

1. 模拟印刷。 指传统印刷，是利用有形的图形载体（如印版或胶片），将媒质（如油墨）转移到承印物上的复制技术。印版一经制好，图像的复制则完全是一种模拟过程。

目前，采用计算机—印版系统（CTP）进行数字成像直接制版的技术已被用于制作平版和凹版，而通过阴图底片，在高能量紫外线辐射下曝光成像的凸版，用CTP制作印版的方法也正在实现。显然，使用计算机进行所有印版的成像将成为一种趋势。

现代化的印刷机，主要是利用机械加压的方式，将墨槽中的油墨传递到印版上，再从印版表面转移到承印物上。虽然，转移到承印物上的图像信息并不以数字形式存储，但是，印

刷机上却配置了许多数字系统来监测和控制诸如颜色、套准、纸张张力、油墨密度等印刷变量，用计算机使印刷机更有效地工作。

常用的模拟印刷有：凸版印刷、平版印刷、凹版印刷、丝网印刷等。

2. 数字印刷。 数字印刷，指使用数据文件将媒质转移到承印物上的复制技术。广义地说，如果设置一个系统，并向这个系统输入由图文原稿转换而来的数字化信息流，则系统输出的是印刷品。

计算机是数字印刷的核心，它的作用和在模拟印刷中的功能有很大的区别。模拟印刷中的计算机主要用来控制印刷过程和监测印刷质量，而不需要计算机来"告诉"印刷机印什么。

目前，已经投入市场的有数字直接成像印刷和个性化的数字印刷（也叫按需印刷）。

二、按照印版表面的结构形式分类

1. 凸版印刷。 凸版印刷是历史最悠久的一种印刷方式。70年代以前，主要使用铅合金活字版、铅版印刷，不仅劳动强度大，而且污染环境严重。80年代以后，一直沿用的铅活字排版工艺逐渐被激光照排和感光树脂版制版工艺取代，凸版印刷又得到了新的发展。

凸版印刷的原理如图2-2所示，墨辊首先滚过印版表面，使油墨粘附在凸起的图文部分，然后承印物和印版上的油墨相接触，在压力的作用下，图文部分的油墨便转移到承印物表面。由于印版上的图文部分凸起，空白部分凹下，印刷时图文部分受压较重，油墨被压挤到边缘，用放大镜观察时，图文边缘有下凹的痕迹，墨色比中心部位浓重，用手抚摸印刷品的背面有轻微凸起的感觉。

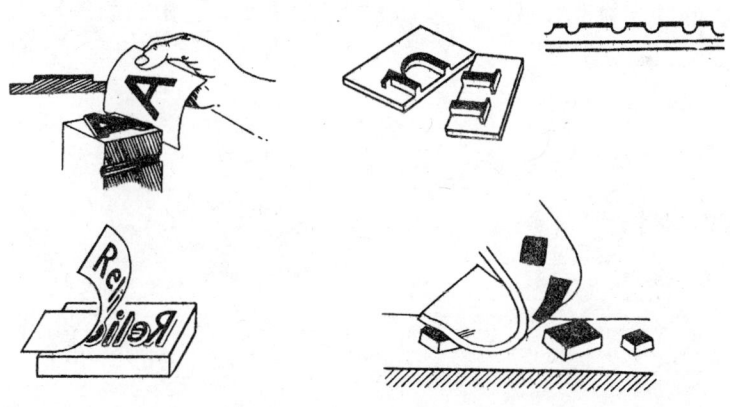

图2-2 凸版印刷原理示意图

凸版印刷，使用的印刷机械有平压平型、圆压平型、圆压圆型。

凸版印刷的产品有杂志、书刊正文、封面、商标及包装装潢材料等。

2. 平版印刷。 平版印刷是使用PS版、平凹版、多层金属版、蛋白版、石版、珂㼿版（玻璃为版基）等印版，利用油、水不相溶的原理进行印刷的方式。

平版印刷起源于石版印刷，印刷时，先给印版表面供水，然后给印版供墨，在印刷压力的作用下，将印版图文上的油墨转移到承印物上，为直接印刷。现在，平版印刷没有特殊说明均指胶印印刷，原理如图2-3所示，为间接印刷。印刷时，先由水辊向印版供给润湿液（主要成分是水），使空白部分吸附水分，形成抗拒油墨浸润的水膜，然后由墨辊向印版供给

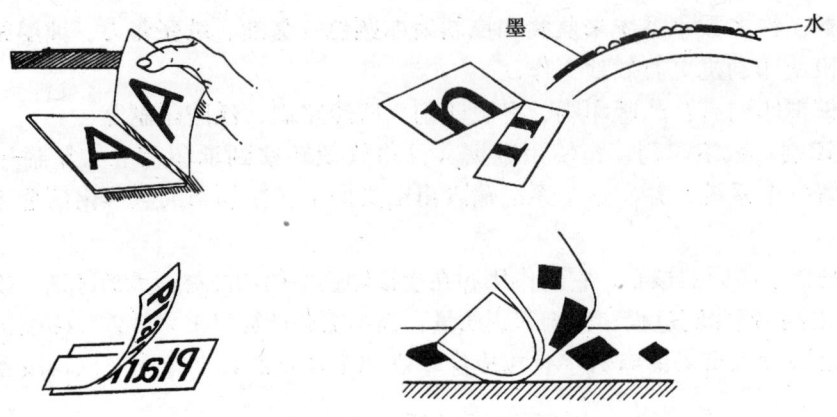

图 2-3 胶印原理示意图

油墨，使图文部分粘附油墨，再施加压力，图文部分的油墨经橡皮滚筒转移到承印物表面。因为印版和弹性良好的橡皮布相接触，所以提高了印版的耐印力。用放大镜观察平版印刷品，会发现图文的边缘较中心部分的墨色略显浅淡，笔道不够整齐。其原因是，平版的图文部分和空白部分几乎没有高低差别，印刷过程中，水对图文边缘的油墨略有浸润。

平版印刷使用的印刷机除打样机为圆压平型之外，全部是圆压圆型的轮转印刷机，因此，印刷幅面大、印刷速度快。许多平版印刷机安装有自动输墨、自动套准系统，有的印刷机还配备了自动上版、卸版装置，印刷质量好，印刷效率高。

平版印刷的产品有报纸、书刊正文、精美画报、商业广告、挂历、招贴画等。

3．凹版印刷。凹版印刷是使用手工或机械雕刻凹版、照相凹版等印版的印刷方式，为直接印刷。

凹版印刷的原理如图 2-4 所示。

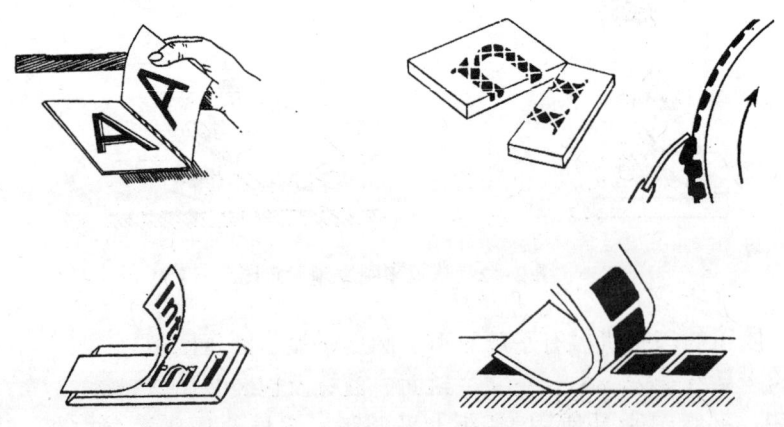

图 2-4 凹版印刷原理示意图

印刷时，先使整个印版表面涂满油墨，然后用特制的刮墨机构，把空白部分的油墨去除干净，使油墨只存留在图文部分的"孔穴"之中。再在较大的压力作用下，将油墨转移到承印物表面。由于印版图文部分凹陷的深浅不同，填入孔穴的油墨量有多有少，这样转移到承印物上的墨层有厚也有薄,墨层厚的地方,颜色深;墨色薄的地方,颜色浅。原稿上的浓淡层次,在印刷品上得到了再现。

用放大镜观察凹版印刷品时,若图像部分布满隐约可见的白线网格(菱形或方形),线条露白、油墨覆盖不完整,一般是用照相凹版印刷的成品。若图像是有规律排列的大小不同的点子(多为菱形),文字、线条由不连续的曲线或点子组成,一般是用电子雕刻凹版印刷的成品。

凹版印刷使用的印刷机,主要是圆压圆型轮转印刷机,平压平型和圆压平型的凹印机很少。

凹版印刷的主要产品有,钞票、有价证券、精美画册、烟盒、纸制品、塑料制品、包装装潢材料等,这些产品墨色浓重,阶调、颜色再现性好。

4. 孔版印刷。孔版印刷是使用誊写版、镂空版、丝网版等印版的印刷方式。大多采用直接印刷。

孔版印刷的印刷原理如图 2-5 所示。

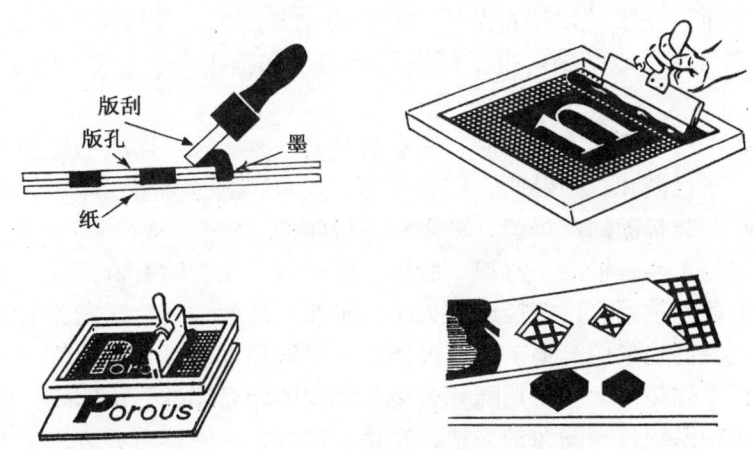

图 2-5 孔版印刷原理示意图

印刷时,先把油墨堆积在印版的一侧,然后用刮板或压辊,边移动边刮压或滚压,使油墨透过印版的孔洞或网眼,漏印到承印物表面。

孔版印刷的成品,墨层厚实,有隆起的效果,用放大镜观察时,隐约可见有规律的网纹。这是因为印刷图文被制作在经纬交织的丝绢、尼龙、金属网上所造成的。

孔版印刷,可以用手工进行,也可以用机器印刷。孔版印刷机分为平面和曲面两种。能够在平面、曲面、厚、薄、粗糙、光滑的多种承印物上印刷。

孔版印刷的主要产品有,商业广告、包装装潢材料、印刷线路板、名片以及棉、丝织品等。

三、按照印刷品的色彩分类

1. 单色印刷。一个印刷过程中,只在承印物上印刷一种墨色,叫做单色印刷。一个印刷过程指在印刷机上一次输纸和收纸。

2. 多色印刷。一个印刷过程中,在承印物上印刷两种或两种以上的墨色,叫做多色印刷。一般指利用黄（Y）、品红（M）、青（C）三原色和黑（BK）油墨叠印再现原稿颜色的印刷。对于一些专色的印刷品，例如，线条图表、票据、地图等，则需要使用黄、品红、青三原色油墨调配出特定的颜色或由油墨制造厂供给专色油墨进行印刷。

90年代以来，随着图像信息处理技术的发展，采用黄、品红、青、黑、红（R）、绿（G）、蓝（B）七色油墨印刷的多色印刷品相继问世，印刷工艺日趋完善，使彩色图像原稿的颜色再现达到了高、保、真的境界。

四、按照印刷品的用途分类

按照印刷品的用途，一般分为书刊印刷、报纸印刷、广告印刷、钞券印刷、地图印刷、包装装潢印刷以及特种印刷等。

书刊印刷是印刷量及产值较大的一种印刷。70年代以前，主要采用铅字排版凸版印刷，70年代以后，逐渐使用感光树脂版印刷。90年代以来，计算机排版技术不断完善，尤其是我国的汉字信息处理技术有了长足的进步，利用计算机排版平版印刷的书刊愈来愈多。

报纸印刷是仅次于书刊印刷量的一种印刷。报纸是传播新闻的重要媒介，具有准确性和时间性。70年代以前，主要使用铅排凸版印刷，劳动强度大，环境污染严重，出报时间长。80年代以后，大多使用平版印刷。由于环境保护问题和报纸发行数量的上升，柔性版印刷的报纸逐渐增多。

广告印刷是市场经济中，宣传商品、获取利润的一种手段。印刷的范围较广，有商品样本、海报、画报、彩色图片、招贴画、广告牌等。要求印刷时间短，印刷质量好，一般采用平版印刷。近几年，大幅面的广告牌，多采用孔版印刷。

钞券印刷的成品主要是钞票、邮票、股票、债券以及其它的有价证券。这类印刷品的印刷，要求有严密的防伪技术，以凹版印刷为主，平版、凸版或其它印刷方法为辅。

地图印刷的成品有地形图、地矿图、航测图、交通图以及军事用图等。图面复杂，幅面大小不一，精度要求较高，大多采用照相分色、多块印版套印的平版印刷，而利用电子加网分色、彩色桌面出版系统处理图像的方法，在地图印刷中，正逐步地进入生产实用化。

包装装潢印刷的成品主要用于商品的包装与装潢，不仅具有装载商品、保护商品、美化商品的作用，还起到了宣传商品和推销商品的作用，印刷的产品种类很多，有纸盒、塑料袋、金属盒、商标、软管以及各种包装纸、玻璃、陶瓷、皮革等。印刷方法有：凸版印刷、平版印刷、凹版印刷、孔版印刷以及特种印刷等。

特种印刷是采用不同于一般制版、印刷、印后加工方法和材料，供特殊用途的印刷。如：静电植绒印刷、全息照相印刷、喷墨印刷、表格印刷、磁性印刷等。许多包装印刷品，是采用特种印刷完成的。随着新材料、高科技的发展，特种印刷的产品会更加丰富多彩。

五、印刷工艺流程

一件印刷品的完成，对于传统的模拟印刷，一般要经过原稿的设计和选择、原版的制作、制版、印刷、印后加工等过程，其工艺流程如图2-6所示。

彩色桌面出版系统，是90年代发展起来的印前设备，利用计算机同时对文字和图像进行处理，简化了工艺流程，提高了生产效率。

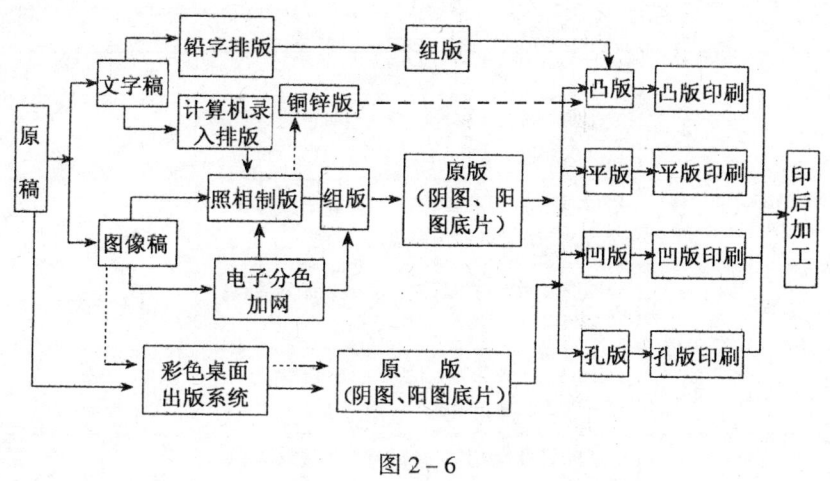

图 2-6

第三节 印刷的要素

传统的模拟印刷，必须具有原稿、印版、油墨、承印物、印刷机械等五大要素，才能生产印刷成品。

一、原 稿

原稿是印刷中被复制的实物、画稿、照片、底片、印刷品等的总称。原稿是制版、印刷的基础，原稿质量的优劣，直接影响印刷成品的质量。因此，必须选择和设计适合印刷的原稿，在整个印刷复制过程中，应尽量保持原稿的格调。原稿有反射原稿、透射原稿和电子原稿等。每类原稿按照制作方式和图像特点又有照相、绘制、线条、连续调之分。每种原稿的定义、实例如表 2-1 所示。

表 2-1　　　　　　　　　　原稿的种类及特点

名　称	定　义（或说明）	实　例
反射原稿	以不透明材料为图文信息载体的原稿	
反射线条原稿	以不透明材料为载体，由黑白或彩色线条组成图文的原稿。	照片、线条图案画稿、文字原稿等。
照相反射线条原稿	以不透明感光材料为载体的线条原稿。	照片等。
绘制反射线条原稿	以不透明的可绘画材料为载体，由手工或机械绘（印）制的线条原稿。	手稿、图案画稿、图纸、印刷品、打印稿等。
反射连续调原稿	以不透明材料为载体，色调值呈连续渐变的原稿。	照片、画稿等。
照相反射连续调原稿	以不透明感光材料为载体的连续调原稿。	照片等。
绘制反射连续调原稿	以不透明的可绘画材料为载体，由手工或机械绘（印）制的连续调原稿。	画稿、印刷品、喷绘画稿、打印稿等。
实物原稿	复制技术中以实物作为复制对象的总称。	画稿、织物、实物等。
透射原稿	以透明材料为图文信息载体的原稿。	

续表

名　称	定　义（或说明）	实　例
透射线条原稿	以透明材料为载体，由黑白或彩色线条组成图文的原稿。	照相底片等。
照相透射线条负片原稿	以透明感光材料为载体，被复制图文部位透明或为其补色的线条原稿。	黑白或彩色负片、拷贝片等。
照相透射线条正片原稿	以透明感光材料为载体，非图文部分透明的线条原稿。	黑白或彩色反转片、拷贝片等。
绘制透射线条原稿	以透明材料为载体，由手工或机械绘（印）制的线条原稿。	胶片画稿等。
透射连续调原稿	以透明材料为载体，色调值呈连续渐变的原稿。	照相底片等。
照相透射连续调负片原稿	以透明感光材料为载体，被复制图文部分透明或为其补色的连续调原稿。	彩色、黑白照相负片等。
照相透射连续调正片原稿	以透明感光材料为载体，非图文部分透明的连续调原稿。	彩色、黑白照相反转片等。
绘制透射连续调原稿	以透明材料为载体，由手工或机械绘（印）制的连续调原稿。	胶片画稿等。
电子原稿	以电子媒体为图文信息载体的原稿。	光盘图库等。

二、印　版

印版是用于传递油墨至承印物上的印刷图文载体。

原稿上的图文信息，传递到印版上，印版的表面就被分成着墨的图文部分和非着墨的空白部分。印刷时，图文部分粘附的油墨，在压力的作用下，便转移到承印物上。

印版按照图文部分和空白部分的相对位置、高度差别或传递油墨的方式，被分为凸版、平版、凹版和孔版等。用于制版的材料有金属和非金属两大类。

1. 凸版。印版上的空白部分凹下，图文部分凸起并且在同一平面或同一半径的弧面上，图文部分和空白部分高低差别明显。常用的印版有：铅活字版、铅版、铜版、锌版以及橡胶凸版和感光树脂版等柔性版。

2. 平版。印版上的图文部分和空白部分，没有明显的高低之差，几乎处于同一平面上。图文部分亲油疏水，空白部分亲水疏油。常用的印版有用金属为版基的 PS 版、平凹版、多层金属版和蛋白版以及用纸张和聚酯薄膜为版基的平版。

3. 凹版。印版上图文部分凹下，空白部分凸起并在同一平面或同一半径的弧面上，版面的结构形式和凸版相反。版面图文部分凹陷的深度和原稿图像的层次相对应，图像愈暗，凹陷的深度愈大。常用的印版有：手工或机械雕刻凹版、照相凹版、电子雕刻凹版。

4. 孔版。印版上的图文部分由可以将油墨漏印至承印物上的孔洞组成，而空白部分则不能透过油墨。常用的印版有：丝网版、誊写版、镂空版等。

三、油 墨

油墨是在印刷过程中，被转移到承印物上的成像物质。

1. 油墨的组成。油墨的主要成分如下：

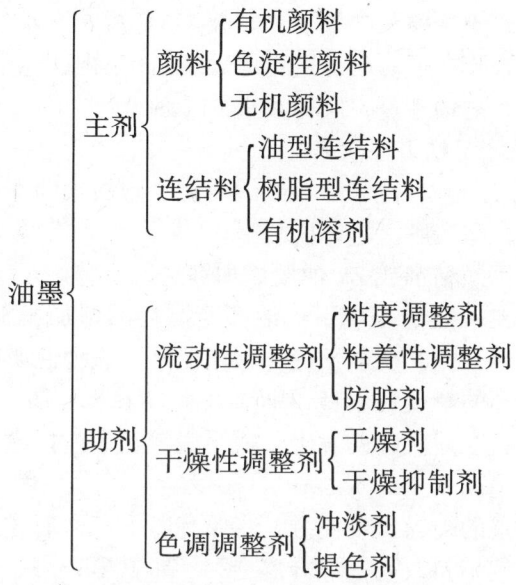

颜料是油墨中的固体成分，为油墨的显色物质，一般是不溶于水的色素。油墨颜色的饱和度、着色力、透明度等性能和颜料的性能有着密切的关系。

连结料是油墨的液体成分，颜料的载体。在印刷过程中，连结料携带着颜料粒子，从印刷机的墨斗经墨辊、印版、辗转至承印物上形成墨膜，固着、干燥并粘附在承印物上。墨膜的光泽、干燥性、机械强度等性能和连结料的性能有关。

油墨中添加的助剂，是为了改善油墨的印刷适性，如：粘度、粘着性、干燥性等。

油墨的配制工艺比较复杂，一般是将颜料、连结料以及各种助剂，按照一定的比例，先在调墨机中混合成油状膏剂，再在辊式研磨机或球磨机中反复辗磨，使颜料以微细的粒子，均匀地分散在连结料中而制成的。

2. 油墨的分类。随着印刷技术的发展，油墨的品种不断增加，分类的方法也很多。如果按照印刷方式来分类则有以下5种：

凸版印刷油墨：书刊黑墨、轮转黑墨、彩色凸版油墨等；

平版印刷油墨：胶印亮光树脂油墨、胶印轮转油墨等；

凹版印刷油墨：照相凹版油墨、雕刻凹版油墨等；

孔版印刷油墨：誊写版油墨、丝网版油墨等；

特种印刷油墨：发泡油墨、磁性油墨、荧光油墨、导电性油墨等。

3. 油墨的印刷适性。承印物、印刷油墨以及其它材料与印刷条件相匹配，适合于印刷作业的性能，叫做印刷适性。

油墨的印刷适性，指油墨与印刷条件相匹配，适合于印刷作业的性能。主要有粘度、粘着性、触变性、干燥性等。

（1）油墨的粘度。油墨在流动中表现出来的内摩擦特性，叫做油墨的粘滞性，量度油墨粘滞性的物理量，叫做油墨的粘度。

油墨的粘度可以用粘度计来测量，常用的粘度计有平行板粘度计、旋转粘度计、拉雷粘度计等。

印刷机的速度愈快，要求油墨的流动性愈大，粘度愈小。

油墨的粘度，可以用调墨油或油墨稀释剂进行调整。

(2) 油墨的粘着性。油墨从墨斗向墨辊、印版、（橡皮布）承印物表面转移时，油墨薄膜先是分裂，而后转移，墨膜在这一动态过程中表现出来的阻止墨膜破裂的能力，叫做油墨的粘着性。量度油墨粘着性的物理量，叫做油墨的 Tack 值。

油墨的 Tack 值可以用油墨粘着性仪来测量。

印刷过程中，如果油墨的粘着性和承印物的性能、印刷条件不匹配，则会发生纸张的掉粉、掉毛、油墨叠印不良、印版脏污等印刷故障。

油墨的粘着性，可以用撤粘剂或 ZY 油墨添加剂进行调整。

(3) 油墨的触变性。在一定的温度下，油墨经搅拌或施加机械外力后，流动性得到改善，粘度下降；静置后，流动性又变得不好，粘度上升，这种性质叫做油墨的触变性。

印刷过程中，如果油墨的触变性不良，则会发生"下墨不畅"、传墨不均匀、网点严重增大等印刷故障。为了防止上述故障的发生，需用墨铲经常搅拌墨斗中的油墨或在墨斗中安装油墨搅拌器不时搅拌油墨。

(4) 油墨的干燥。油墨的干燥比较复杂，主要有以下三种形式。

渗透干燥。油墨中的连结料，有一部分渗透到承印物里，另一部分与颜料一起固着在承印物表面而干燥。高速卷筒纸印刷机使用的非热固性轮转油墨，一般以渗透干燥为主，主要印刷报纸、期刊。

氧化聚合干燥。油墨中的连结料和空气中的氧气发生聚合反应，在承印物表面成膜而干燥。胶印亮光树脂油墨颜色鲜艳，光泽性好，主要以氧化聚合干燥为主，用于印刷高档精细的胶印产品。

挥发干燥。油墨中的部分连结料，挥发到空气中，剩余的连结料连同颜料固着在承印物表面而干燥。凹版印刷油墨是用挥发型溶剂为连结料的，所用的连结料是对人体有危害的苯、二甲苯。目前已经研制出了以水为溶剂的水性油墨，用于凹印和柔性版印刷，减少了对环境的污染，很有发展前途。挥发干燥的油墨特别适合印刷没有吸收性的薄膜材料，如塑料薄膜、金属箔等。

除此之外，油墨的干燥还有紫外线、红外线、热固化等多种形式。

许多油墨的干燥，常常是两种干燥形式相结合来完成墨膜干燥的。例如，单张纸的快固着胶印油墨，适用于印刷一般的胶印产品，它是利用渗透和氧化聚合相结合的方式进行干燥的。

印刷过程中，如果油墨的干燥不良，将会引起印张背面蹭脏、粘页、墨膜无光泽、油墨"晶化"等印刷故障。

为了加快油墨的干燥速度，可以在油墨中加入催干剂。常用的催干剂有：钴燥油、锰燥油、铅燥油等。为了降低油墨的干燥速度，可以在油墨中加入干燥抑制剂。

四、承印物

承印物是能够接受油墨或吸附色料并呈现图文的各种物质的总称。随着印刷品种类的增多，印刷中使用的承印物包罗万象，有纸张、塑料薄膜、木材、纤维织物、金属、陶瓷……。目前，用量最大的是纸张和塑料薄膜。

1. 纸张的组成。 纸张是由纤维、填料、胶料和色料等组成的。

纤维是纸张的基本成分，以植物纤维为主。常用的植物纤维有棉、麻、木材、芦苇、稻草、麦草等。

填料可以填充纤维间的空隙，使纸张平滑，同时提高纸张的不透明度和白度。常用的填料有：滑石粉、硫酸钡、碳酸钙、钛白等。

胶料的作用，是使纸张获得抗拒流体渗透及流体在纸面扩散的能力。常用的胶料有松香、聚乙烯醇、淀粉等。

色料的加入，能够校正或改变纸张的颜色。如：加入群青、品蓝可以获得更加洁白的纸张。

纸张的制造分为制浆和抄造两大步骤。制浆的方法有两种：一种是机械制浆，这种方法一般用木材作原料，用机器把木材磨碎。另一种是化学制浆，多用棉、麻、稻草或其它原料制作，即把棉、麻、稻草等纤维切成小段，放入蒸煮器中，加入酸或碱溶液，然后通入蒸气进行蒸煮，再用清水冲洗，筛选后放入打浆机，把纤维打成扫帚状，以增加纸张内部的拉力。制好的纸浆放入抄纸机，经过脱水、烘干、压光等一系列处理，便成为纸张，卷曲或裁切后便可出厂。有些高级的纸张，还需进行再加工。

2. 纸张的分类。 纸张的用途很广泛，有工业用纸、包装用纸、生活用纸、文化用纸。文化用纸中又有书写用纸、艺术绘画用纸和印刷用纸。印刷用纸，一般分为新闻纸、凸版纸、胶版纸、铜版纸和特种纸5种。

新闻纸。又称白报纸。质地松软，吸墨性强，有一定的抗张强度，但抗水性差，易发黄，变脆。主要印刷报纸、期刊。

凸版纸。是凸版印刷的专用纸张。质地均匀，颜色较白，稍有抗水性，不易发黄变脆。主要印刷书籍、杂志。

胶版纸。是一种较高级的印刷纸张。质地紧密，纸面平滑、不透明度和白度较高，抗水性较强，适用于平版印刷。主要印刷书刊及封面、杂志插页、画报、商标以及地图等。

铜版纸。是在原纸表面涂布一层白色涂料，然后再进行压光或超级压光而成的高级印刷纸张。表面平滑度高，色泽洁白，抗水性强。适合印刷较高级的画册、书刊插页、年历、贺卡等。近几年，无光铜版纸在印刷中应用较为广泛。无光铜版纸指压低了光泽度加工成表面平滑的铜版纸，用它印刷的画册、杂志往往给人以典雅的感觉，长久的阅读，因无高光的刺激，眼睛不易感到疲劳，最适合印刷具有观赏价值的印刷品。

特种纸。指具有某些特殊功能，适合特殊用途的纸张。它们有的是通过向浆料中施加化学试剂后经过处理制成的，有的则是对原纸进行二次加工制成的。

特种纸张的外观与常用的铜版纸、胶版纸的外观有显著的差异，多数纸张表面有条纹或花纹，有的纸张光滑度很高，有的纸张透明性极好，还有的纸张表面呈絮状颜色的变化。通常用来印刷名片、请柬、精美贺卡、菜单等。其印刷品具有浓重、华贵、精良的特点。

近年来，随着化学工业的飞速发展，合成纸在印刷中的用量不断增加。所谓合成纸，是以合成的高分子物质为主要原料，通过加工，赋予纸张的印刷性能，并且用以印刷的纸张。它具有质轻、耐折、耐磨、耐潮湿的特点。合成纸的制造，不需要天然纤维，有利于环境保护，是一种有着发展前景的印刷用纸。

3. 纸张的规格。 纸张的规格包括纸张的尺寸和纸张的重量。

（1）纸张的尺寸。印刷纸张的尺寸规格分为平板纸和卷筒纸两种。

平板纸的幅面尺寸有，A 系列：890×1240mm、900×1280mm；B 系列：1000×1400mm。

卷筒纸的长度一般 6000m 为一卷，宽度尺寸有 880mm、890mm、889mm、1562mm、1572mm 等。

（2）纸张的重量。纸张的重量用定量和令重来表示。

定量是单位面积纸张的重量，单位为 g/m^2。常用的纸张定量有 $50g/m^2$、$60g/m^2$、$70g/m^2$、$80g/m^2$、$100g/m^2$、$120g/m^2$、$150g/m^2$ 等。定量愈大，纸张愈厚。定量在 $250g/m^2$ 以下的为纸张，超过 $250g/m^2$ 则为纸板。

令重是每令纸张的总重量，单位是 kg。1 令纸为 500 张，每张纸的大小为标准规定的尺寸，即全张纸（全开纸）。

根据纸张的定量和幅面尺寸，可以用下面的公式计算令重。

令重（kg）= 纸张的幅面（m^2）×500×定量（g/m^2）÷1000

卷筒纸的计量是以重量表示的，卷筒纸的净重可由下式计算：

$$卷筒纸净重（kg）= \frac{定量（g/m^2）×卷筒纸长（m）×卷筒纸宽（m）}{1000}$$

（3）印张。计算用纸量和印刷量时，在书刊印刷中，常常用"印张"来表示。一个印张是指一张全开纸印一次，一令纸两面印刷就是 1000 个印张。书刊印刷称一印张为"对开张"，相当于一方纸。出版物版权页上标注的印张，是以除去封面和另行标准的插页以外的累计总面数计算得出的：

$$印张 = \frac{总面数}{开数}$$

例如，某出版物为 32 开本，每本总面数为 336 面，则每本出版物的印张为：

$$\frac{336}{32} = 10.5（印张）$$

用纸数 = $\frac{页数}{开数}$，以上例说明

$$\frac{336÷2}{32} = 5.25（张全张纸）$$

如果已知这本书的印数为 10000 册，要计算印刷这本书需要的纸张令数，计算方法如下：

$$用纸令数 = \frac{10000×10.5}{1000} = 105（令）$$

4. 纸张的印刷适性。纸张的印刷适性是指纸张与印刷条件相匹配，适合于印刷作业的性能。主要有纸张的丝缕、抗张强度、表面强度、伸缩性、吸墨性、平滑度、酸碱性等。

（1）纸张的丝缕。指纸张大多数纤维排列的方向。一般把纤维排列方向与平板纸（以全张纸为标准）长边平行的叫纵丝缕纸张；把纤维排列方向与平板纸长边垂直的叫横丝缕纸张，如图 2-7 所示。

纸张是一种对水分很敏感的物质，由于温、湿度的变化，纸张丝缕不同方向的伸缩率相差很多。因此，印刷或印后加工中，应考虑纸张丝缕对印刷品质量的影响，参看图 2-8。在书刊装订中，书芯最好选择直丝缕纸，即纸张丝缕与书背平行，软封面纸张的丝缕与书背垂直，以保证书本的平整度。

在我国颁布的国家标准 GB/T 788-1999《图书和杂志开本及其幅面尺寸》中，规定的图

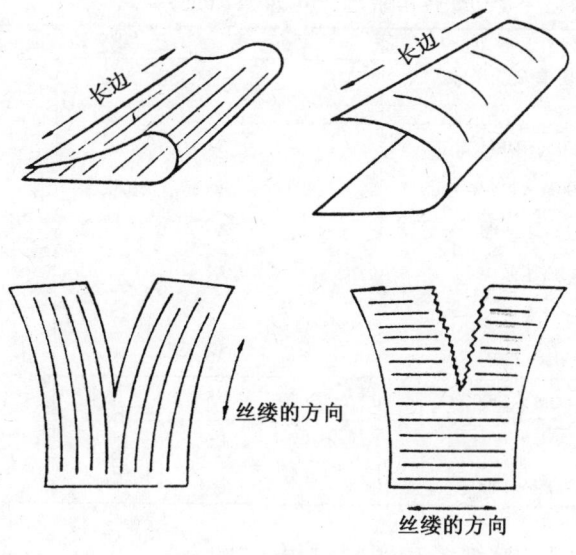

图2-7 纸张的丝缕

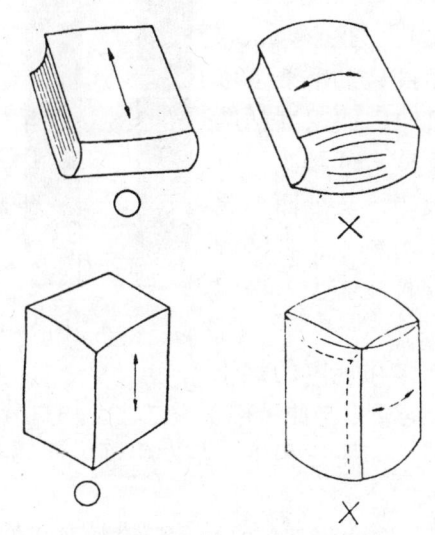

图2-8 适合装订、包装的纸张丝缕

书杂志开本尺寸如表2-2所示。

表2-2中,未裁切单张纸尺寸后面的M,表示纸张的丝缕方向与该尺寸边平行。

(2) 纸张的抗张强度。指纸张或纸板所能承受的最大张力,用绝对抗张力或裂断长来表示。卷筒纸在高速轮转印刷中,如果纸张的抗张强度低于纸张受到的纵向拉力,就会出现纸张断裂的故障。印刷速度愈快,用于印刷的纸张的抗张强度应该愈大。

表2-2　　　　　　　　图书和杂志开本及其幅面尺寸　　　　　　　　　　　mm

系列	未裁切单张纸尺寸	已裁切成开本	
		代号	公称尺寸（允差±1mm）
A	890×1240M	A4	210×297
	890M×1240	A5	148×210
	890×1240M	A6	105×144
	900×1280M	A4	210×297
	900×1280M	A5	148×210
	900×1280M	A6	105×144
B	1000M×1400	B5	169×239
	1000×1400M	B6	119×165
	1000M×1400	B7	82×115

（3）纸张的表面强度。指纸张在印刷过程中，受到油墨剥离张力作用时，具有的抗掉粉、掉毛、起泡以及撕裂的性能，用纸张的拉毛速度来表示，单位是 m/s 或 cm/s。参看图2-9，拉毛速度分别为 300、240、140、100、54cm/s。正纸的拉毛速度最低，印刷中最易发生纸张掉粉、掉毛的故障。高速印刷机印刷或用高粘度的油墨印刷时，应选用表面强度大的纸张，否则易发生纸张掉毛、掉粉的故障，从纸面上脱落下来的细小纤维、填料、涂料粒子，易将印版上图像的网纹堵塞或堆积在橡皮布上，引起"糊版"并使印版的耐印力下降。

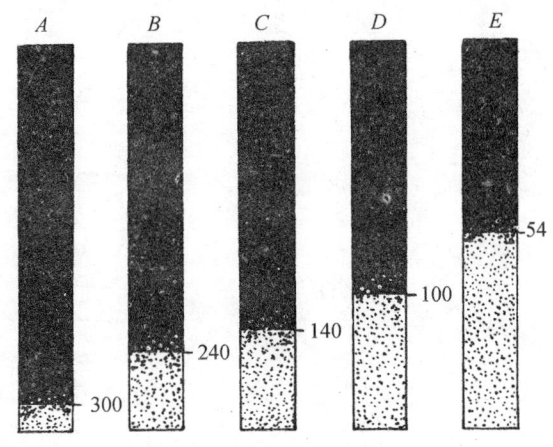

图2-9　拉毛速度测试条

（4）纸张的含水量。指纸样在规定的烘干温度下，烘至恒重时，所减少的质量与原纸样质量之比，用百分率表示。一般纸张的含水量在6%~8%之间，含水量过低，印刷过程中，会发生静电吸附现象，导致输纸困难、印品背面蹭脏等故障。

纸张是亲水性很强的物质，含水量随环境温、湿度的变化而改变，从而引起尺寸和形状的变化，造成多色印刷的套印不准。

为了减少纸张对水分的敏感程度，保持稳定的含水量，单张纸在印刷前，应在比印刷车间温度高10℃~15℃，相对湿度高10%~20%的晾纸间或晾纸机中，吊晾1-2小时，再码放在与印刷车间温、湿度相同的纸台上，放置十几个小时。纸张的理想含水量约为5.5%~6.0%。印刷车间的温度应控制在18℃~24℃，相对湿度应在60%~65%之间。

（5）纸张的平滑度。指纸张表面凹凸不平的程度，使用贝克平滑度仪进行测试。一定体积的空气，通过纸张的时间愈长，则平滑度愈高。

采用表面较平滑的纸张进行印刷，印版或橡皮布上的油墨，能以较大的面积与其接触，从而在纸张上得到图文清晰、墨色饱满的印迹。对于带网点的印刷品，只有使用高平滑度的纸张，才能使画面的网点清晰，阶调丰富，色彩艳丽。

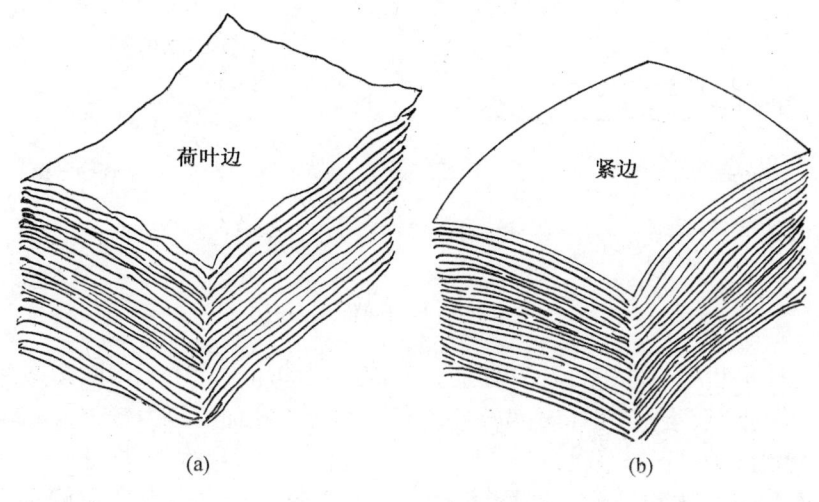

图 2-10 纸张的变形

（6）纸张的吸墨性。纸张的吸墨性，是指纸张对油墨的吸收能力，或者说油墨对纸张的渗透能力。纸张吸墨性的强弱，主要取决于纸张纤维的种类、配比和纤维间的间隙。此外，与印刷过程中印刷压力的大小，压印时间的长短，油墨的粘着性和渗透性有着密切的关系。

纸张吸墨过快，会使印迹无光泽，印迹粉化，印刷网点增大，还会导致油墨渗透到纸张背面，造成透印的故障。

纸张吸墨过慢，使油墨的干燥速度减慢，易引起印刷品的背面粘脏，严重时发生印张粘连。

由此可知，纸张的吸墨性过快或过慢，对印刷都不利。所以，要得到色彩艳丽、图像逼真的高质量印刷品，只有使用吸墨性适中的纸张才可以达到要求。

（7）纸张的酸碱性。纸张的酸碱性对平版印刷关系很大。平版印刷常用的胶版纸显酸性。纸张的酸碱性对印迹的干燥性能影响极大。油墨在酸性纸上干燥慢，在碱性纸上干燥快。

五、印刷机械

印刷机械是用于生产印刷品的机器、设备的总称。它的功能是使印版图文部分的油墨，转移到承印物的表面。

印刷机一般由输纸、输墨、印刷、收纸等装置组成。平版印刷机还有输水装置。

印刷机的种类很多，可以按以下 5 个方面来分类：

按照版面形式分为：凸版印刷机、平版印刷机、凹版印刷机、孔版印刷机。

按照纸张的尺寸规格分为：平板纸或单张纸印刷机、卷筒纸印刷机。

按照印刷面数分为：单面印刷机、双面印刷机。

按照印刷色数分为：单色印刷机、双色印刷机、多色印刷机。

按照印刷幅面分为：八开印刷机、四开印刷机、对开印刷机、全张印刷机、超全张印刷机等。

印刷机的分类方法虽然很多，但是，印刷机的核心部分是印刷装置的压印机构，因此，依据施加压力的方式，一般把印刷机分为平压平型、圆压平型、圆压圆型三种。

1. 平压平型印刷机。 平压平型印刷机的结构特点是，装版机构和压印机构均呈平面形，如图 2-11 所示。

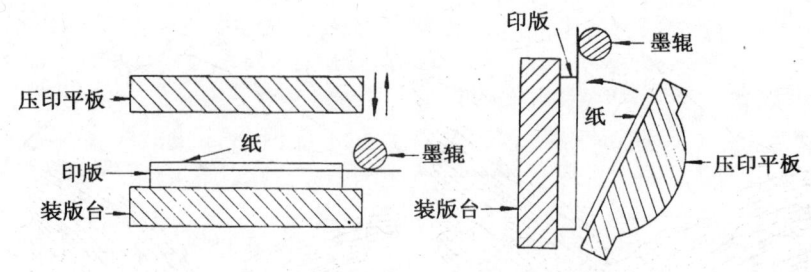

图 2-11 平压平型印刷机结构示意图

印刷时,压印平板绕主轴进行往复摆动,完成输纸和压印。由于印版图文部分的油墨和压印平板同时全部接触,因而压印时间较长,对承印物所施加的压力较大,故印刷品的墨色浓重,线条、笔划饱满。

平压平型印刷机,体积较小,印刷速度慢,生产效率低,适合印刷幅面小的印刷品,如:贺卡、请柬、书刊封面、信封、标签等。这类印刷机有活字版打样机、铜锌版打样机和圆盘机等。

2. 圆压平型印刷机。圆压平型印刷机又称平台印刷机,它的结构特点是,装版机构呈平面形,压印机构是圆形的滚筒,俗称压印滚筒,如图 2-12 所示。

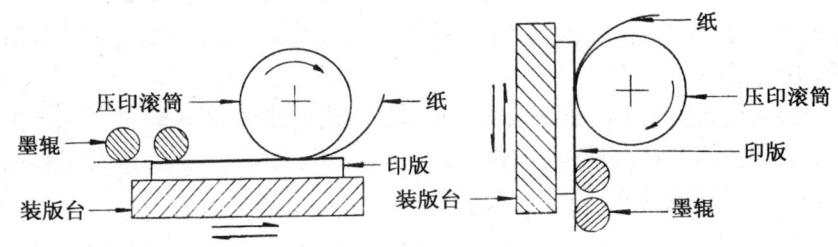

图 2-12 圆压平型印刷机结构示意图

印刷时,印版随同装版平台相对于压印滚筒作往复的移动,压印滚筒一般在固定的位置上,带着承印物边旋转边压印,压印滚筒对承印物施加的压力比平压平型印刷机小。

圆压平型印刷机,印刷幅面较大,印刷速度比平压平型印刷机有较大的提高,但由于版台往复运动,印刷速度受到限制,生产效率不高。主要印刷书刊的正文。这类印刷机有:一回转凸版印刷机、二回转凸版印刷机、停回转凸版印刷机、平版打样机等。

3. 圆压圆型印刷机。圆压圆型印刷机又叫轮转印刷机,它的结构特点是,装版机构和压印机构均为圆柱形的滚筒,圆柱形的装版机构,俗称印版滚筒,如图 2-13 所示。

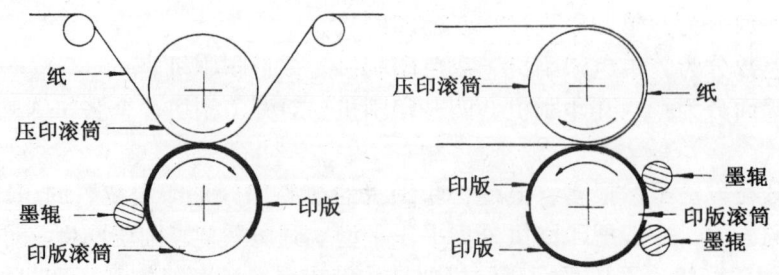

图 2-13 圆压圆型印刷机结构示意图

印刷时，压印滚筒带着承印物，相对于印版滚筒以相反的方向边转动边压印。由于压印滚筒和印版滚筒接触的时间较短，故对承印物施加的压力比圆压平印刷机小。

圆压圆型印刷机，压印滚筒和印版滚筒接触并进行压印，运动平稳、结构简单、印刷速度快。若将印刷装置组合在一起，设计成卫星式或机组式的印刷机，还可以进行双面、多色印刷，生产效率很高。这类印刷机，目前使用的最多。

习　题

1. 印刷如何定义？印刷术有何特点？
2. 何为印刷品？一种印刷品的复制，需要经过哪些过程？
3. 印刷如何分类？各有何特点？
4. 模拟印刷的五个基本要素是什么？它们在印刷中有何作用？
5. 印刷纸张分为哪几类？适合印刷哪些产品？
6. 纸张主要的印刷适性有哪几项？对印刷质量有何影响？
7. 油墨的主要组成是什么？各个成分有什么作用？油墨分为哪几类？
8. 油墨主要的印刷适性有哪几项？对印刷质量有何影响？
9. 印刷机械按照压印机构的形式分为几种？各种印刷机有何特点？适合印刷哪些产品？
10. 印刷按照印版形式分为几大类？各适合印刷哪些产品？
11. 印刷按照色彩分为哪几种？各有什么特点？
12. 纸张的重量单位是什么？一令 $80g/m^2$ 的胶版纸（尺寸是 787mm×1092mm）为多重？
13. 定量为 $51g/m^2$，长度为 6000m、幅度为 787mm 的卷筒纸净重为多少千克？

第三章　印刷图像信息处理

原稿上的图像信息，按照印刷的要求，经过处理，转移到感光材料上，制成供晒版或电子雕刻的阳图或阴图底片，这一工艺过程叫做印刷图像信息处理。

印刷图像信息处理，可以使用制版照相机、电子分色机、彩色桌面出版系统等设备进行。

第一节　连续调图像原稿阶调复制的原理

连续调图像原稿的明暗层次(阶调)，在印刷品上可以通过两种方法来表现。一种是利用墨层厚度的变化，如凹版印刷。一种是利用网点覆盖率，如凸版印刷、平版印刷、孔版印刷等。

一、网点对图像阶调的传递

图3-1中的（A），是一张用制版照相机拍摄的连续调阳图底片，用它晒制出PS版（平版），经过印刷，得到了如图3-1中的（B），底片上的明暗层次全部丢失了，只有黑白之别，这是因为PS版和底片中间调相对应的感光层，在晒版时，得不到足够的光量发生光化学反应，显影时被冲掉，形成图像的基础被破坏而造成的。

A（加网）　　　　　　　　　　　　B（不加网）

图3-1

为了把原稿上图像的明暗层次再现出来，必须制作出加网的阳图或阴图底片，将图像分割成许多不连续的点子，再转晒到印版上，而后用来印刷。印张上单位面积内，点子的总面积大，则油墨覆盖率高，反射光线少，吸收光线多，使人感到阴暗；印张上单位面积内，点子的总面积小，油墨覆盖率低，反射光线多，吸收光线少，给人以明亮的感觉，这样原稿图像的浓淡层次，在印张上便可得到再现。

原版上的点子，是利用加网技术形成的，叫做网点。在凸版、平版、孔版等印刷中，网点是构成连续调图像的基本印刷单元。通过图像处理，在印刷品上由这种图像单元与空白的对比，达到再现连续调的效果。

二、网点的特性

在印刷图像处理中，按照加网的方法，分为 AM 网点和 FM 网点。

1. AM 网点。 AM 网点是传统的最常用的网点，也叫调幅网点。一般是在照相机上，利用网屏或在电子分色机上，通过网点发生器，用激光束进行电子加网形成的。

网屏有玻璃网屏和接触网屏，如图 3-2 所示。由于网屏的网孔呈现有序的排列，因此，形成的网点在空间的分布不仅有规律，而且单位面积内网点的数量是衡定不变的，原稿上图像的明暗层次，依靠每个网点面积的变化，在印刷品上得到再现。对应于原稿墨色深的部位，印刷品上网点面积大，接受的油墨量多；对应于原稿墨色浅的部位，印刷品上网点面积小，接受的油墨量少，这样便通过网点的大小反映了图像的深浅。

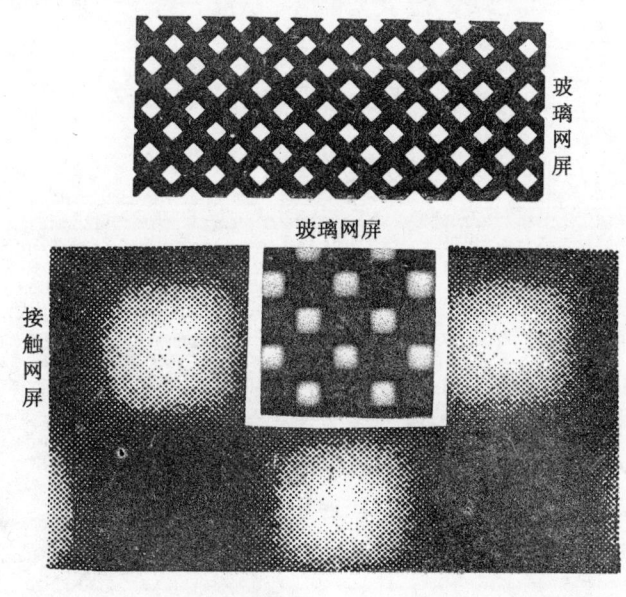

图 3-2

（1）网点覆盖率。网点覆盖面积与总面积之比，叫做网点覆盖率，通常用百分数来表示，故也叫做网点百分比。如图 3-3 所示。

一般连续调图像的暗调部分，网点百分比的范围约为 70%～90%；中间调部分，网点变化范围约为 40%～60%；亮调部分，网点变化范围约为 10%～30%。

（2）网点角度。相邻网点中心连线与基准线的夹角叫做网线角度。基准线可以是水平线，也可以是垂直线。常用的网线角度如图 3-4 所示。

1995 年我国印刷行业标准规定：将垂直方向定为 0°。角度差用"°"表示，角度按顺时针方向旋转，整个圆周分为 360°，则常用的网点角度为 0°、15°、75°、135°。

（3）网点线数。单位长度内，所容纳的相邻网点中心连线的数目叫做网点线数。常用的网点线数见表 3-1。

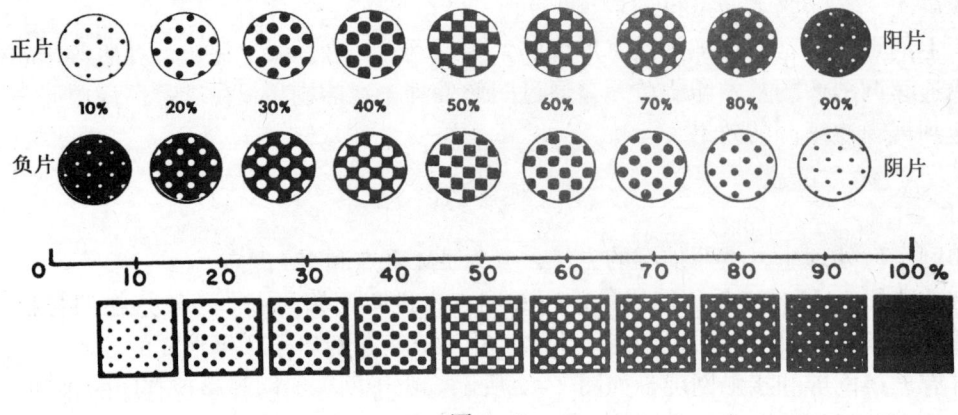

图3-3

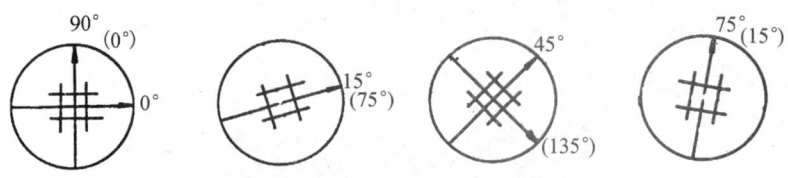

图3-4 常用的网点角度

表3-1　　　　　　　　　　常用的网点线数

线/英寸	60	80	100	120	133	150	175	200
线/厘米	24	32	40	48	54	60	70	80

网点线数愈高，单位面积内容纳的网点个数愈多，阶调再现性愈好。精细印刷品，一般使用平滑度较高的纸张印刷，应该选择高网点线数来复制。如使用 $150g/m^2$ 的铜版纸印刷杂志封面，可以选择 60～70 线/厘米。网点线数与阶调再现如图 3-5 所示。网点线数的多少，可以用网线规测量。

测量时，将网线规轻轻地覆盖在待测印刷品上慢慢地移动网线规，由于光的干涉效应，当网线规的网点线数和印刷图像的网点线数相同时，则出现如图 3-6 中的四角星，图中印刷品的网点线数为 34 线/厘米或 85 线/英寸。参看图3-6。

(4) 网点形状。常用的网点形状有方形、圆形、椭圆形、链形等。此外，在印刷复制中，为达到某种特殊的艺术效果，还使用一些特殊形状的网点，如图 3-7 所示。

2.FM 网点。90 年代以来，产生了图像的调频加网方式，出现了 FM 网点，也叫调频网点。

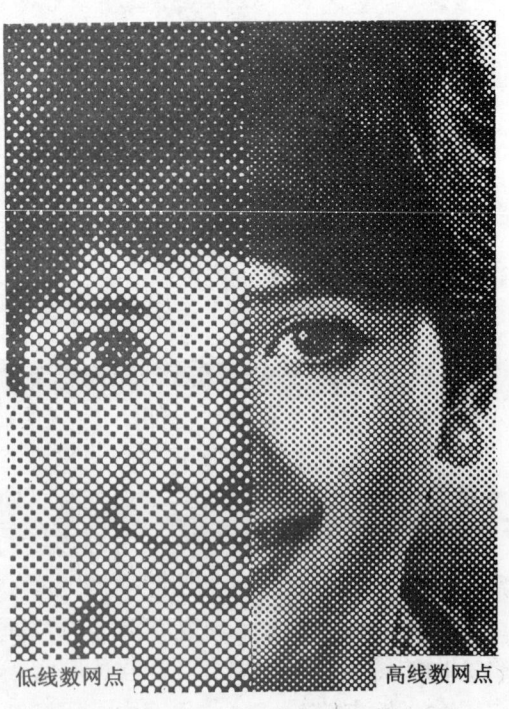

图3-5 网点与阶调再现

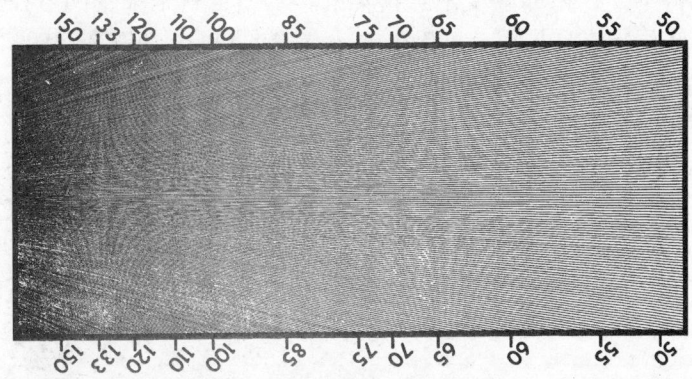
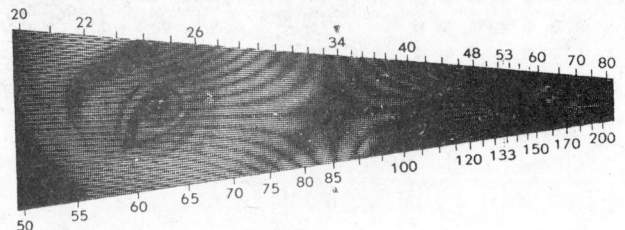

图 3-6 网线规及其使用

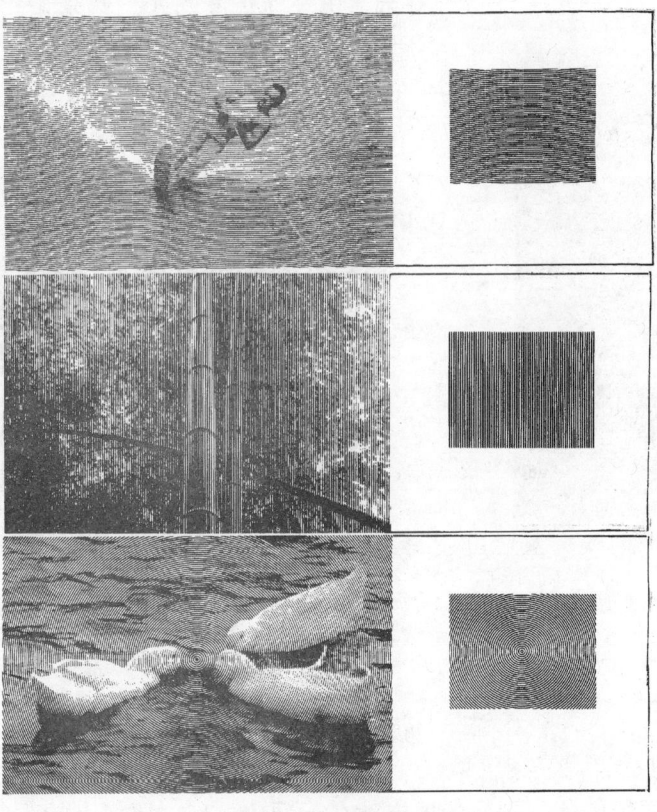

图 3-7 特殊的网点

它是利用计算机,在硬件和软件的配合下形成的。网点在空间的分布没有规律,为随机分布。每个网点的面积保持不变,依靠改变网点密集的程度,也就是改变网点在空间分布的频率,使原稿上图像的明暗层次在印刷品上得到再现。参看图3-8和图3-9。

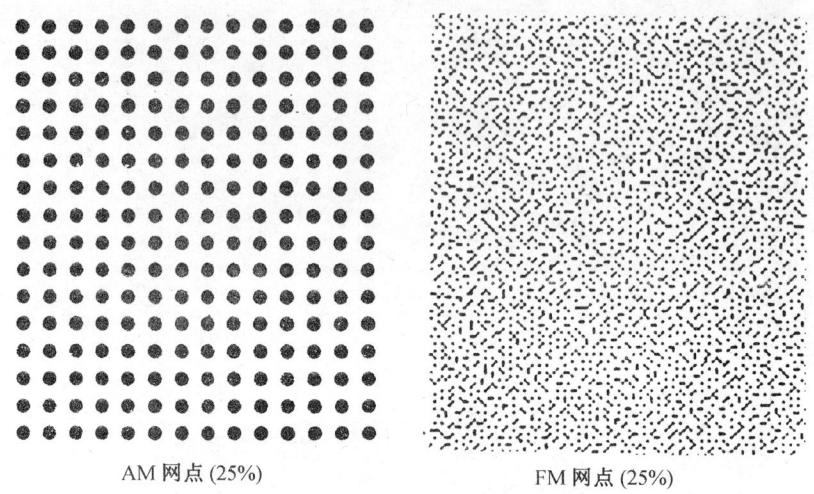

图3-8 AM网点和FM网点

FM网点和AM网点都属于面积调制式网点。但是,AM网点因存在角度问题,常常由于角度安排不当或其它原因,出现有损印刷图像美感的"龟纹",如图3-10所(a)示。FM网点是随机的,没有角度问题,故不会产生龟纹。如图3-10(b)所示。此外,FM网点比AM网点的分辨率高,因此,对图像阶调的还原性超过AM网点。

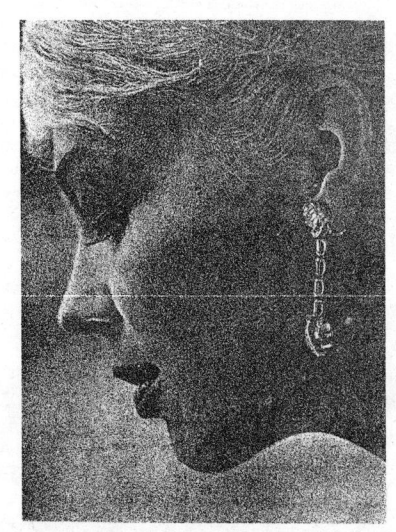

图3-9 FM网点对阶调的再现

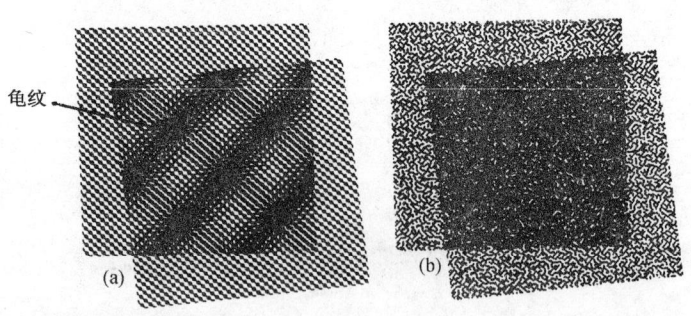

图3-10 AM网点的龟纹

第二节 颜色再现的基本原理

彩色印刷品不同于单色印刷品的地方就在于颜色再现。原稿上的颜色,是利用光和色之间的关系,被再现在印张上的。

一、颜色的分类和特征

色来源于光,光又伴随着色,色与光有着密切的关系。

1. 色光三原色和色光加色法。 让一束太阳光射进暗室,通过狭缝照射到玻璃的三棱镜上,透过玻璃,再投射到白色的屏幕上,便显示出一条如图3-11和彩图1所示的由红、橙、黄、绿、青、蓝、紫组成的光带,这条光带叫做光谱。如果三棱镜对白光的色散不充分,可以发现红、绿、蓝三种色光各占光谱的1/3。假若做一系列的色光合成实验,发现选择"适当"的红、绿和蓝色光进行组合,可以模拟出自然界的各种颜色,故称红、绿和蓝色光为色光的三原色。为了统一色度方面的数据,1931年国际照明委员会规定,红、绿、蓝三原色光的波长分别为:700.0nm、546.1nm、435.8nm($1nm = 1 \times 10^{-7}cm$)。

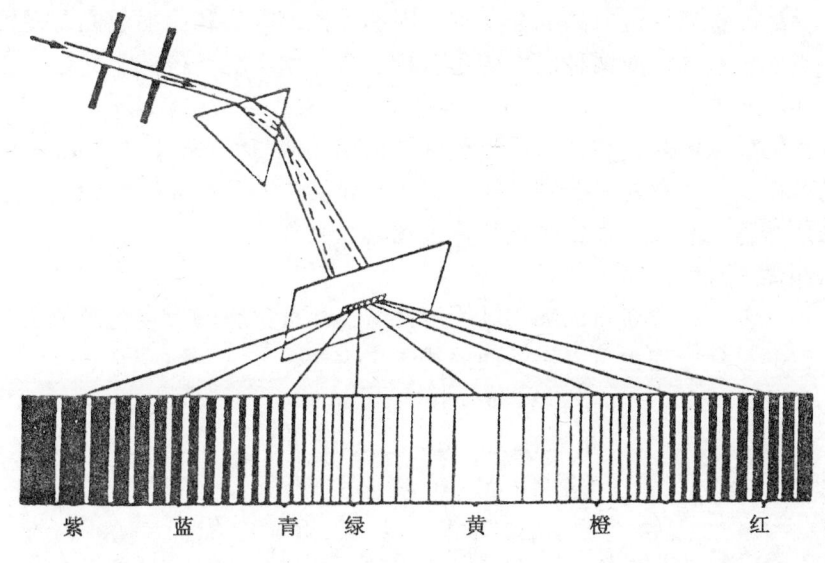

图3-11 白光的色散

若将三原色光,每两种或三种相混合,可以得到下面的色光(参看彩图2的色光加色法图),即

红(R)+绿(G)=黄(Y)

红(R)+蓝(B)=品红(M)

蓝(B)+绿(G)=青(C)

红(R)+绿(G)+蓝(B)=白(W)

以上各式表明,色光的相加(混合)所获得的新色光其亮度增加,故称色光的混合为加色法。改变三原色光中任意两种或三种色光的混合比例,可以得到各种不同颜色的色光。光是作用于人眼并引起明亮视觉的电磁辐射,具有能量,色光混合的数量愈多,光能量加和值愈大,形成的新色光愈明亮。

如果把红、绿、蓝三原色光,分别和青、品红、黄三种色光等量相混合,可以得到白光,即

红光+青光=白光

绿光+品红光=白光

蓝光+黄光=白光

当两种色光相加，得到白光时，这两种色光互为补色光。因此，红光与青光互为补色光，绿光与品红光互为补色光，蓝光与黄光互为补色光。

2. 色料三原色和色料减色法。色料包括颜料和染料，油墨中的色料以颜料为主。颜料不溶于水、油或其它有机溶剂。

若将黄、品红、青色料，每两种以"适当"的比例混合，又可以得到色光三原色的颜色（参看彩图2中的色料减色法图），即

$$黄 + 品红 = 红$$
$$黄 + 青 = 绿$$
$$品红 + 青 = 蓝$$
$$品红 + 青 + 黄 = 黑$$

改变黄、品红、青三种色料的混合比例，因选择性地吸收和反射色光，便可以获得各种不同的颜色。然而任意两种或两种以上的色料相混合，均不能获得黄、品红、青，故色料的三原色是黄、品红和青。

从色光补色的关系可知，色料三原色呈现的色相是从白光中，减去某种单色光，得到的另一种色光的效果。如从白光中分别减掉（吸收）光的三原色红光、绿光、蓝光，便得到了被减色光的补色光青、品红、黄，故把黄称为减蓝、品红称为减绿、青称为减红，即黄、品红、青也可以叫做三减色。

色料的相加（混合）所获得的颜色其明度降低，故称色料的混合为减色法。

色料减色法的呈色原理也可以用下面的式子来表达。

$$Y + M = W - B - G = R$$
$$Y + C = W - B - R = G$$
$$C + M = W - R - G = B$$
$$Y + M + C = W - B - G - R = 0 （黑）$$

黄、品红、青三种色料混合在一起，蓝光、绿光、品红光分别被黄、品种、青色料吸收故呈现出黑色。

从彩图2色料减色法图中看到，黄色料和蓝色料相混合得到黑色，品红色料与绿色料相混合得到黑色，青色料与红色料相混合也得到黑色。凡是某种色料与另一种色料相混合呈现黑色时，这两种色料互为补色料。所以，黄色与蓝色互为色料补色、品红色与绿色互为色料补色，青色与红色互为色料补色。色料补色混合后呈现黑色，色光补色混合后呈现白光，两者恰好相反，但是，光的三原色的补色是色料的三原色，色料三原色的补色又是光的三原色，因此，光与色之间存在着相互的联系，这种联系已经被人们巧妙的应用在彩色原稿的颜色分解之中。

3. 非彩色。颜色分为非彩色和彩色两大类。非彩色就是黑、白以及从黑暗到最亮的各种灰色，它们可以排列成一个系列，如图3-12所示，称为黑、白系列，该系列中由黑到白的变化可以用一条灰色带表示，一端是纯黑，另一端是纯白。物质将可见光全部反射，反射率等于100%为纯白；物质将可见光全部吸收，反射率等于0%为纯黑。实际生活中没有纯

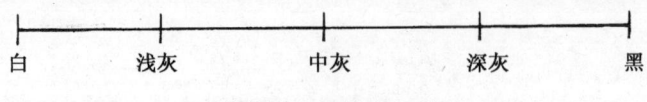

图3-12 黑白系列

白和纯黑的物质，氧化镁只能近似纯白，黑绒接近纯黑。

黑白系列的非彩色只能反映物质的光反射率变化，在视觉上的感觉是明亮的变化。

当印刷品的表面对可见光谱所有波长的辐射的反射率都在 80%～90% 以上时，视觉上的感觉便是白色。若反射率均在 4% 以下则是黑色。白色、黑色和灰色物体对光谱各波长的反射没有选择性，称它们为中性色。

4. 彩色。黑白系列以外的各种颜色称为彩色。任何一种彩色均由三个量表示：色相、亮度和饱和度。

（1）色相。色相是色彩最基本的特征，人们根据色相来称呼颜色如红色、黄色、绿色等。色相由物体表面反射到人眼视神经的色光来确定。对于单色光可以用其光的波长确定。若是混合光组成的色彩，则以组成混合光各种波长光量的比例来确定色相。例如：在日光下，印刷品表面反射波长为 500～550nm 的色光，而相对吸收其它波长的色光，该印刷品在视觉上的感觉便是绿色。

色相可以利用分光反射率曲线的形状来表示，如图 3-13 所示，曲线 A 表示物体的色相为绿色，曲线 B 表示物体的色相为绿蓝色。

（2）亮度。在光度学上把颜色的亮度描述成光的数值（即光的能量）。可以用光度计测量。一般认为，彩色物体表面的反射率高，它们亮度就大，如图 3-14 所示，从分光反射率曲线来分析，A、B 两种颜色的色相是相同的，但 A 颜色的亮度大于 B，因而在视觉上 A、B 两种颜色是有差异的。

（3）饱和度。饱和度（也叫彩度）指颜色的纯洁性，可见光谱的各种单色光是最饱和的颜色。当光谱色掺入的光成分愈多时，就愈不饱和。

物体颜色的饱和度取决于该物体表面反射光谱辐射的选择性，物体对光谱某一较窄波段的反射率高，而对其它波长的反射率很低或没有反射，这一颜色的饱和度就高。如图 3-15 所示，分光反射率曲线 A 比曲线 B 显示的颜色饱和度高。

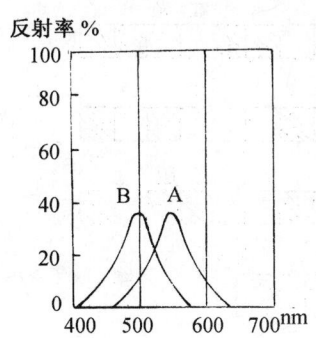

图 3-13 色相及色相差异

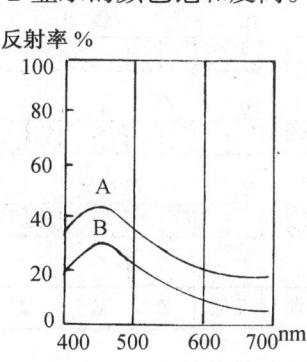

图 3-14 亮度的差异

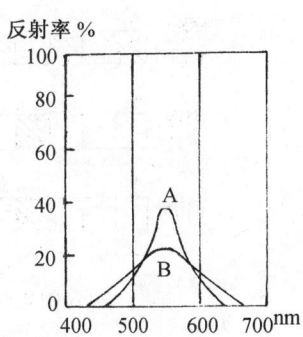

图 3-15 饱和度的差异

5. 颜色立体。为了便于理解颜色三特征的关系，可用三维空间的立体表示色相、亮度和饱和度。如图 3-16 所示，垂直轴表示黑白系列的亮度变化，上端是白色，下端是黑色，中间是过渡的各种灰色。色相用水平面的圆圈表示，圆圈的中心是灰色，圆圈上的各点代表可见光谱中各种不同的色相（红、橙、黄、绿、青、蓝、紫），从圆心向外颜色的饱和度逐渐增加，在圆圈上的各种颜色的饱和度最大，由圆圈向下或向上的方向变化时，颜色的饱和度也降低。

图3-16所示的颜色立体是理想化了的模型，虽然不能更真实的表示颜色三特征的相互关系，但可以帮助人们理解颜色三特征的相互关系。

二、颜色的分解和颜色的合成

彩色图像原稿的颜色要再现在印刷品上，必须先经过颜色的分解（分色），再进行颜色的合成（印刷），如彩图2的彩色印刷的复制工程。

1. 颜色的分解。颜色的分解是利用红、绿、蓝滤色片，对原稿反射或透射的色光选择性的透过和吸收进行的。例如，图3-17中的红滤色片，只能透过从原稿上反射或透射的600～700nm波长的红光，使银盐感光材料还原出较多的银原子形成高密度；原稿上反射或透射的400～600nm波长的蓝光和绿光被吸收，感光材料不能发生光化学反应，不能形成或只能形成低密度。原稿上的绿光、蓝光即为色料的青色。所以用红滤色片分色得到的是青阴片。同理，用绿滤色片分色得到的是品红阴片；用蓝滤色片分色得到的是黄阴片。黑分色片习惯上用黄滤色片来分色。

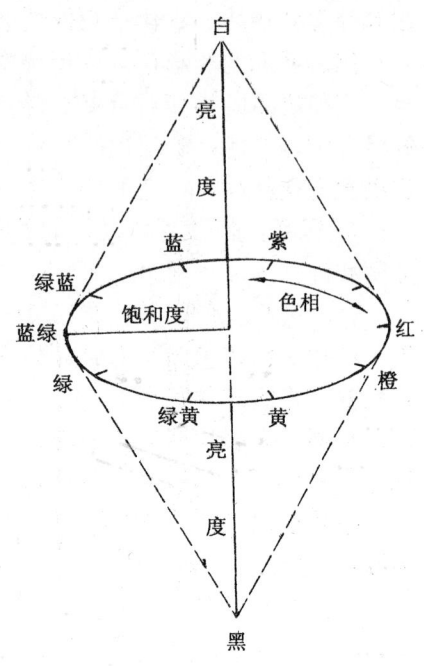

图3-16 理想化的颜色立体

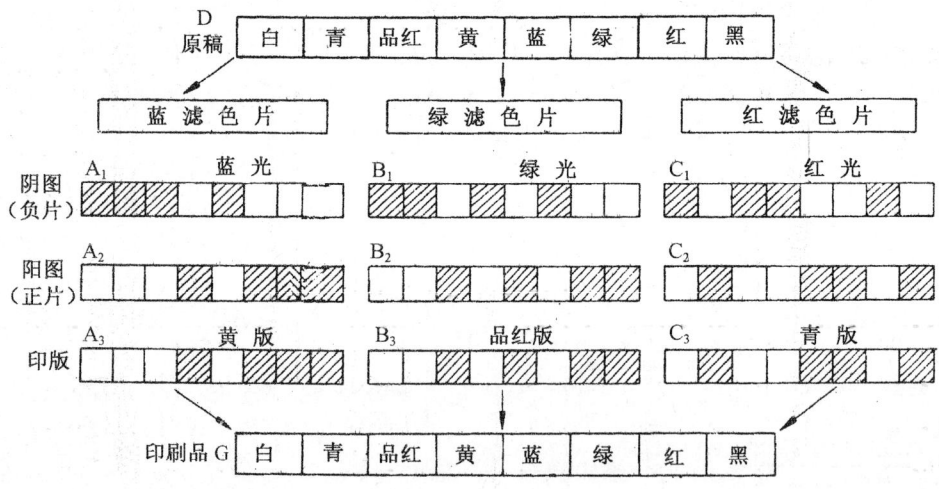

图3-17 分色原理示意图

用分色阴片或分色阳片，晒制成黄版、品红版、青版，印刷时，逐次叠印。根据减色法原理，原稿上的颜色在印刷品上得到再现。因为黄、品红、青三原色油墨，不同程度的存在着色误差，故用黄、品红、青叠印而成的黑色饱和度不足。为了增加黑色的饱和度，并使图像的轮廓清晰，所以，一般的彩色印刷品，除黄、品红、青之外，还要印一次黑色。

2. 颜色的合成。彩色印刷，利用缀有网点的黄、品红、青三原色和黑色再现颜色。

若用10%网点的印版印品红色，纸张上就只有10%的面积被品红墨所覆盖，其余90%的面积上仍然是白色的，人眼看到的颜色，和90%的白墨与10%的品红墨混合起来所呈现的颜色是一样的，是一种很浅的品红色；若用90%网点的印版印品红色，纸张上就有90%的面积被品红墨所覆盖，只剩10%的面积仍然是白色，人眼看到的颜色，就和10%的白墨与90%的品红墨混合起来所呈现的颜色一样了，是一种较深的品红色。前者得到的颜色是明亮而浅淡的，后者得到的颜色是阴暗而深沉的。可见印版网点成数不同，便可在同一张纸上形成亮度和饱和度不同的颜色。

如果黄、品红、青、黑四块版中每一块版的网点百分比只要有10个层次，那么，四块版套印合成的颜色就有14,640种，计算可按下式：

$$C_4^1 \cdot 10^1 = 4 \times 10 = 40$$

$$C_4^2 \cdot 10^2 = 6 \times 100 = 600$$

$$C_4^3 \cdot 10^3 = 4 \times 1000 = 4000$$

$$C_4^4 \cdot 10^4 = 1 \times 10000 = 10000$$

共计 = 14,640

这14,640种颜色远远超出了人眼所能感受的范围，所以，用黄、品红、青、黑四块版套印，只要每块版的网点有足够的层次，就能完全再现原稿的色彩。

（1）网点的并列。彩色印刷品的亮调部分，在黄、品红、青、黑各块印版和原稿亮调相对应部位的网点覆盖率都比较小，网点分布稀疏，因而印刷品亮调部分的网点大多处于并列状态。图3－18是网点并列的颜色合成图。

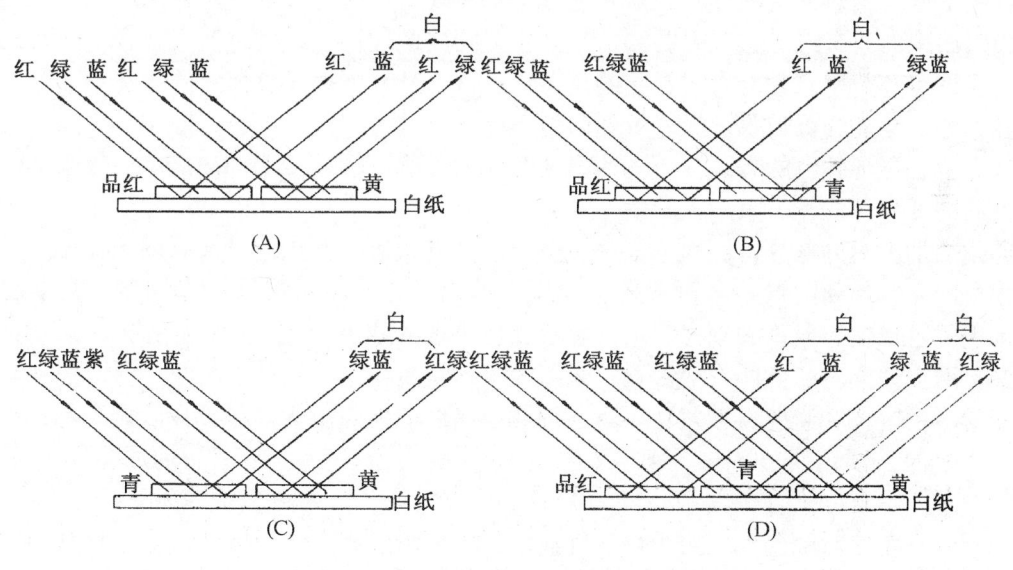

图3－18 网点并列合成颜色示意图

当黄网点和品红网点并列时，白光照射到黄网点上，黄网点吸收蓝光，反射出红光和绿光；白光照射到品红网点上，品红网点吸收绿光，反射出红光和蓝光。四种色光在空间进行混合，按照色光加色法，红光、绿光、蓝光混合成白光，而余下的为红光。若两个网点的距离很小，彼此十分靠近，人眼看到的是红色。同样道理，品红和青网点并列人眼看到蓝色，青网点和黄网点并列人眼看到绿色。

两个网点并列时，产生的颜色，偏色于大网点的一方。例如大的青网点和小的品红网点并列，产生的颜色偏青色。

黄、品红、青三个网点并列时，由于油墨吸收了部分色光，纸张对色光也有不同程度的吸收，不能100%的反射色光。当网点间距离很小时，人眼看到的是灰色。

(2) 网点的叠合。彩色印刷品的暗调部分，黄、品红、青、黑各块印版和原稿暗调相对应部位的网点覆盖率都比较大，网点密集，因而印刷品暗调部分的网点大都处于叠合状态，图3-19是网点叠合的颜色合成图。

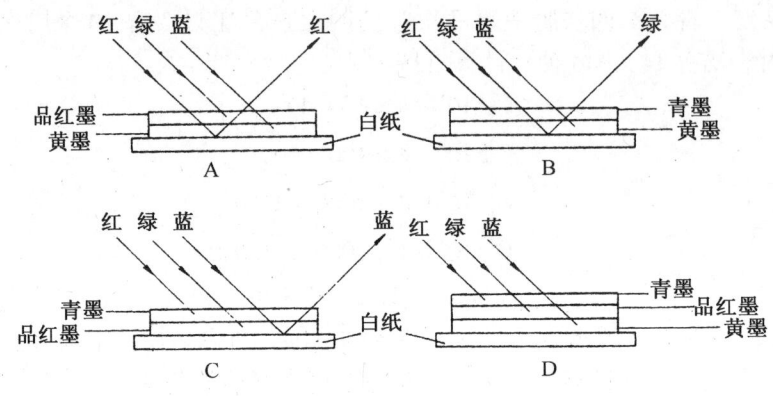

图3-19 网点叠合合成颜色示意图

当品红色的网点叠合在黄网点上面时，白光先照射到品红色网点上，白光中的绿光被吸收，红光、蓝光透射到黄网点上，蓝光被黄网点吸收，透过品红网点照射到白纸上，再从纸面上反射出来的只有红光，人眼看到的是红色。同样道理，品红和青网点叠合人眼看到的是蓝色，青网点和黄网点叠合人眼看到的是绿色。黄、品红、青三色网点叠合在一起时，白光中的蓝、绿、红光均被吸收，人眼看到的是黑色。

网点叠合再现颜色的方式，受到油墨透明度的影响，透明度低的油墨呈色效果不佳，完全不透明的油墨只能作为第一色印刷。

印刷品的中间调部分，层次丰富，颜色合成的方式既有网点并列又有网点叠合。

根据网点并列和网点叠合再现颜色的原理可以知道，油墨吸收色光的多少，墨层的厚度，油墨的色浓度，印刷的顺序，均会影响颜色再现的效果。

(3) 网点增大对颜色再现的影响。彩图3中的左边图像，是黄、品红、青、黑4块印版网点正常时的阶调和彩色再现效果。右边图像是品红版网点增大时的图像阶调、彩色再现效果，阶调变深，颜色明显偏红。可见，控制网点增大值对彩色印刷品的质量是至关重要的。

(4) 网点角度对颜色再现的影响。常用的AM网点呈规律性的排列，套印不良会产生影响图像美感的斑纹，即印刷中俗称的龟纹。为了减少龟纹对印刷图像的影响，推荐采用以下的网点角度。

双色印刷：深色用45°（135°），浅色用75°（或15°）。

三色印刷：黄色用15°，品红色用45°（135°），青色用75°。

四色印刷：黄色用90°（0°），品红色用45°（135°），青色用75°（或15°），黑色用15°（或75°）。

第三节 制版照相工艺

利用制版照相机,把原稿上的图像拍摄到感光材料上的过程,叫做制版照相。单色线条和单色连续调原稿,一般采用制版照相工艺制做阳图或阴图底片,其成本低廉,工艺操作简单。

一、照相设备及器材

1. 制版照相机。 制版照相机主要由制版镜头、镜头架、感光片架、原稿架、机架和光源等六大部分组成。它和普通的照相机相比较,具有较大的外形结构,拍摄的对象是平面的原稿,必须附设有人造光源等(参看图 3-20)。

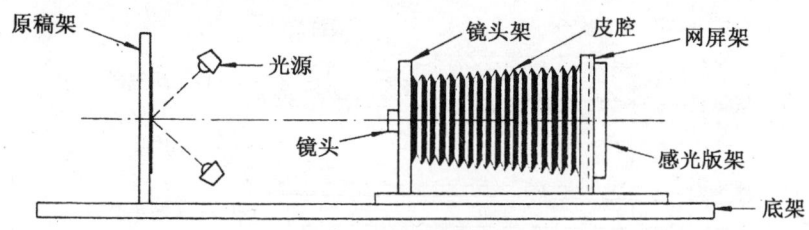

图 3-20 制版照相机

制版照相机,按照机架相对于地面的位置,可以分为卧式、吊式、立式等三种。

卧式照相机,结构简单,操作方便,常用来拍摄对开以下幅面的底片。吊式照相机,作业区间便于通行,操作方便,常用来拍摄对开、全张幅面的底片。立式照相机,占地面积小,便于操作,常用来拍摄四开以下的底片,若用安装有三棱镜的立式照相机,可以直接拍摄凸版制版用的阴图底片。

2. 制版照相辅助设备。

(1) 制版镜头。用以使感光材料获得清晰影像的精密光学系统。它和普通照相镜头不同,必须消除各种像差和色差,为复消色差镜头,用"APO"作标记。镜头中有光圈,用来调节通过镜头的光量。

(2) 滤色片。对不同波长的光有选择性吸收和透过的光学器件,红、绿、蓝、黄四种颜色的玻璃或胶质滤色片为一套,用以照相分色。

(3) 光源。常用的制版照相光源有氙灯、金属卤素灯等。

(4) 自动胶片显影机。自动完成显影、定影、水洗、干燥等过程的设备。

(5) 拷贝机。将拍摄的阳图或阴图底片与感光材料密附在一起,进行曝光,制作出供晒版用的原版设备,经过拷贝得到原版,要求影像的线条光洁,网点不虚,网点密度高而且均匀。

(6) 密度计。密度是物体吸收光线的特性量度,即入射光量与反射光量或透射光量之比,用透射率或反射率倒数的十进对数表示。在原稿和印刷品上,所谓的层次是图像上从最亮到最暗部分的密度等级,而阶调值在印刷技术中经常用密度来表示。因此,密度是印刷复制中很重要的一个参数。

密度计是测量原稿、阴图、阳图底片和印刷品密度的光学仪器。有反射密度计和透射密度计之分，也有反射和透射密度均能测量的密度计。测量透明胶片（阳图、阴图底片）密度时，用透射密度计。测量印刷品密度时，用反射密度计。

（7）定位打孔器。用于各分色底片精确套准的设备。

（8）网屏。主要使用接触网屏。

3. 感光材料。 凡是见光发生光化学反应，经过一系列冲洗、加工处理后，呈现实物或原稿影像的材料，统称为感光材料。

感光材料分为银盐感光材料和非银盐感光材料两大类。制版照相工艺主要使用银盐感光材料，其组成如图 3-21 所示。乳剂层是感光材料的核心部分。银盐感光材料的乳剂层由银盐、动物胶、色素组成。常用的银盐有溴化银（AgBr）、碘化银（AgI）等。动物胶可以使感光银盐颗粒分散均匀而不下沉，以便形成稳定的乳剂，常用的动物胶有明胶。色素用来增加乳剂的感色性能，使之成为感受色光的乳剂。

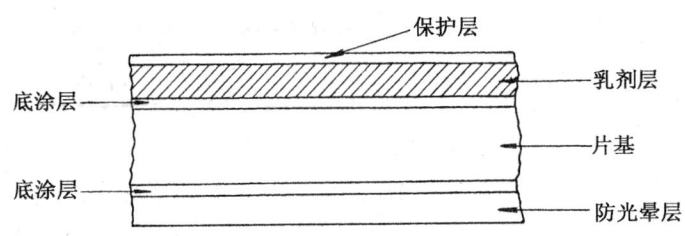

图 3-21 感光材料结构示意图

制版照相中，经常使用的银盐感光材料的性能及用途见表 3-2。

表 3-2　　　　　　　　感光材料的性能及用途

性能与用途 种类名称	感光度（DIN）	反差系数（γ）	主　要　用　途
SO 特硬正色片	2	≥6	照相排版，加网拷贝，拍摄黑白线条原稿。
OA 硬性正色片	10	3~4	拍摄低反差黑白原稿和拷贝。
OB 中性正色片	13	1.5~2	拍摄中等反差黑白原稿和拷贝。
OC 软性正色片	17	1~1.4	拍摄高反差黑白原稿。
SP 特硬全色片	6	≥5.5	拍摄彩色线条原稿，直接加网分色。
PA 硬性全色片	13	2.5~4.0	低反差彩色原稿分色。
PB 中性全色片	17	1.5~2.0	中等反差彩色原稿分色。
PC 软性全色片	20	0.85~1.3	高反差彩色原稿分色。

二、线条原稿的照相工艺

线条原稿的照相工艺，是学习制版照相的基础，一般使用银盐感光胶片拍摄，主要的工艺流程如图 3-22 所示。

装原稿是将需要拍摄的原稿，安装在原稿架的中心部位。

装感光片是将裁切好的感光片，安装在感光版架的中心部位，打开抽气泵，使之密附在感光版架上。

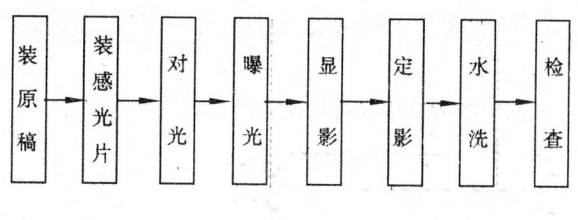

图 3-22

对光是根据透镜公式 $\frac{1}{f}=\frac{1}{p}+\frac{1}{q}$，改变原稿架（p 物距）、感光版架（q 像距）之间的距离，在感光版架的毛玻璃上得到尺寸正确、图像最清晰的影像。

曝光是使感光片见光发生光化学反应，生成"潜影"。光化学反应为：

$$AgX + h\nu \longrightarrow Ag + X$$

（$h\nu$ 为光量子）

显影是在显影机中，利用显影液的化学作用，将曝光生成的潜影，还原成可见的图像影像。

定影是使感光片上未感光的卤化银转变成复盐，溶于水被去除，防止再度发生暗反应，破坏了影像的清晰度。

经过上述工艺拍摄的阴图底片，进行质量检查，必要时还需修正。拍摄好的阴图底片，可以用照相机翻拍成阳图底片，或者用拷贝机拷贝成阳图底片供制版用。

线条原稿也可以用湿片进行拍摄，拍摄工艺如下：先把原稿安装在制版照相机的原稿架上，对好光。然后把感光液涂布在清洗干净的玻璃板上，感光液一般使用碘棉胶，也叫罗甸，再把玻璃板浸入硝酸银溶液之中，以生成具有感光性能的碘化银，将此玻璃版装入照相机的感光版架上，进行曝光、显影、定影、水洗，便得到了可供晒制铜锌版的阴图底片。为了增加底片图像的密度，可以用硫酸铜和溴化钾进行加厚处理，如果底片图像某一部分的密度过大，可以用赤血盐溶液进行减薄，把银盐颗粒溶解。

三、单色连续调图像原稿的照相工艺

单色连续调图像原稿的拍摄工艺，基本上和线条原稿的照相工艺相同，只是在拍摄时，要将网屏放在感光片的前面，如图 3-23。从原稿反射或透射的亮度不同的光束，通过镜头以后，在到达感光片之前，遇到了网屏，由于网孔具有重新分配光通量的作用，因此通过网孔的光束被分割成与原稿相对应的光通量不同的微小部分，在感光片上就形成了一个个的网

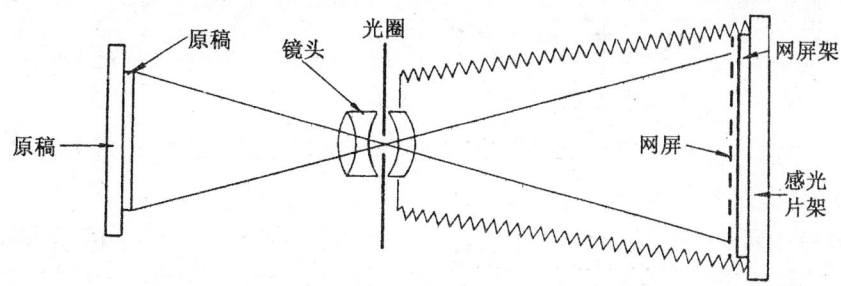

图 3-23 加网拍摄

点，原稿上明亮的部分，在阴图底片上形成大网点，原稿上阴暗的部分，在阴图底片上形成小网点。

单色的连续调原稿，一般采用感光胶片，利用接触网屏，选用45°的网点角度进行拍摄，工艺流程如图3-24所示。

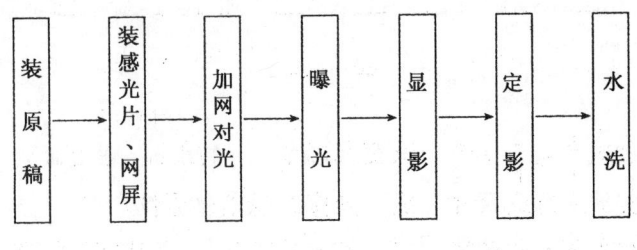

图3-24

曝光时，根据原稿特点，要进行主曝光和辅助曝光。辅助曝光包括闪光曝光和高光曝光。

主曝光是通过网屏来拍摄原稿的，通过主曝光，层次再现的基本情况被确定下来。闪光曝光，光源发出的光，不经过原稿但通过网屏，目的是使原稿暗调部分在阴图底片上补进小点子，延长中间调到暗调的阶调。高光曝光在完成主曝光和闪光曝光之后进行，曝光时去掉网屏，使亮调部分的层次拉开，提高高光部分的反差。

拍摄的阴图加网底片，应符合以下的质量要求：版面清晰不发黄、无脏点、图文药膜无擦伤，网点光洁，密度符合晒版要求等。

阴图加网底片，根据制版的需要可以翻拍或拷贝成阳图加网底片。带有网点的阴图底片或阳图底片，相对于连续调原稿或底片来说，称之"加网"底片。加网的底片也可以用湿片或明胶干片拍摄，但是由于工艺复杂，质量不易控制，只在特殊的情况下才应用。

在加网过程中，经常有一些术语来表达阶调再现的情况如：深、平、淡、崭等。

深：指图像网点面积太大。

平：指图像亮调部分的网点面积太大，暗调部分网点的面积太小，层次不明显。

淡：指图像网点面积太小。

崭：指图像亮调部分的网点面积太小，暗调部分网点面积太大，明暗反差太大。

四、彩色图像原稿的照相工艺

彩色图像原稿，可以用间接分色加网法和直接分色加网法拍摄，得到分色加网的阴图或阳图底片。

1. 间接分色加网法。 间接分色加网拍摄工艺，是将分色和加网分开进行，故又叫做"二步工序法"，工艺过程如图3-25所示。

间接分色加网工艺，虽然人工修正的机会较多，但操作复杂，消耗感光材料多，生产效率低，逐渐被淘汰。

2. 直接分色加网法。 直接分色加网工艺，是把滤色片和接触网屏同时安装在制版照相机上，原稿上的阶调用网点直接记录在分色片上，使分色和加网两道工序一次完成，故也叫做"直挂"。工艺过程如图3-26所示。

采用直接分色加网工艺，需要制作蒙版，压缩原稿的反差，纠正色差，还必须使用强光源、层次正确的接触网屏和高感光性能的全色片。目前,在我国主要用于中国画和类似于中国画格调原稿的分色加网。

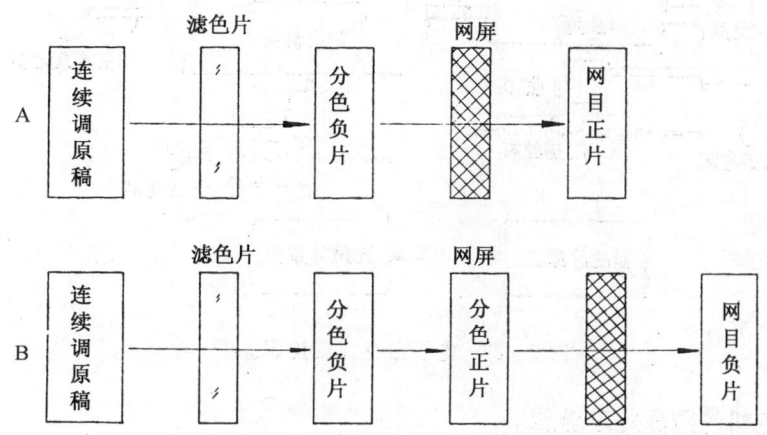

图 3-25 间接分色加网工艺

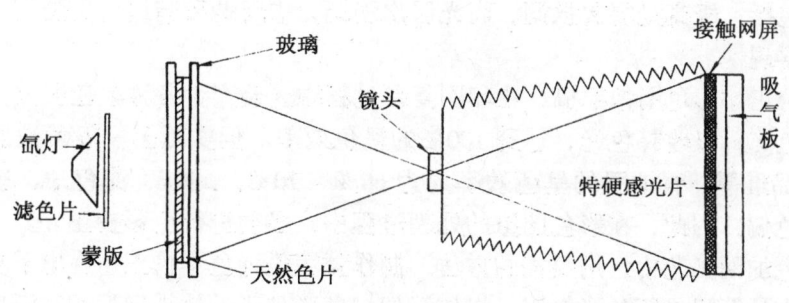

图 3-26 直接分色加网工艺

第四节 电子分色加网工艺

电子分色加网工艺,指利用电子分色机,通过电子扫描分色方式和电子加网,将彩色图像原稿分解成单色(黄、品红、青、黑)的网点阴图或网点阳图并输出底片的过程。

一、电子分色机的主要结构和功能

1. 电子分色机的结构。电子分色机是一种光学、机械、电子和计算机结合于一体的精密图像处理设备。由扫描单元(输入部分)、控制单元(演算部分)、记录单元(输出部分)三大部分组成,如图 3-27 所示。

(1)扫描单元。利用扫描头对原稿进行光点扫描采样,先将原稿的浓淡层次转变成光量的强弱,经过光电转换,再把原稿图像信息的光信号转变成电信号。

(2)控制单元。利用计算机对转换电信号的图像进行各种处理,以达到印刷的要求。

(3)记录单元。把经过处理,适合印刷要求的电子图像信号转换成光电图像信号,利用记录头,采用光量曝光的方式,记录在感光片上。

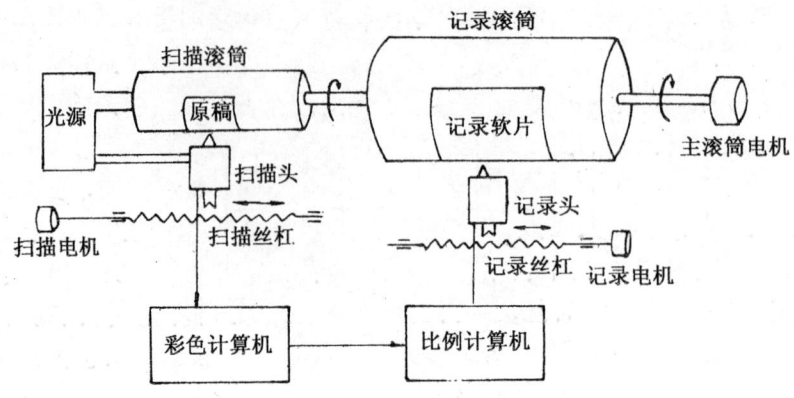

图 3-27 电子分色机结构示意图

2. 电子分色机的图像处理功能。

(1) 层次校正。彩色图像印刷品的阶调再现性,是评价印刷品的重要指标,必须进行精细的管理。电子分色机设有调整旋钮,通过主层次电路和辅助层次电路来实现对原稿各层次的强调,其中包括:极高光层次强调、高光层次强调,中间调和暗调层次强调,使印刷品获得最佳的阶调再现性。

(2) 色彩校正。彩色图像原稿,在印刷复制过程中,会产生各种颜色误差。例如,油墨应完全反射本色光,吸收补色光,达到100%的呈色效率。但实际上一般黄油墨的呈色效率为91%左右,品红墨、青油墨的呈色效率约为60%~70%,此外,滤色片、感光胶片、纸张等都会引起色偏,因此,在彩色图像的处理过程中,必须进行色彩校正。

在直接分色加网工艺中,用照相的方法,制作蒙版进行色彩校正。在电子分色机上,运用蒙版电路,由计算机进行色彩校正。操作简便,色彩校正的效果远远超过蒙版。

(3) 黑版的选择和底色去除。根据色料减色法的原理,黄、品红、青三原色油墨叠印在一起,应该得到黑色(或中性灰)。但是,在实际的印刷中,由于存在着颜色误差,用黄、品红、青三色油墨进行实地印刷,也得不到足够的黑度。因此,为提高暗调部分的密度,就需要用黑版来补偿。如果将黄、品红、青油墨重叠成灰色的部分,用黑墨来代替,就可以节约彩色油墨,提高套印质量,增加层次再现效果,这一工艺过程叫做底色去除。

电子分色机设置有黑版合成电路,将原稿暗调部分的中性灰分解出来,作为黑版信号。同时,被分解出来的黑版信号经过处理,又作为黄、品红、青底色去除信号,以便对黄、品红、青暗调部分作相应的减色,提高暗调的颜色再现性。

(4) 细微层次强调。电子分色机设置有虚光蒙版电路,以强调细微层次,提高印刷品的清晰度。

层次校正、色彩样正、黑版的选择和底色去除、细微层次强调等,均由电子分色机的彩色计算机完成。

电子分色机除上述主要的功能以外,还具有倍率变换,加网,阴、阳图像转换等功能。

二、电子分色机的操作

电子分色机的操作程序如图 3-28 所示。

标定的作用是鉴定电子分色机与自动胶片显影机的配合是否得当。例如扫描电子连续调

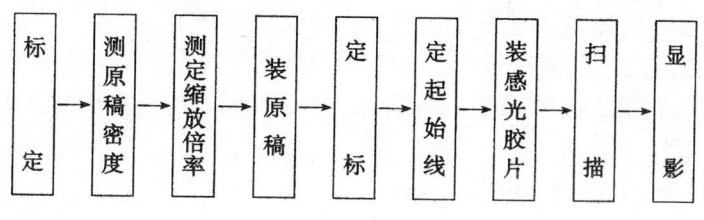

图 3-28

梯尺，应得到 0.1~1.8 的密度，如不符合要求，则要调整电压或显影时间。

原稿的缩放倍率，一般用放大率测定仪测定，测定的数据应设定在电子分色机内。

原稿要进行清洁处理，才能装贴在扫描滚筒上。

定标是指确定电压范围以适应各种不同密度反差的原稿。

定起始线是按照印刷要求的尺寸规格，确定成品裁切线。

将感光片装入暗盒时，要在安全灯下操作，感光片应比规定尺寸略大一些。

电子分色机的扫描过程如下：扫描滚筒旋转时，扫描头的光学系统，对原稿上的每一点像素进行扫描，经光电转换变成电信号，利用彩色计算机，对扫描像素进行色彩校正、层次校正、细微层次强调以及底色去除等一系列处理，再利用比例计算机完成对原稿尺寸的缩放，最后将电信号转换成与原稿扫描像素相对应的经校正过的光图像信号，通过记录头，在感光胶片上曝光。电子分色机多采用激光电子加网，以激光为记录光源，由网点发生器直接在感光胶片上形成一定形状、大小、角度的网点。

扫描完成以后，将感光胶片经过显影冲洗处理，便得到了分色加网的阴图或阳图底片。扫描一次通常可以获得黄、品红、青、黑四张分色加网底片。

三、电子整页拼版系统

电子整页拼版系统，是在电子分色机的基础上扩展起来的，是一种由电子计算机控制的数字化图像处理装置，能够按照预先设计的版式，把图像和文字信息组成整页版面。因为是计算机进行控制，所以对于彩色图像原稿中的分色、色彩校正、拼版等一系列复杂工序，很简单地就完成了，生产效率很高。

整页拼版系统一般由输入部分、拼版处理部分和输出部分组成。

1. 输入部分。由扫描装置和输入控制装置组成。扫描装置是和拼版处理系统相匹配的电子分色机。扫描装置对彩色图像原稿进行扫描、分色、校色、变换色彩、倍率变换等，再把处理后的图像信号数据化，输入控制装置，同时存储到磁盘中。

扫描装置的扫描状况，被显示在彩色显示器上。

2. 拼版处理部分。由磁盘驱动装置、拼版显示器、超差显示器、彩色监控器、图形数字化仪以及专用电子计算机等组成。

把输入部分输入的数据，从磁盘存储器中调到图像显示屏显示，然后借助图形数字化仪，把各个图像转移到版式设计中所规定的相应位置上，拼成完整的版面，进行必要的修正后，存入存储装置，以备随时取用。

拼版处理部分，除具有电子拼版的功能外，还具有图形制作、图像的变形、图像的修正、版面编排等功能。也能将黄、品红、青、黑的数据转换成红、绿、蓝的数据，可以作单色、双色、三色的重叠显示和修版等。

3. 输出部分。由输出控制和电子分色机的记录装置组成。

输出控制装置把拼版数据输出到电子分色机的记录装置上，记录装置把接受到的拼版数据，通过网点发生器在感光片上曝光，便得到所需要的图文并茂的整页拼版分色底片，供拷贝或制版使用。

高级电子整页拼版系统组成如图 3-29 所示。

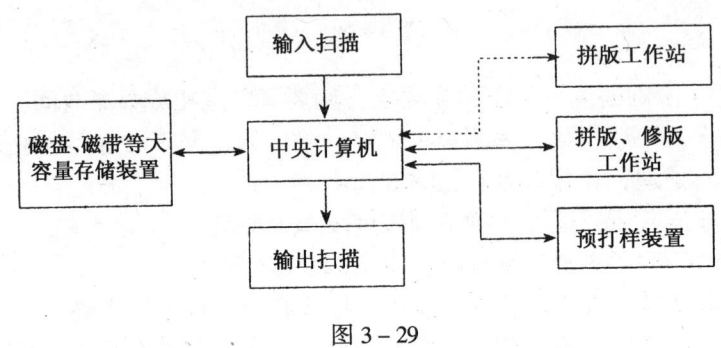

图 3-29

输入扫描单元和输出扫描单元可以使用电子分色机，也可以使用专用设备，分色片数据可以通过预打样装置来预测印刷效果。

第五节 彩色桌面出版系统

彩色桌面出版系统，又名 DTP，是 Desk Top Publishing 的缩写，因其小巧可放置在桌面上而得名。

彩色桌面出版系统，是 20 世纪 90 年代推出的新型印前处理设备，由桌面分色和桌面电子出版两部分组合而成。它的问世，从根本上解决了电子分色机处理文字功能弱，不能很好地制作图文合一的阴图底片或阳图底片的缺陷。

彩色桌面系统的出现，使得人们及时快速地处理彩色图像的要求得以实现，更令人兴奋的是，人们可以直接在计算机的显示器上看到图像处理的结果，而不用等到最终的打样或印刷才可判断，从而大大提高了生产效率，也使设计师直接利用计算机进行创意、设计成为可能。

我国在 1991 年由北京大学方正集团公司和山东淮坊华光集团公司分别推出了各自的中文处理系统，实现了中文版面的彩色处理。

彩色桌面出版系统，从总体结构上分为输入、加工处理和输出三大部分。

一、DTP 的输入设备

输入设备的基本功能是对原稿进行扫描、分色并输入系统。除文字输入与计算机排版系统相同之外，图像的输入可以采用多种设备，如：扫描仪、电子分色机、摄像机、绘图仪以及卫星地面接收站等，使用较多的是扫描仪。

扫描仪有平台式和滚筒式两种，用于彩色桌面出版系统的扫描仪应具有适合印刷要求的输入分辨率、色彩位数和扫描密度范围。

1. 输入分辨率。指每英寸采样的点数，用 dpi 表示。dpi 和网点线数 lpi 有以下的关系：

$$dpi（输入分辨率）= 网点线数 \times 缩放率 \times 系数$$

系数一般为 1~2。随着放大倍率的增加，要求的分辨率随之增大。反射原稿的放大倍率较小，以 5 倍计算，1500dpi 即可。透射原稿的幅面较小，以 10 倍计算，3000dpi 才行。有的扫描仪分辨率已达 6000~8000dpi。实际使用的分辨率，取决于输出分辨率和图像的缩放倍率。

2. 色彩位数和扫描密度范围。色彩位数指某种颜色用多少二进制位表示，如 8 位、16 位、24 位、36 位等。扫描密度范围指最亮和最暗处的密度差。通常扫描密度范围愈大，色彩位数愈多，如果密度范围大于 3.0，最少要 10 位。

此外，要求扫描仪能提供标准的通用数据格式，准确可靠地接受工作站的控制，具有环境自动校正功能，能够对外界光的干扰进行补偿。同时，在保证达到扫描仪主要技术指标的前提下，扫描速度愈快愈好。

二、DTP 的加工处理设备

加工处理设备统称为图文工作站。基本功能是对进入系统的原稿数据进行加工处理，例如：校色、修版、拼版和创意制作，并加上文字、符号等，构成完整的图文合一的页面，再传送到输出设备。

目前，使用的计算机有苹果机（MAC）、PC 机和工作站等。由于可用于桌面系统的硬件设备和软件极其丰富，因此，选择适合印刷要求的硬件、软件组合成系统时，应该考虑处理速度、处理容量、系统网络、中文环境等几个问题。

1. 处理速度。图像处理要求对图像中的点逐点处理，数据量很大，要求具有很高的速度，应使用较高档次的微机或工作站。

2. 处理容量。图像处理由于对输入分辨率和输出分辨率的要求愈来愈高，因此要求工作站处理数据的容量愈来愈大。同时还要求存储有大量现成的图库和字库。

3. 系统网络。彩色桌面出版系统的工作方式主要是联网工作，多台计算机共同完成一个任务，并共享价格昂贵的扫描、记录设备。因此，需要选配合理的系统网络和网络服务器、文件服务器来支持。

4. 中文环境。国外的各种应用软件开发非常迅速，不可能将新型应用软件一一汉化后再在国内使用，这就要求工作站有良好的中文环境以及良好的兼容开放性能，能把新开发的西文软件，直接移植到系统的中文环境中，而且不出现任何问题。

5. 桌面出版系统的软件。桌面出版系统常见的软件有：图像处理软件、图形处理软件、桌面组版软件。

图像处理软件：以类似于照片、具有光影变化的图片为主要处理对象的计算机软件。其主要特点是：以像素点颜色的变化来反映物体光影的变化。

常用的图像处理软件有：Photoshop、LivePicture、Painter、XRes 等。

图形处理软件：以类似于插图式的、由简单的几何图形组成的图片为处理对象的软件。其主要特点为：处理的对象全部以矢量（曲线）方式描述，放大缩小不受限制。

常用的图形处理软件有：Freehand、lllustrator 等。

桌面组版软件：桌面组版软件是将图像、图形以及文字素材组合为统一页面以供输出的计算机软件。其主要作用为：可按设计要求将文字、图形、图像任意排列组合，并实现最终输出。

目前常用的组版软件有：Pagemaker、QuarkXPress 等。

三、DTP 的输出设备

输出设备是彩色桌面出版系统生成最终产品的设备。主要由高精度的激光照排机（也叫图文记录仪）和 RIP（光栅图像处理器）两部分组成。激光照排机利用激光，将光束聚焦成光点，打到感光材料上使其感光，经显影后成为黑白底片。RIP 接受 PostScript 语言描述的版面，将其转换成光栅图像，再从照排机输出。PostScript 是一个页面描述语言，由 Adobe 公司开发，现被众多人接受，并成为一个标准。RIP 可以由硬件来实现，也可以由软件来实现。硬件 RIP 由一个高性能计算机加上专用芯片组成。软件 RIP 由一台高性能通用微机加上相应的软件组成。为了达到印刷对图像处理的要求，必须考虑激光照排机和 RIP 的输出分辨率、输出重复精度、输出加网结构、输出速度等性能指标。

1. 输出分辨率。文字分辨率一般在 700~900dpi，图像分辨率 60 线/厘米的网点分辨率要求 2400dpi，70 线/厘米的网点则要求 3200dpi。

2. 输出重复精度。高档精美印刷品，重复精度要求最大允许误差为 $5\mu m$。一般印刷品如手册、书刊，重复精度允许误差为 $20~25\mu m$。低档印刷品如彩色报纸，重复精度允许误差为 $25~50\mu m$。

3. 输出加网结构。能够输出不同的网点线数和网点形状的网点。为保证彩色图像复制时，不产生明显的龟纹或密度波动，要求输出设备能产生印刷性能良好的网点。

4. 输出速度。输出速度取决于 RIP 和图文记录仪的性能。硬件 RIP 速度快，软件 RIP 速度慢。在输出相同质量分色片的前提下，速度愈快愈好。

此外，输出设备还应具有标准接口和汉字输出的能力，输出的幅面能达到印刷的要求等。

彩色桌面出版系统的输出设备还有各种彩色打印机如：激光打印机、喷墨打印机、热升华打印机以及各种多媒体载体（幻灯片制作机、光盘、录像机等）。

四、高端联网

彩色桌面出版系统与现有的各种型号的电子分色机相联，叫做高端联网，这是桌面系统的又一种工作方式。

利用高端联网，获取高质量的图文底片时，电子分色机接口必须解决两个关键性问题。第一，速度问题。由于电子分色机处于工作状态时，无法做到暂停的控制，所以接口及接口工作站必须足够快，能同时接受电子分色机的扫描数据和向电子分色机发送数据。第二，图文合一输出底片的方式。如果利用电子分色机的网点发生器生成网点，只要再加一个高分辨率的接口，共同完成图文合一的输出。倘若不使用电子分色机的网点发生器生成网点，只将电子分色机的记录部分作为照排机看待，则需另加一个 RIP 处理网点和文字，桌面系统通过 RIP 使用电子分色机。

高端联网，形成了以通用计算机为核心的整页拼版系统。不仅发挥了电子分色机输入分辨率较高、图像处理质量好的优点，而且融合了桌面系统可以图文同时处理、版面组合灵活快捷、人工创意新颖、整页数据可重复存取的特长，同时给有电子分色机的厂家，提高彩色制版的能力和效率，开辟了一条极好的途径。

习 题

1. 连续调图像原稿上的明暗层次，在印刷品上通过哪两种方式来表现的？
2. AM 网点和 FM 网点有何特性？
3. 何为光的三原色和色光加色法？何为色料的三原色和色料减色法？光的三原色和色料的三原色之间有何关系？
4. 颜色分为哪两类？彩色的三特征是什么？如何定义？颜色立体如何表示色相、明度和饱和度？
5. 简述分色的原理。
6. 简述印刷品上颜色合成的原理。
7. AM 网点常用的网点角度有哪几种？双色、三色、四色印刷，网点的角度如何搭配？
8. 制版照相机的主要结构是什么？与普通照相机相比，有何特点？如何分类？有何用途？
9. 制版照相车间除照相机外，还应配备哪些小型设备？
10. 制版照相中，常用的银盐感光材料如何分类？有何用途？
11. 简述线条原稿的照相工艺。
12. 简述单色连续调原稿的照相工艺。
13. 简述电子分色机的主要结构和图像处理的功能。
14. 彩色桌面出版系统由哪三大部分组成？简述每一部分的作用和应具备的基本技术性能。
15. 何为高端联网？高端联网的电子分色机接口应满足何种技术要求？

第四章 制　版

依照原稿，复制成印版的工艺过程，叫做制版。常用的印版有用铅字排成的活字版，有用阴图或阳图底片晒制而成的凸版、平版、孔版等。

第一节　文字排版

将文字原稿,依照设计要求,组成规定版式的工艺,叫做文字排版。书籍、杂志等书版印刷物是以文字排版为基础的。目前,文字排版的方法有铅活字排版、手动照排、计算机排版三种。

一、印刷的字体和规格

1. 印刷字体。供排版、印刷用的规范化文字形态，叫做印刷字体。

(1) 汉字字体。汉字是世界上最古老、最优美的文字之一。在长期的发展、演变过程中,创造了多种便于阅读、结构严谨的印刷字体。常用的字体如图4-1所示,有宋体、黑体、楷体、仿宋体等,除此之外,还有美术体、标准体、书写体等特种字体(参看图4-2和图4-3)。

宋体　　计算机排版原理

黑体　　计算机排版原理

楷体　　计算机排版原理

仿宋　　计算机排版原理

图4-1　汉字字体

(2) 民族文字字体。我国是一个多民族的国家，少数民族出版物中常用的民族文字有：蒙文、维吾尔文、朝鲜文、藏文、哈萨克文等。一般书刊的正文用白体，标题用黑体。

(3) 外文字体。外文字体的种类较多，常用的有白正体、黑正体、白斜体、黑斜体、花体等（参看图4-4）。白体一般用于书刊的正文，黑体用于标题。

2. 印刷文字的规格。

(1) 活字的规格。活字是用金属或非金属材料制成的单个排版用字。在方柱体或长方柱体的顶端有反向的文字或符号。汉字活字各部分的名称如图4-5所示。

常用的印刷活字，俗称铅字，是以金属铅为主，配以一定比例的锡、锑金属，用铸字机铸造出来的。

图 4-2 特种字体

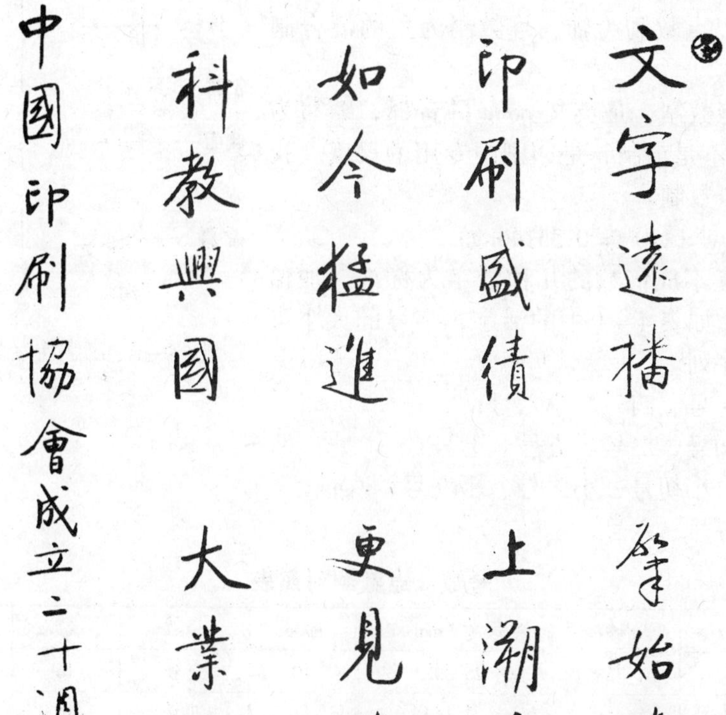

文字遠播　肇始雕鏤
印刷盛績　上溯千年
如今猛進　更見騰騫
科教興國　大業無邊
中國印刷協會成立二十週年紀念　啓功

图 4-3 手写体

白 正
ABCDEFGHIJKLM
NOPQRSTUVWXYZ

白 斜
ABCDEFGHIJKLM
NOPQRSTUVWXYZ

黑 正
ABCDEFGHIJKLM
NOPQRSTUVWXYZ

黑 斜
ABCDEFGHIJKLM
NOPQRSTUVWXYZ

图 4-4 外文字体

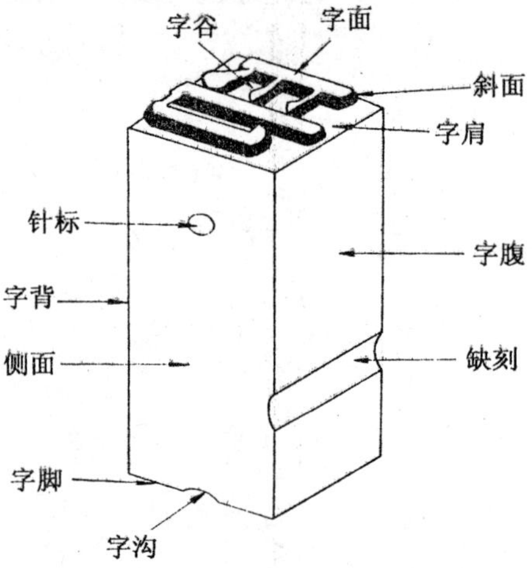

从活字的字面到字脚的距离，叫做活字的高度。活字的高度，国际上统一采用公制，用毫米计算。我国的活字高度为 23.44mm。

从活字的字背到字腹的距离，叫做活字的大小。我国的活字采用以点数制为辅、号数制为主的混合制来计量。

点数制又叫磅数制，是英文 point 的音译，缩写为 P，既不是公制也不是英制，是印刷中专用的尺度。我国大都使用英美点数制。

$$1 点（1P）= 0.35146mm$$

号数制是以互不成倍数的几种活字为标准，加倍或减半自成体系，如表 4-1 中的活字，字号的大小可以分为以下四个序列。

图 4-5 汉字活字各部分的名称

四号序列：一号、四号、小六号；
五号序列：初号、二号、五号、七号；
小五号序列：小初号、小二号、小五号、八号；
六号序列：三号、六号。

表 4-1　　　　　号数、点数制对照表

序号	号数	点数	尺寸（mm）	序号	号数	点数	尺寸（mm）
1		72	25.305	10	三号	16	5.623
2	大特号	63	22.142	11	四号	14	4.920
3	特号	54	18.979	12	小四号	12	4.218
4	初号	42	14.761	13	五号	10.5	3.690
5	小初号	36	12.653	14	小五号	9	3.163
6	大一号	31.5	11.071	15	六号	8	2.812
7	一（头）号	28	9.841	16	小六号	6.875	2.416
8	二号	21	7.381	17	七号	5.25	1.845
9	小二号	18	6.326	18	八号	4.5	1.581

(2) 照排文字的规格。照排文字的大小用毫米来计量，最小的计量单位为"级"。

$$1 级（k）= 0.25mm$$

一般照相排字机能照排的文字大小，由7级~62级（参看图4-6）。

由于活字和照排文字的计量方法不同，因此，如果遇到用号数标注的文字时，必须换算成级数，以便于照排的操作。例如，五号字的大小为3.69mm，经计算在14k和15k之间，选择哪个级数合适，最后需根据排版要求确定。

（3）计算机排版文字的大小。计算机排版系统中，文字的大小基本上和活字相同，采用号数字或点数字。

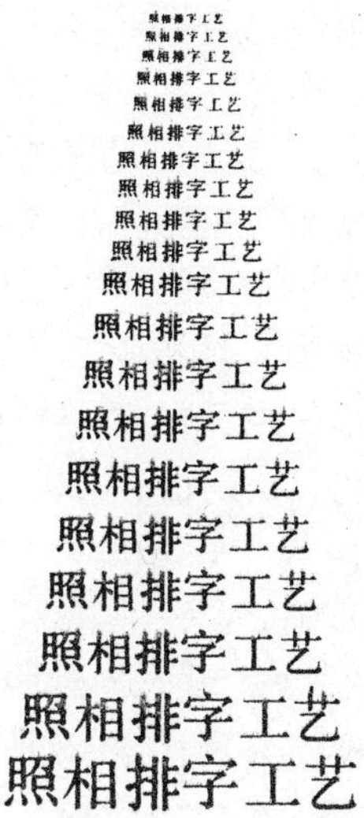

二、书籍的组成及版式设计

1. 书籍的组成。 一般书籍由封面、扉页、目录、正文、标题、页码、辅文（前言、后记、引文、注文、附录、索引、参考文献）等7部分组成。书籍各部分的名称如图4-7所示。

2. 文字排版常用术语。 开本，是用以表示书刊幅面大小的名称。开本的计算，是以标准幅面的纸定为全张纸，把全张纸裁切成1/2、1/4、1/8、1/16、1/32、1/64等，分别称它们为对开、四开、八开、十六开、三十二开、六十四开等。其中十六开、三十二开是书刊常见的开本形式。

印数，是一种图书或其它印刷品出版所印的数量。

图4-6 7~62级变倍字例

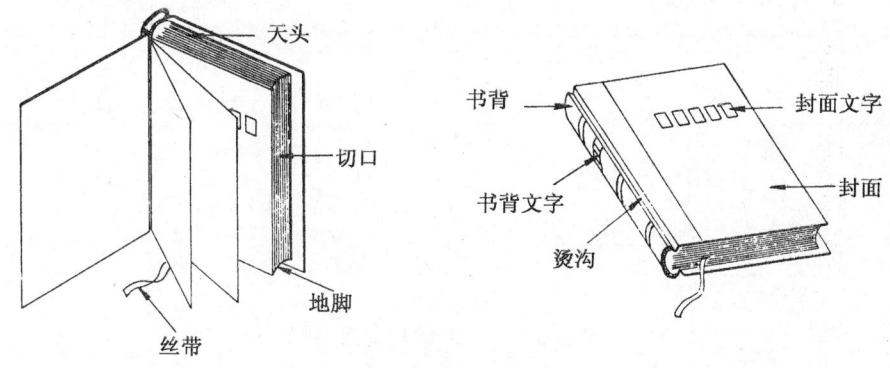

图4-7 书籍各部分的名称

封面，又叫书皮或封一，是一本书的表层，起着保护和装饰书籍的作用。有软、硬两种，硬封面，又称书壳。封面上印有书名、作、译者姓名和出版单位的名称。

封里，又叫封二，指封面的里面。一般是空白页，也有印图片、目录的。

封底里，又叫封三。一般是空白页，也有印图片或目录、正文的。

封底，又叫封四或底封，是书的最后一面，它与封面相连，除印有统一书号和定价、条形码外，一般是空白，有的也印有和封面相连的图案。

扉页，又称内封或副封面。在封二或衬页之后，印的文字和封面相似，但内容详细一些。

版权页，是一本书刊诞生以来的历史介绍，供读者了解这本书的出版情况，附印在扉页背面的下部。内容有书名、作者、出版单位名称、印刷厂、发行者、开本、版次、印张、印数、字数、日期、定价、书号等。

书背，是指书籍的脊背部分，也叫后背。是封面和封底连接处所形成的部分，一般印有书名、作者姓名、出版单位名称等。

版面，是指印刷成品幅面中，图文和空白部分的总和。

版心，是指印版或印刷成品幅面中，规定的印刷面积。

天头，是指版心上边沿至成品边沿的空白区域。

地脚，是指版心下边沿至成品边沿的空白区域。

页，书刊的每一小张为一页。每页有两个页码的版面。

订口，是指书页装订部位的一侧。从版边到书脊（书脊是书籍表面与背的连接处）的白边。

切口，是指书页（线装书除外）除订口边外的其它三边。

页码，是一本书各个版面的顺序记号。

3．版式设计及排版中的禁排规则。版式设计的内容包括：开本的大小，排版的形式，（如图4-8和图4-9所示，是横排还是直排；是通栏还是分栏）正文、标题、注译文字的字体和大小，每行的字数、字距、行距以及版心、切口、天头、地脚的尺寸等。上述的内容一般都标注在版面设计用纸上。

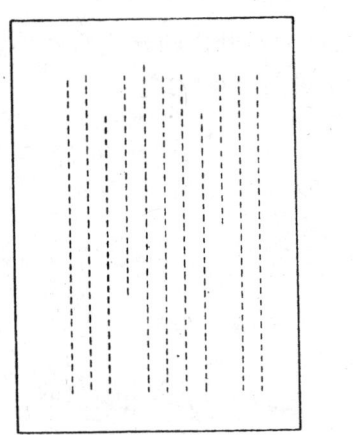
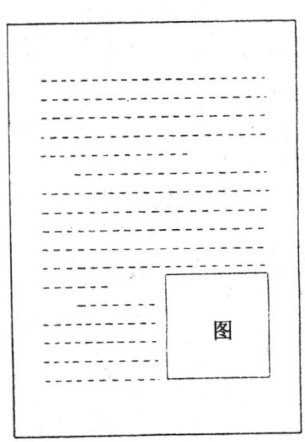

图4-8　横排和直排

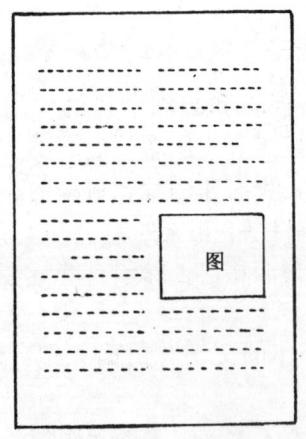
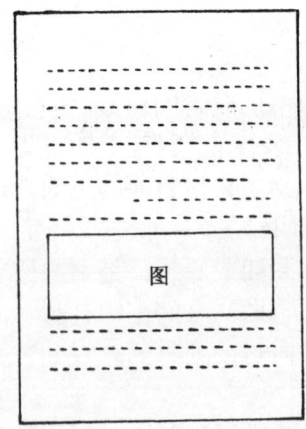

图4-9　通栏和分栏

在文字排版中，要注意一些禁排的规定。例如，每段开头必须空出2个字的位置，行首不能排句号、逗号、顿号等标点符号；行末不能排上引与（"）、上括号（（）……等；年份、化学分子式、数字前的正、负号以及单音节的外文单词，都不能分开排在上下两行。

<h3 style="text-align:center">三、活字版排版工艺</h3>

活字版是由铅活字和各种排版材料组成的印版，活字版的排版工艺流程如图4-10所示。

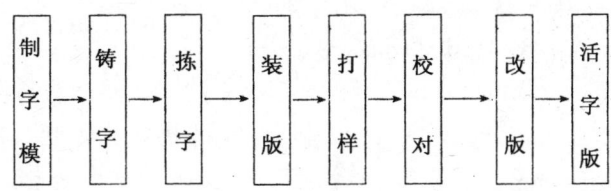

图4-10

1．制字模。字模是用铜或其它金属制成的，一般是凹型字符的铸字模具。

制造字模的方法有冲压字模法、电镀字模法、雕刻字模法三种。

（1）冲压字模法。先雕刻出一个凸形的钢字（也叫冲压原模），把它放在铜坯上用力冲压，即可制出凹形字模。

冲压字模耐用、加工简单，但只能制作笔画简单的字，对外文字母比较适用。

（2）电镀字模法。先用电镀的方法，在手工雕刻的铅字上镀一层较厚的铜，然后把铜层剥下来，从背面浇铸铅或锌，再锯成小块，镶嵌在铜坯上，便制成了字模。

电镀字模，价格便宜、设备简单，但加工时间较长，使用寿命低。

（3）雕刻字模法。把事先加工好的铜坯，用卡具固定在字模雕刻机上，利用缩放原理，在已经制作好的字模板上，按照字的笔画依次描绘，由于描绘头与雕刻刀是同步进行的，所以在字模版上描完一个字的同时，在铜坯上也就将字刻好了。

雕刻字模、字划精确、质量高、耐用、速度快，是制字模最常用的方法。

2．铸字。用铸字机通过字模将铅合金制成活字的过程，叫做铸字。

铸字用的铅合金，是用铅、锡、锑三种低熔点金属，按照一定的比例熔融而成的。三种金属的配比，可以根据字的大小、印刷机的种类，进行适当的调整。铸字的具体过程是：在铸字机上安装字模（铸字面的模具）和字盒。再将铅合金锭，放入铸字机的熔铅锅里，加热熔化（一般温度在350℃左右），即可开始铸字。

铸好的铅字，被排放在字架上固定的字盘中，以供拣字用，平时铸字是以补充字盘的缺字为主要目的的。

铸字机，除能铸造活字外，还可以铸造其它的排版材料，如图4-11和图4-12所示的花边、空铅等。

3．拣字和装版。

（1）拣字。依照原稿和版式设计要求，将活字排成毛条（规定

图4-11 花边

行长的半成品）的过程，叫做拣字。

我国常用的汉字有 3000 个左右，不常用的汉字约有 7000 个左右。铸好的各种活字按照《康熙字典》的部首排列在字盘中，字盘被安放在字架上，每种字体，每一字号都有一付字架。拣字时，从字架上拣出需要的字和标点符号，放在如图 4－13 所示的手盘中，拣满一盘后用两根铅条夹住，放在木盘中，拣够一定数目的行数就用绳捆紧。

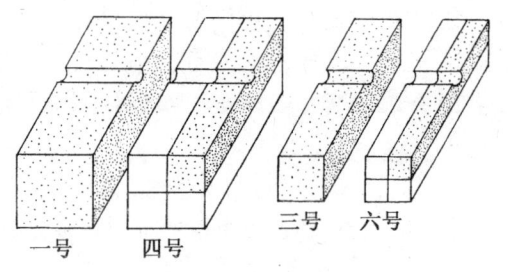

图 4－12　空铅

（2）装版。也叫拼版或组版。依照原稿及版式设计要求，将汉字、外文、公式、表格、插图等组成一定规格的活字版。

活字版装版，按照版面的形式来划分，有报版和书版两大类。

4. 打样校对和改版。

（1）打样校对。装好的活字版，要放在打样机上打出校样，然后依照原稿及版式设计要求，在校样上检查并标注出排版的错误，这一过程叫做打样校对。

熟练识别和运用校对符号，是排版人员的基本功之一。目前所用的校对符号应符合 1981 年 12 月颁布的中华人民共和国专业标准《校对符号及其用法》（参见表 4－2）。

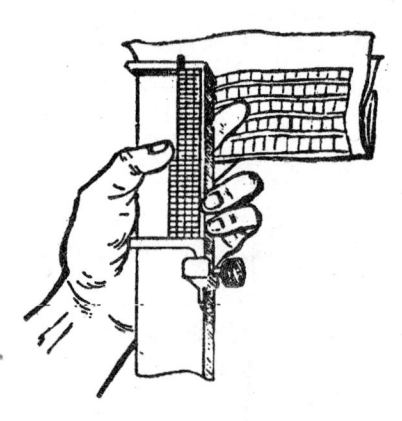

图 4－13　手盘

表 4－2　　　　　　　　　校对符号及其用法

The proofreader's marks and their application　　　　ZB　1－81

本标准规定的符号及用法，适用于出版印刷业中文（包括各少数民族文字）各类校样的校对工作。

编号	符号形态	符号作用	符号在文中和页边用法示例	说　明
		一、字符的改动		
1		改　正	增高出版物质量。	
2		删　除	提高出版物物质量。	
3		增　补	要搞好校工作。	增补的字符较多，圈起来有困难时，可用线画清增补的范围。
4		换损污字	坏字和模糊的字要调换。	

编号	符号形态	符号作用	符号在文中和页边用法示例	说明
5		改正上下角	16＝2 H₂SO₄ 尼古拉.费欣 0.25+0.25＝5 举例 2×3＝6 X：Y＝1:2	
二、字符方向位置的移动					
6		转正	字符颠要改正。	
7		对调	认真经验总结。 认真经结总验。	
8		转移	校对工作，提高出 版物质量要重视	
9		接排	要重视校对工作 提高出版物质量。	
10		另起段	完成了任务。(明年……	
11		上下移	序号　名　称　数量 01　×××　2	字符上移到缺口左右水平线处。 字符下移到箭头所指的短线处。 字符左移到箭头所指的短线处。 字符左移到缺口上下垂直线处。 符号画得太小时，要在页边重标。
12		左右移	要重视校对工 作，提高出版物质量。 3 4　5 6　5 欢呼　歌　唱	
13		排齐	校对工作非常重要。 必须提高印刷 质量，缩短印制周 期。	

ZB 1-81 续表

编号	符号形态	符号作用	符号在文中和页边用法示例	说明
14	⌐_⌐_	排阶梯形	RH₂	
15	↑	正图		符号横线表示水平位置,竖线表示垂直位置,箭头表示上方。
			三、字符间空距的改动	
16	∨ ＞	加大空距	一、校对程序 校对胶印读物、影印书刊的注意事项:	表示适当加大空距。
17	∧ ＜	减小空距	二、校对程序 校对胶印读物、影印书刊的注意事项:	表示适当减小空距。横式文字画在字头和行头之间。
18	♯ ♯ ♯ ♯	空1字距 空1/2字距 空1/3字距 空1/4字距	第一章 校对职责和方法	
19	Y	分开	Good morning	用于外文。
			四、其他	
20	△	保留	认真搞好校对工作。	除在原删除的字符下画△外,并在原删除符号上画两竖线。
21	○=	代替	机器由许多另件组成,有的另件是铸出来的,有的另件是锻出来的,有的另件是……。 ○=零	同页内,要改正许多相同的字符,用此代号,要在页边注明: ○=零

编号	符号形态	符号作用	符号在文中和页边用法示例	说　明
22	○○○	说明	第一章 校对的职责（改三黑）	说明或指令性文字不要圈起来，在其字下画圈，表示不作为改正的文字。

使用要求：1. 校样中的校对引线不可交叉。初、二、三校样中的校对引线，要从行间画出。

2. 校样上改正的字符要书写清楚。校改外文，要用印刷体。

3. 校对校样，应根据校次分别采用红、纯蓝、绿三种不同色笔（墨水笔或圆珠笔）书写校对符号。

4. 作译者改动校样所用笔的颜色，要与校样上已使用的颜色有所区别，但不可用铅笔。

ZB 1-81
附　录　A
校对符号应用实例
（参考件）

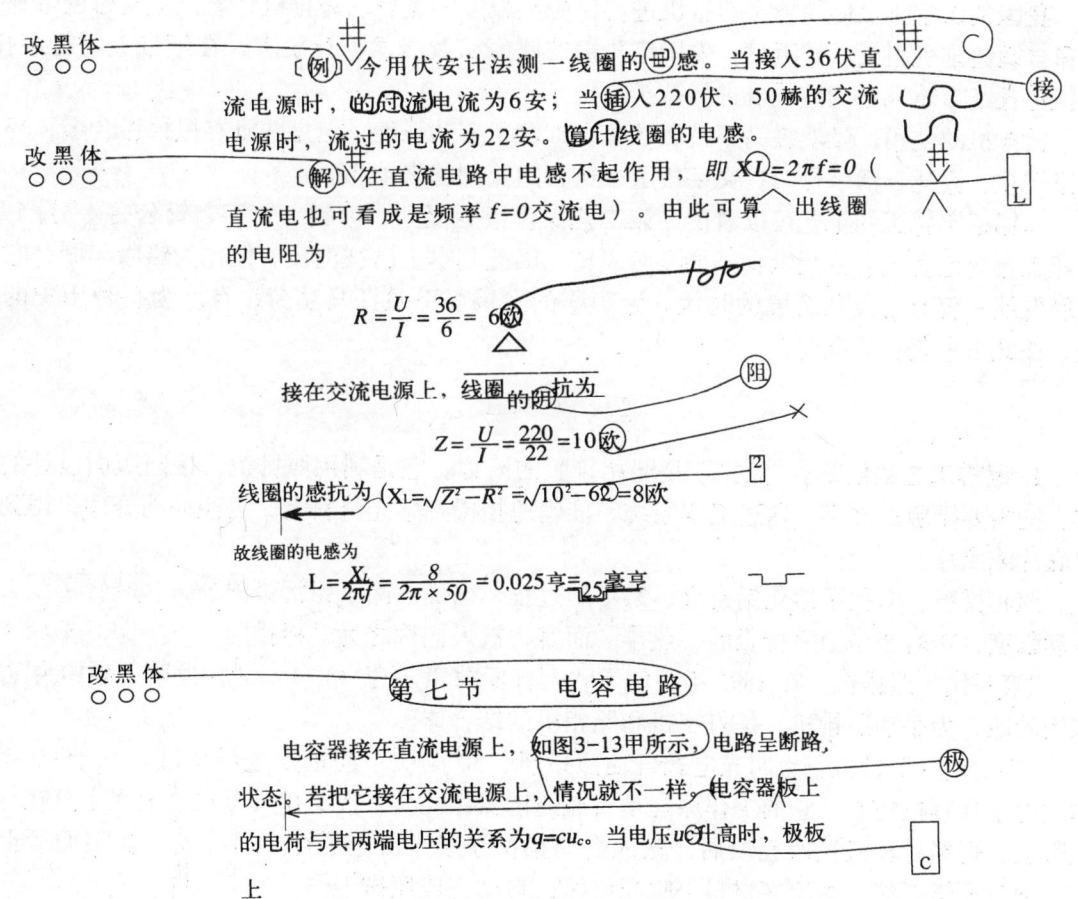

校对分为工厂校对和委印部门校对两种。刚装好的版错误较多，先由工厂内的人员进行校对，叫做内校或毛校。最后由委印部门校对。

(2) 改样。依照校样的标注，对版面的差错进行修改，叫做改版或改样。经过改样后打出样张，再进行校对，一般要进行三次校对，最后一次由委印部门校对的样张，称为清样或标准样。清样由委印部门签字后即可付印。

5. 机械排版。自从铅活字排版技术问世以来，一直采用手工作业。为了提高排版效率，减轻体力劳动，在1886年美国人麦根泰勒发明了菜诺铸排机，又叫条行铸排机。1908年美国人蓝斯顿又发明了摩诺铸排机，又称单字铸排机。这两种铸排机，均可将铸字、拣字、装版等多道工序一次完成。

条行铸排机，主要由三部分组成。字模部分（模箱、键盘、拼组盘等），浇铸部分（铅锅、浇铸轮等）和字模自动往返部分组成。它的操作过程是，先按顺序把字模排列成行，再进行浇铸，铸出的是一条条的字和标点符号，因此，条行铸排机，适合于外文排版。

单字铸排机，主要由字模库、字盒、铅锅、运送装置和排字装置等部件组成，它是用单个的字组成印版。

我国的汉字排版使用单字铸排机进行，应用较多的是自动铸排机，该机主要由纸带穿孔机和自动铸排机组成。排版时，先用穿孔机按照原稿及版式设计要求，在纸带上进行穿孔，再把穿孔纸带输入自动铸排机进行铸排。

铸排机的使用，虽然提高了排版效率，减轻了劳动强度，但是并没有甩掉铅合金，环境污染严重，因此，活字排版在文字排版中所占的比例越来越小。

从铅活字排版的工艺可以看出，该工艺操作极为复杂，熔铅、铸字、铅公害十分严重，消耗大量有色金属，占用资金不能及时周转，因此基本上已被淘汰。但作为铅版印刷，它在印刷发展中曾有过极其辉煌的时代，为印刷的发展立下过汗马功劳，且作为一种历史的回顾，在此书中仍作了阐述。

四、照排工艺

1. 照排工艺的沿革。"照排"是照相排版的简称。它是利用照排机，按照版面设计的要求，把需要排版的文字，通过光学系统，准确地拍摄到感光材料上，再经冲洗处理，得到文字底片或照片。

照相排版，取代了熔化铅合金、铸字的过程，彻底消除了铅污染的公害，减轻了工人的劳动强度，相对于铅活字排版的"热排"而言，被人们称之为"冷排"。

"第一代"照排机，在1896年由匈牙利人普罗兹索尔德（E·Przsolt）发明，1910年进入实用阶段，为手动照排机，是打字机和照相机的结合体。

"第二代"照排机，也叫光电式自动照排机，50年代中期被工业界认可，并于60年代初用电子计算机控制。它的工作原理是：通过键盘穿孔机，按照排版要求，把文字打在穿孔纸带上，再经计算机校改无误后，输入自动拍摄系统，由电子计算机控制，在字型版上选字，通过光学系统，在感光材料上曝光成像，自动完成照排工作。

"第三代"照排机，是阴极射线管（CRT）自动照相排字机，也叫全电子式自动照相排字机，是美国60年代中期发明的，70年代以后，日本研制出了汉文自动照排机，它的工作原理是：将文字编成数码，存入储存器中或制成字模版，存入机内，用电子扫描的方式在阴极射线管的荧光屏上显示成像，再投射到感光材料上进行曝光。

"第四代"照排机，也叫激光照排机。70年代初期，首先由英国蒙纳（Monotype）公司研制而成，于1979年进入我国的印刷市场，同年，"华光Ⅰ型"样机问世，1985年5月"华光Ⅱ型"通过国家级鉴定，1986年推出"华光Ⅲ型"，1987年推出"华光Ⅳ型"，1990年推出"华光Ⅴ型"和"北大方正"。短短的十几年中，我国的汉字信息处理、计算机排版方面成绩卓著，居于世界领先地位。

激光照排的工作原理是：采用激光平面线扫描的方式，由氦—氖激光器输出激光束，经计算机处理后的字型，通过多面转镜投影聚焦在感光材料上，形成文字的版面，如图4-14。

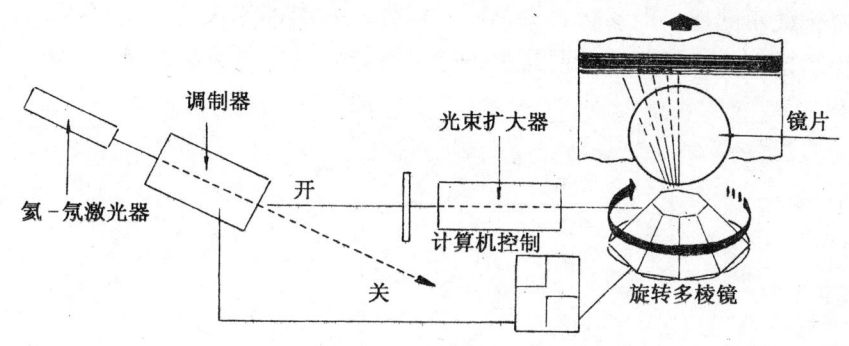

图4-14 激光照排机工作原理图

2. 手动照排工艺。

（1）手动照排机。从外形上看，是照相机和打字机的结合体，上方是照相机，下方是打字机。它结构简单，操作和维修很方便，造价低廉，因此，国内一些印刷厂仍保留着，一般用于配插图的文字说明。主要结构如图4-15所示。由文字盘（包括字模版和版框）、拍摄系统（包括变倍机构、变形机构、快门、光源等）、推进装置、暗盒点示装置等组成。

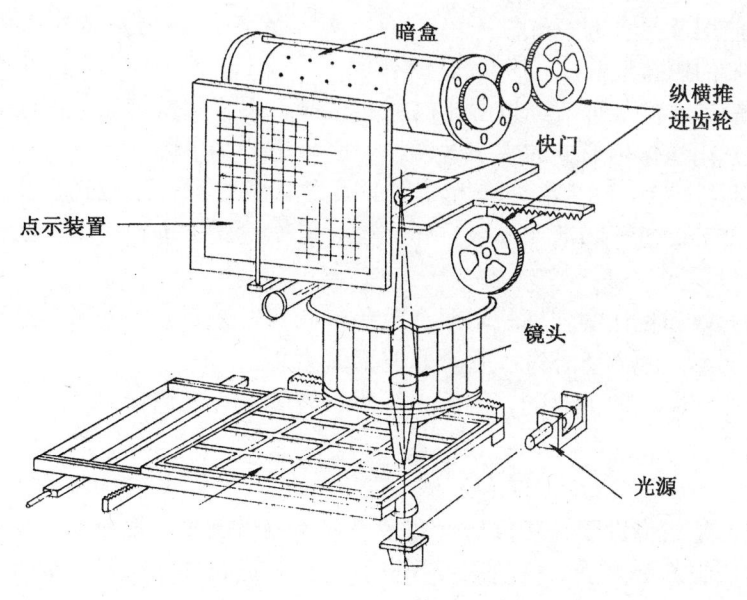

图4-15 手动照排机主要结构

手动照排机每完成一次拍摄，镜头系统在机械传动系统和电器装置的带动下，移位一次，移动的最小距离为0.25mm，即1级（1k）。也就是说，镜头系统每移动0.25mm，纵向或横向的推进齿轮转动一齿，因此，手动照排机是通过推进装置的齿轮转动一定的齿数，实现移字成行和移行成面而进行文字排版的。

为了防止感光材料上文字的重叠拍摄，在点示装置上与感光材料拍摄位置相对应的部位打点，可以显示已排字的位置。照排机上安装有20个主焦距不同的主透镜，能将字盘上的文字作20种不同规格的放大或缩小，同时，主透镜的通道上装有一个变形镜头，可把正方形的文字，变化成不同比例的长体、扁体、左斜体、右斜体等。

(2) 手动照排工艺。使用手动照排机进行文字排版的工艺流程如图4-16所示。

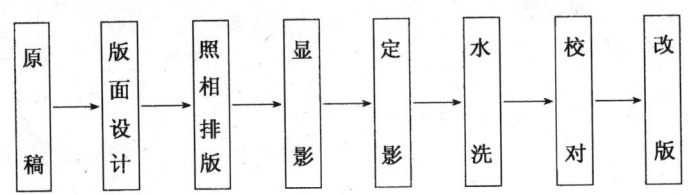

图 4-16

①版面设计。手动照排机的齿轮每推进一齿为0.25mm，因此，在照排之前，要将版心的尺寸，文字的大小，字隙、行距、标题占行等折算成走齿数。如果版面上有插图，应留下插图的位置，同时要考虑排版中的禁排规则，如行首、行末遇到禁排的标点符号，就要进行挤排或疏排。

②照相排版。按照版面设计要求，选择合适的镜头，变换文字的大小和形状，根据文字、字隙、行距等走齿的数值，用齿轮推进，边看点示装置，边进行照相排版。在排版过程中，还要根据字体大小，调整曝光电压，使大小不同的文字，在冲洗后能得到相同的密度值。

在照排中应使用反差大的特硬性正色（SO）软片或3号、4号放大用相纸，才能得到黑白分明、笔道清晰的照排底片。

③显影、定影和水洗处理。经过照排的感光材料，用高反差的显影液显影并进行定影和水洗处理，使受光化学作用形成的文字潜影，变成可见的文字影像。

④校对。用照排底片为原版，进行静电复印，复印的校样送给校对人员校对。校样上错误的地方用校对符号标出，和活字排版一样，校对工作也要求进行毛校、初校、二校、三校共四次。

⑤改样。将原版和批注的校样相对照，对照排底片（原版）上的错误进行修改。错误的文字可以挖补，遗漏的地方要补进，直至修改无误为止。

手动照排的改版是比较困难的，因此，照排中应尽量避免错误出现。

<h3>五、计算机排版工艺</h3>

计算机排版，是指借助于计算机进行文字输入、编辑排版、控制激光印字机或激光照排机输出文字的排版技术和方法。目前用计算机，不仅能进行文字排版，而且实现了文图合一的整页拼版。

1. 计算机排版系统的组成及其工艺流程。

(1) 系统框图。如图4-17所示。

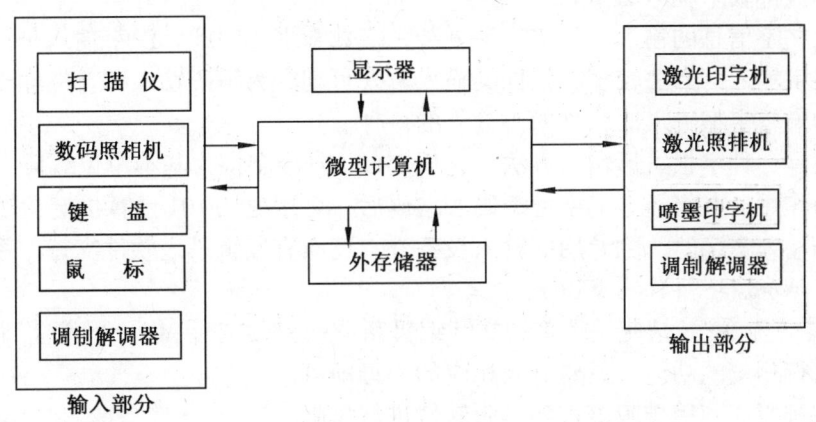

图 4-17

（2）微型计算机。微型计算机是该系统的核心，根据软件系统的要求对输入的数据进行分析处理，然后传送到输出设备，同时完成各设备之间的协调作用。

（3）输入设备。输入设备是供用户输入信息的设备，随着科学技术的飞速发展，输入设备的种类也越来越多。常用的有：键盘、鼠标、扫描仪、数码照相机以及语音识别输入设备等。这些设备主要输入各种命令和数据。如计算机命令、程序、文字代码、字符以及各种图形、图像等。

（4）输出设备。输出设备有显示器、打印机、激光照排机等。

显示器是一种输出计算机处理信息软拷贝的设备，它输出的信息只能在屏幕上显示出来而不能印在纸上。

打印机可以将计算机处理的信息打印在纸上形成硬拷贝。分为普通的针式打印机和精度较高的激光印字机。

激光照排机是计算机排版系统的主要输出设备。以氦氖激光器为光源，由文字信息控制的声光调制的方法调制激光开关，对感光材料进行扫描曝光，经冲洗加工处理后，得到供制版的底片。

（5）软件系统。软件系统的框图如图 4-18 所示。

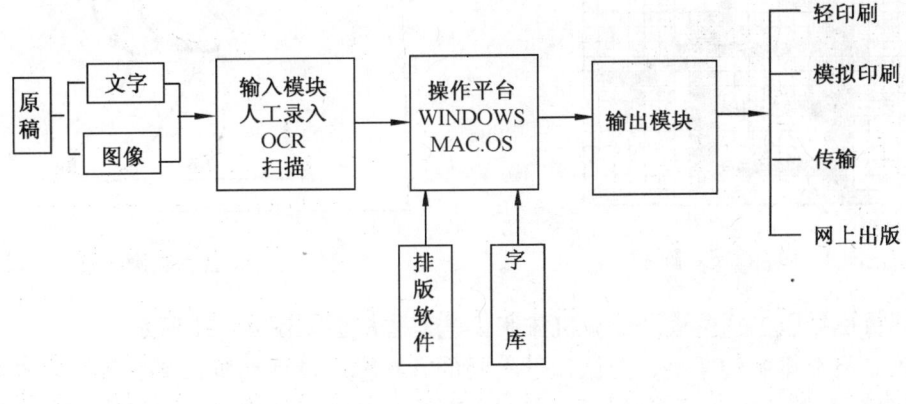

图 4-18

(6) 计算机排版系统的工作原理。

①计算机文字信息的输入。汉字字形复杂，字数繁多，因此，汉字输入是计算机排版的关键。目前汉字输入的方法较多，根据其输入方式可划分为编码输入和自然输入两大类。现被广泛使用的五笔字型输入法就是编码输入的一种。

五笔字型是一种字根拼形输入方法，它规定以 130 个字根为基本单位编码，笔画在输入过程中起辅助作用，文字经五笔字型编码法编码后，可用通用 101 计算机键盘输入。

利用编码输入文字时，除专用的输入设备外，还应有编辑录入软件支持。系统常用的编辑录入软件有 Wordstar 和 Hani Writer。

Wordstar（简称 WS）是使用较多的文字编辑系统，只要启动 WS，屏幕上即出现选择命令菜单，要执行相应的功能，只要键入相应的字母即可。

②计算机排版。利用排版语言和排版软件进行排版。

目前我国使用较多的是 BD 排版语言和排版软件。BD 排版语言由排版格式指令组成。排版时，将录入的字符按照设计好的版式在需要说明如何排版的位置插入相应的注解，经过排版软件的处理，获得排版结果。其排版结果可供屏幕显示、输出校样、阳图或阴图底片使用。

排版软件的功能包括：按照排版注解的语法、语义规定作语法语义检查，按照排版注解要求，确定每一字符的字体、字号以及在版面上的位置，实现排版禁则处理等。对于报版可按分栏要求，实现自动换位，对于书版可实现自动换页、自动生成页码、安放书眉等。

③汉字的输出方式。在计算机的排版系统中，汉字的输出方式，主要采用光栅方式和矢量方式。

光栅方式，又叫点阵式，将文字纵横分割成网格，各网格作为一个点在 CRT 上显示出来，如图 4-19 所示，文字被分割的网格越多，则印出的文字质量越高，但因信息量很多，在高速处理时费用也很高。

矢量方式，是把文字边缘的轮廓进行分解，存储各轮廓线的始点、方向、长度等信息，如图 4-20 所示。它比光栅方式的精度高，同时对文字的放大、缩小也有利。

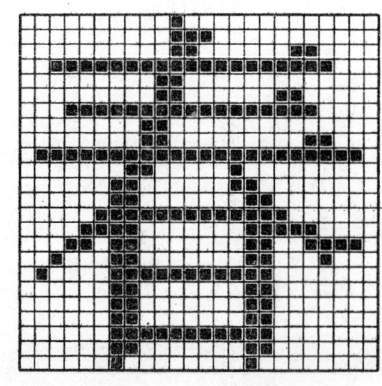

图 4-19 汉字点阵

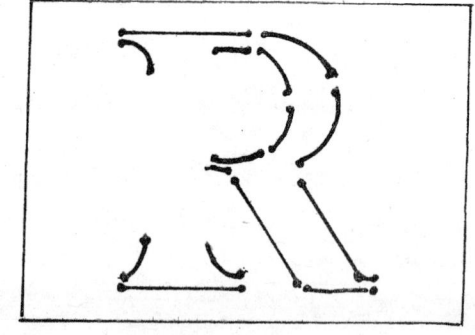

图 4-20 轮廓矢量

(7) 计算机排版工艺过程。计算机排版工艺流程框图如图 4-21 所示。

①输入。将要排版的文字、图像通过不同的方式输入进计算机，文字输入多采用人工录入（如手写稿）、OCR 方式录入（如再版稿或较为工整的书写稿）；图像输入多采用扫描仪

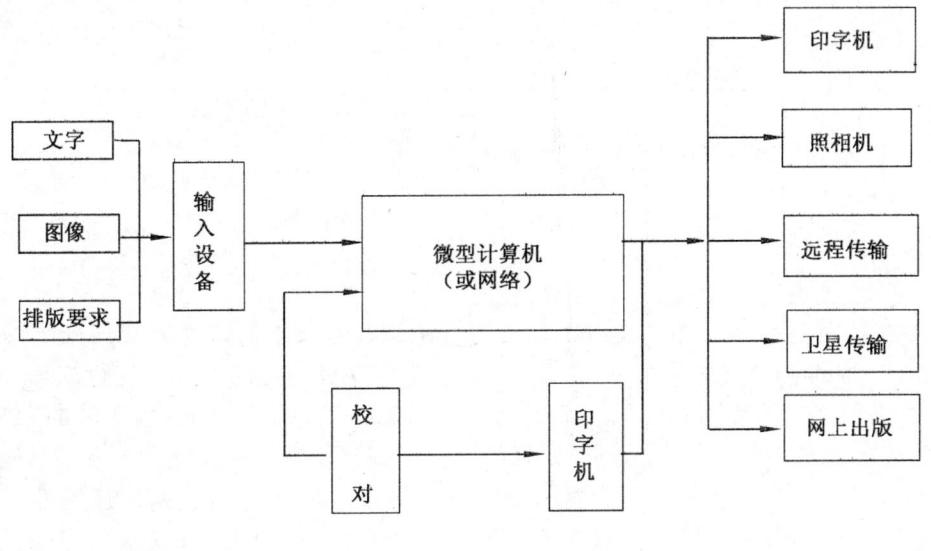

图 4-21

输入计算机。

②编辑处理。按照排版要求，使用不同的排版软件，排版操作人员，将输入的文字信息和图像信息组排成所需要的版面信息，输出到显示设备，在显示屏上显示排版结果，供操作人员修改或输出到各种印字设备上形成各种样张（即毛校样），供校对人员审核。

③校对。将毛校样与原稿对照进行校对，把错漏标注在校样上，再在录入终端调入原录入文件进行修改，修改完毕，再次打印样张，再行纠错，如此反复校对，直至无错为止。

④输出。按照不同的印刷方式要求，在不同的输出设备上或输出供轻印刷用的各种承印物（纸张、硫酸纸等）；或输出需精密印刷的软片；或将排版结果进行远程传输、卫星传输传送到某一地方供对方使用。同时，也可以通过网络直接在网上出版。

第二节 平版制版

平版印刷（胶印）至今已有近百年的历史，在漫长的岁月里，印刷的使用，也随着科学技术的进步，有了长足的发展。由耐印力低下的蛋白版、平凹版直到印刷质量稳定的 PS 版和数字化的直接制版。

一、PS 版制版工艺

1. PS 版的特点。PS 版即预涂感光版，具有预制性，保存期限可达 1 年之久。PS 版版材的生产流程如框图（图 4-22）所示，流程中的各项工艺操作可以在印刷厂的专设车间里完成，也可以由专业厂家进行连续的大规模的生产，制成的版材作为商品出售。这样批量生产的版材，生产周期短，成本较低，性能稳定，使用方便，适应高速印刷的要求。

PS 版选用压延性良好的金属铝为版基，印版厚度可在 0.1～0.5mm 的范围内变化，能够适应各种规格的平版印刷机对印版厚度的要求。铝板经特殊的表面处理，表面形成细密均匀的砂目，使印版的空白部分具有良好的保水性能而不易挂脏，并减少了润湿液的用量，防止油墨的严重乳化，同时也减少了纸张的变形，保证了印刷品的套印精度。

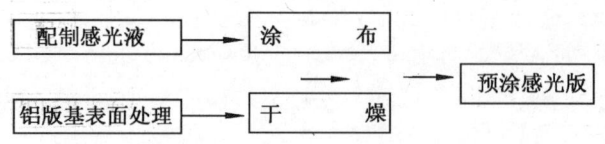

图 4-22

PS版亲水的空白部分，是经过阳极氧化的氧化膜，坚硬耐磨，大大地提高了印版的耐印力。阳图PS版的耐印力大都在10万印左右，若将印版在一定的温度下进行烘烤，还可提高到30~40万印，阴图型PS版的耐印力更高，一般可达30万印。PS版亲油的图文部分，是分辨率很高的感光树脂，网点的还原性很好，在印刷过程中，暗调的大网点不易糊死，亮调的小网点也不易丢失，能够准确地再现原稿的阶调和色彩。PS版的网点还原性和阶调再现性都高于其它平印版，其排列顺序为：PS版、铝版基平凹版、锌版基平凹版、多层金属版、蛋白版。

PS版的晒版工艺比平凹版、蛋白版、多层金属版的晒版工艺都简单。

PS版在平版印刷中的应用，提高了彩色印刷品的质量，为实现平版印刷的规范化、数据化、标准化创造了条件，故在平版印刷中，85%以上的印制采用的是PS版。

2. PS版的制版工艺过程。PS版按照感光层的感光原理和制版工艺，分为阳图型PS版和阴图型PS版。

阳图型PS版的制版工艺过程如图4-23所示。

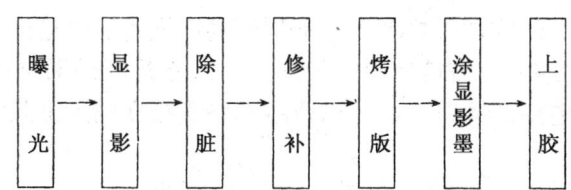

图 4-23

曝光是将阳图底片有乳剂层的一面与PS版的感光层贴拢在一起，放置在专用的晒版机内（参看图4-24），真空抽气后，打开晒版机的光源，对印版进行曝光，非图文部分的感光层在光的照射下发生光分解反应。常用的晒版光源是碘镓灯。

显影是用稀碱溶液对曝光后的PS版进行显影处理，使见光发生光分解反应生成的化合物溶解，版面上便留下了未见光的感光层，形成亲油的图文部分。显影一般在专用的显影机中进行。

除脏是利用除脏液，把版面上多余的规矩线、胶粘纸、阳图底片粘贴边缘留下的痕迹、尘埃污物等清除干净。

修补是将经过显影后的PS版，因种种原因需要补加图文或对版面进行修补。常用的修补方法有两种，一种方法是在版面上再次涂上感光液，补晒需要补加的图文，另一种方法是利用修补液补笔。

烤版是将经过曝光、显影、除脏、修补后的印版，表面涂布保护液，放入烤版机中，在

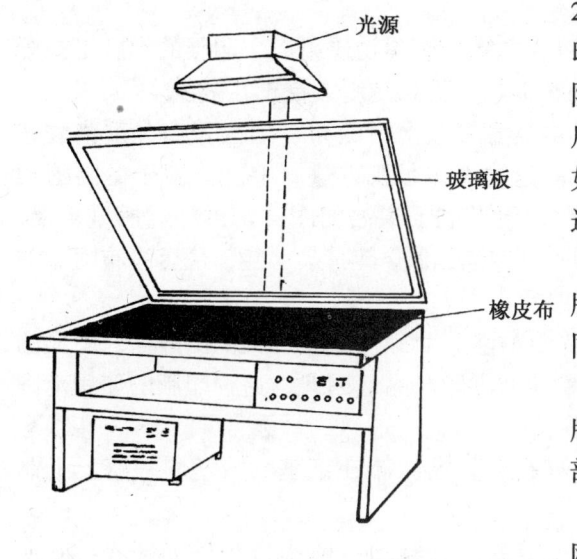

图 4-24 卧式晒版机示意图

230℃~250℃的恒定温度下烘烤 5~8min，取出印版，待自然冷却后，用显影液再次显影，清除版面残存的保护液，用热风吹干。烤版处理后的 PS 版，耐印力可以提高到 15 万印以上。如果印刷的数量在 10 万印以下，不必对 PS 版进行烤版处理。

涂显影黑墨及上胶是将显影黑墨涂布在印版的图文部分，可以增加图文对油墨的吸附性，同时也便于检查晒版质量。

上胶是 PS 版制版的最后一道工序，即在印版表面涂布一层阿拉伯树胶，使非图文的空白部分的亲水性更加稳定，并保护版面免被脏污。

PS 版的砂目细密，图像分辨率高，形成的网点光洁完整，具有良好的阶调、色彩再现性。

将在印刷中用过的 PS 版，清除版面上残存的油墨和感光层，在原来的铝版基上重新涂布感光液，形成新的感光层，便可重新制成供打样或正式印刷的印版。这种利用用过的 PS 版的铝版基重新制作 PS 版的方法叫做 PS 版的再生，它使铝版基可重复使用，因此 PS 版是平版印刷中使用最多的印版。

二、其它平版的制版工艺

1. 多层金属版。 按照图文凹下或凸起的形态分为平凹版和平凸版，使用较多的是平凹版。铜金属上镀铬制成二层平凹版。铁金属上镀铜再镀铬便制成了三层平凹版。

多层金属版是选用亲油性良好的金属铜和亲水性良好的金属铬，直接在印版上形成稳定的图文部分和空白部分，耐印力很高。但是，制版周期长、成本高，阶调、色彩再现性不如 PS 版，适合印刷数量很大的钞券底纹和包装材料等印刷品。

2. 平凹版。 是用阳图底片晒制的印版。制版过程如图 4-25 所示。

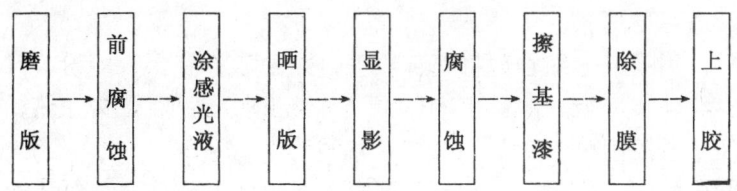

图 4-25

把经过磨版和前腐蚀的锌板或铝板，表面涂布感光胶，经烘干与阳图底片一起放入晒版机内，真空抽气后进行曝光。印版上空白部分的感光胶膜受到光线照射发生光化学反应而硬化，图文部分未感光的胶膜，经显影被除掉，露出金属面再用腐蚀液对金属略加腐蚀，然后涂上亲油的基漆，亲油疏水的图文部分便形成了。

平凹版的图文部分形成以后，除去版面硬化的感光膜并用磷酸液加以处理，再涂布亲水的阿拉伯树胶，亲水疏油的空白部分也形成了。

平凹版为即涂版，使用的感光胶由聚乙烯醇、重铬酸铵等物质组成，印版的制版工艺繁杂，质量不易控制，阶调、色彩再现性也不如 PS 版好，因此使用数量正在减少。

3. 蛋白版。 蛋白版是在经过研磨已有砂目的金属锌板上，涂布一层由蛋白、重铬酸铵和氨水配置而成的感光液，烘干后和阴图底片一起放入晒版机内进行曝光。由于是阴图晒版，图文部分透光、受到光线照射的感光层硬化，便形成了亲油的图文。再经过擦显影墨，用水冲去未见光的空白部分的胶膜和腐蚀等处理，使空白部分具有亲水性，最后涂布阿拉伯树胶。

蛋白版成本低，操作简单，但因硬化的感光层耐酸、耐碱性较差，又高出版面，图文的耐印力低，一般只能印一万多张，适合印刷数量少的零印产品，因此，这种印版的使用范围受到限制。

4. 氧化锌纸基版。 是将氧化锌光敏半导体材料，直接涂布在纸基（或塑料片基）上制成的一种光敏版。常用的版材幅面为八开。

氧化锌纸基版的制版，是用静电制版机来完成的。机器的一般操作程序如图 4-26 所示。

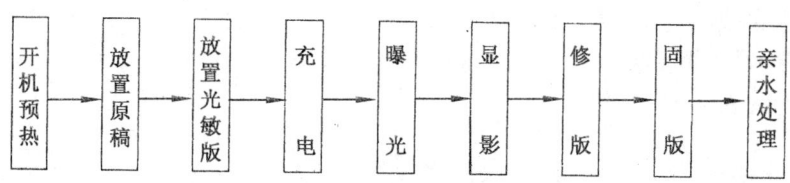

图 4-26

充电是光导体获得光敏性的关键操作，在充电器的协同下，可在光导膜表面获得一定的表面电压。

曝光是经光学系统，在已充电的氧化锌纸版上，使其表面按图像的阶调，产生不同程度的衰减，形成静电潜影。

氧化锌纸基版，一般采用磁刷显影法，使带有正电荷的显影墨粉，被吸附在带有负电荷的静电潜影上，形成可见图像。

印版显影以后，用吸气笔细心地将底灰吹去，并去除不需要的墨粉，对印版进行修正。

采用电热丝、红外线灯泡、碘钨灯等热源，对修正后的版面图文加热，使墨粉热熔并固着在纸版上，温度一般控制在 120℃～140℃，时间约为 20～30s。

为了保证印刷过程中，印版空白部分不起脏，在版面上擦涂亚铁氰化钾、白芨胶液混合物，对印版进行亲水处理。

氧化锌纸基版，制版工艺简单、速度快、成本低，耐印力一般为 5000 张，因而广泛应用于轻印刷系统的小胶印机上。

5. 计算机直接制作平版的工艺。 计算机直接制作平版，是 20 世纪 90 年代在 DTP 的基础上发展起来的，可以直接输出供印刷的印版，它的时效性很强。现在，我国的报纸印刷已有采用这种方法的。计算机制版的工艺框图如图 4-27 所示。

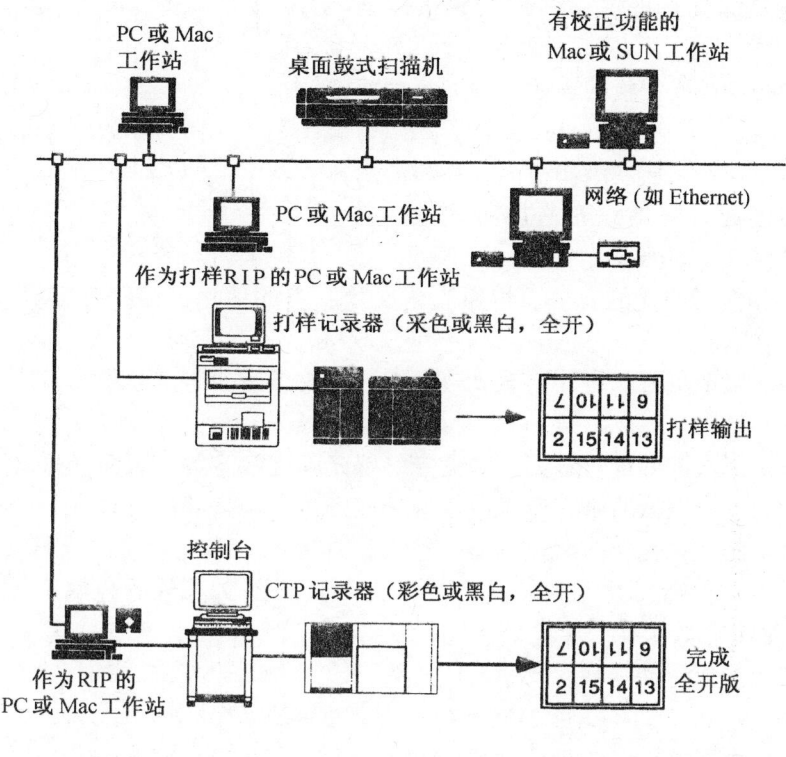

图 4-27

第三节 凸版制版

凸版印刷是一种古老的印刷方法，使用的印版有铅活字版、铅版、铜锌版、感光树脂版、高弹性高分辨率的柔性版等。

随着激光照排技术的发展，人们告别了"铅与火"而迎来了"光与电"的全新印刷时代，铅活字版、铅版基本上被淘汰。因此，本节主要介绍铜锌版、感光树脂版和高弹性高分辨率的柔性版的制版工艺。

一、铜锌版的制版工艺

铜锌版是凸版印刷中，复制图形、图像的一种版材，用于书刊插图、广告图案、艺术文字、单色照片、彩色图片等版面制版，也用来制作烫金的母版以及一些特殊印刷的印版。

铜锌版是通过照相的方法，把原稿上的图文，复制成正向阴图底片，然后将底片上的图文，晒到涂有感光膜的铜板或锌板上，经显影、坚膜处理，再用腐蚀液将版面的空白部分腐蚀下去，得到浮雕般图文的印版。

复制连续调的图像，使用的网点线数较高，常用铜板做版材，制成的版称为铜版；复制线条原稿，则选用锌板做版材，制成的版称为锌版。习惯上将两者统称为铜锌版。

铜锌版制版的工艺流程如图4-28所示。

1. 底片的准备。铜锌版所用的底片（原版），是正向阴图。如图底片上有砂眼、脏点或线条不实以及阶调与原稿层次有差别时，需要人工进行修正。

2. 版材的准备。选择厚度适中的铜板或锌板，裁切成需要的尺寸，去除板面的油污、氧化膜，用木炭研磨铜板或锌板的表面，增加板面对感光液的吸附性。

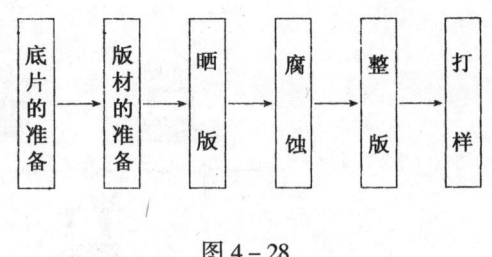

研磨好的金属板，放在涂布机内，在离心力的作用下，使板面均匀地涂布一层感光液，在70℃左右的温度下使其干燥。

图 4-28

3. 晒版。用接触曝光的方法，将原版（底片）上的信息，转移到版材或其它感光材料上的过程，叫做晒版。

晒版在晒版机中进行。将涂有感光液的铜板或锌板表面与正向阴图底片紧密接触，再进行曝光。

曝光完毕，用水冲洗进行显影，未见光的感光膜被水溶解，版面上只留下见光硬化胶层形成的影像。为了使图像清晰，侵入甲基紫溶液染色。再将其进行烘烤，当胶层呈现栗色即可，以提高胶层的抗蚀性。

4. 腐蚀。又叫烂版。是用化学的方法，将印版非图文部分的金属腐蚀掉，使其凹下，形成图文凸起的印版。

腐蚀铜版用三氯化铁溶液，化学反应式为：

$$2FeCl_3 + Cu = CuCl_2 + 2FeCl_2$$

腐蚀锌版用硝酸溶液，化学反应式为：

$$4Zn + 10HNO_3（稀）= 4Zn(NO_3)_2 + N_2O + 5H_2O$$

在腐蚀过程中，溶液开始是垂直向下腐蚀，有了一定深度以后，图文的侧面也会受到腐蚀，这样会使印版的耐印力下降。因此就产生了有粉腐蚀和无粉腐蚀两种方法。

有粉腐蚀，是当金属板腐蚀后，在图文侧面刷涂由氧化铁与松香粉混合而成的红粉，使下一次腐蚀时，侧面免受腐蚀。由于多次涂刷红粉，图文的侧面形成阶梯状，这样便提高了印版的耐印力。但是，有粉腐蚀操作烦杂，劳动强度大又极不卫生，现在已被无粉腐蚀取代。

无粉腐蚀，是利用无粉腐蚀机以及专用的腐蚀液，使铜板和锌板经过一次腐蚀，即可完成制版的一种方法。

无粉腐蚀机的工作原理如图 4-29 所示，腐蚀液中加入了化学添加剂，添加剂由有机溶剂和表面活性剂组成，它与腐蚀液形成水包油的乳状液。腐蚀过程中，细微的油珠被版面吸附形成保护膜。保护膜在版面的图文部分因为感光膜的存在，具有较大的附着力，而空白部分的附着力小，当腐蚀机的叶轮将腐蚀液喷射到晒好的金属版上时，垂直喷力很大，空白部分的保护膜被破坏，受到深腐蚀，而图文部分的侧面受到的喷射力小，并因油珠的扩散而得到了保护，故形成良好的坡度。

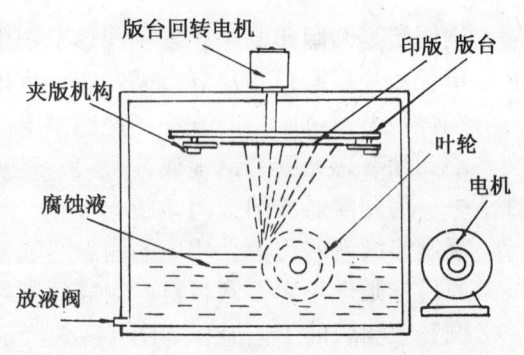

5. 整版。经过腐蚀的铜锌版，要用氢氧化钠溶液把版面的油渍除去，再用清水冲洗，晾干，如果是拼连在一起的图版，要将版裁锯成单块印版，并分别固定在木质或金属底托上。若是与活

图 4-29 无粉腐蚀机工作示意图

字版拼版的铜锌版，固定到底托上以后的高度要与活字版相同。

6. 打样。制好的铜锌版需在打样机上打出样张，与原稿核对检查，如有不足之处再进行修整。倘若是彩色印刷品，还要打出套色样张。经过多次校对，质量合格后，才可以上机印刷。

7. 铜锌版的质量要求。

（1）铜锌版的版材，磨砂面要细腻，不宜粗糙。

（2）感光液涂布的厚度要均匀一致。

（3）烤版温度应适中。

（4）印版表面凸起的图文部分与凹下的空白部分应具有一定的坡度。

（5）彩色版和单色版的层次要符合原稿要求，网点光洁均匀。

（6）线条版和套色版的小空白部分要下凹一定的深度，图文不发虚，无砂眼，坡度应大于35°。

（7）印版尺寸应符合工艺作业单的要求。

二、感光树脂版的制版工艺

感光性树脂凸版，是以感光性树脂为材料，通过曝光、冲洗而制成的光聚合型凸版，它与照相排版、计算机排版技术相结合，既提高了制版速度，又彻底废弃了铅合金印版，使"冷排"更加完善，为凸版印刷开创了新途径。

感光树脂版，按照树脂或型前的形态，可以分为液体固化型和固体硬化型两大类。

1. 液体固化型感光树脂版。液体固化型感光树脂版，简称液体树脂版。感光前树脂为粘稠、透明的液体，感光后交联成固态。

（1）液体树脂版的组成。液体树脂版的主要成分有树脂、交联剂、光引发剂、阻聚剂等。

树脂是感光树脂版的主要成分，一般是脂肪族、芳香族的饱和、不饱和的多元羧酸与二元醇类进行缩聚得到的不饱和树脂。

交联剂的作用，是使液体或固体树脂，在紫外线的作用下，发生聚合、交联而变成固体或增加固体的硬度。常用的交联剂有丙烯酸、丙烯酰胺、二甲基丙烯酸乙二醇酯等。

光引发剂也叫光敏剂，是光聚合反应中传递光能的媒介物。常用的有安息香及其醚类。

阻聚剂是抑制暗反应发生的物质，常用的有对苯二胺。

（2）液体树脂版的制版工艺。液体树脂版的制版工艺过程如图4-30所示。一般要经过铺流、曝光、冲洗、干燥和后曝光等工序。

①铺流是将配制好的感光树脂，注入曝光成型机的料斗中。感光树脂从料斗流出时，料斗顶端的刮刀，将流出来的感光树脂刮成一定的厚度。

②曝光是在铺流的感光树脂上，覆盖透明薄膜，再放上正向阴图底片，先进行正面曝光，后进行背面曝光。正面曝光的时间一般是背面曝光时间的10倍。常用紫外线丰富的高压水银灯作为光源。

③冲洗是把曝光后的感光树脂版放入冲洗机内，用稀氢氧化钠溶液冲洗（浓度约为3%～5%），冲洗的温度一般保持在35℃左右。未见光没有发生光聚合、交联的树脂被溶解，薄膜上留下感光硬化的图文部分。

④干燥和后曝光是将冲洗后的感光树脂版，放入红外线干燥器中进行干燥。待感光树脂

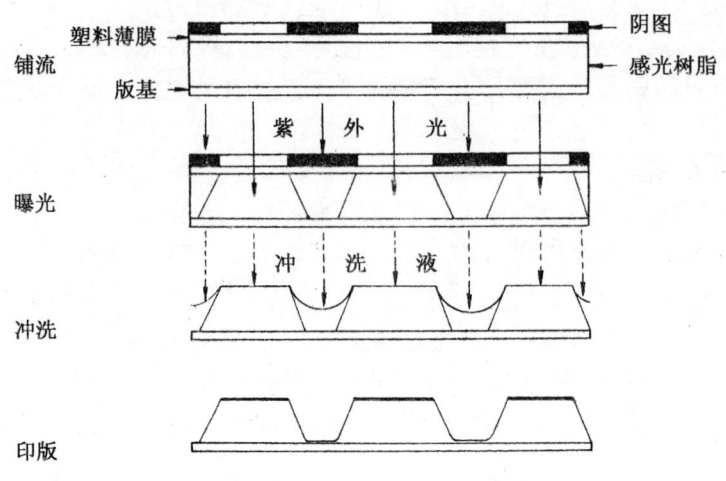

图4-30 液体感光树脂版制版工艺

版干燥后,再进行一次后曝光,其目的是增加印版的机械强度,提高耐印力。

液体树脂版,属于即涂型版,价格低廉,尺寸稳定性差,版面伸缩性受温湿度影响较大,适合于制作幅面较小的线条或文字印版,主要印刷书籍的正文。

2. 固体硬化型感光性树脂版。 固体硬化型感光树脂版,简称固体树脂版。在聚酯薄膜的片基上,涂布有感光树脂,经曝光、冲洗即可得到浮雕状的凸版。

(1) 固体树脂版的组成。常用的固体树脂版有聚乙烯醇感光性树脂版和感光性尼龙版。它们的主要成分如表4-3所示。

表4-3　　　　　　　　　　固体树脂版的组成

成分 名称	树脂	交联剂	光引发剂	阻聚剂
聚乙烯醇版	聚乙烯醇（聚合度300~1000）	羟甲基丙烯酰胺	α-羟甲基安息香甲醚	对苯二酚、对甲基苯酚
尼龙版	醇溶性共聚尼龙	N,N'-甲撑双丙烯酰胺	二苯甲酮	对苯二酚

(2) 固体树脂版的制版工艺。固体树脂版的制版工艺与液体树脂版的制版工艺基本相同,也要经过曝光、冲洗、干燥和后曝光,但多了一道热固化的工序。下面以聚乙烯醇感光树脂版为例,简述固体树脂版的制版工艺。

曝光在晒版机中进行。将正向阴图底片与树脂版紧密接触后曝光,一般选择紫外线丰富的低功率冷光源。

冲洗是在冲洗机中,用温度为45℃~50℃的温水冲洗,水压一般控制在2~2.5kgf/cm^2。

干燥和后曝光是将冲洗后的聚乙烯醇凸版,经热空气干燥后再进行曝光。也可以用紫外线光源的干燥器,边干燥边曝光。

热固化是将干燥和后曝光的凸版,放进120℃~130℃的烘箱内,进行热固化处理,使聚乙烯醇脱水,以提高印版的硬度。

固体树脂版是预涂型版材,平整度较好,尺寸稳定,可制作网线图版。虽然工艺简单,但成本比液体树脂版高。

3. 感光树脂版的质量要求。

(1) 软片质量。图文规格尺寸正确，符合印刷工艺作业单要求，版面不歪斜，表格线条平直。软片表面无缺笔断画、无变形、无脏污，网点实而崭，3%的小网点不丢失。

(2) 感光树脂涂布质量。版基厚度误差<0.2mm，涂布总厚度为0.23mm±0.05mm。

(3) 晒版质量要求。5%小点子出齐，95%网点不糊死，文字线条不糊不花，版面图文光洁，无浮脏，无脏点，角线及规矩线齐全。

(4) 冲洗质量要求。图文部分完整无损，线条笔画浮雕坡度应达75°左右，非图文部分冲洗干净，无残液，版面经刷洗后，无缺笔断画。

(5) 后处理质量要求。版面完全干燥，无崩版和断裂现象，印版硬度应符合印刷的要求。

三、高弹性、高分辨率柔性版制版工艺

高弹性、高分辨率的柔性版，由聚酯支撑膜、感光树脂层、聚酯印版保护膜组成，厚度一般在0.7~7mm，能印刷120 LPI、133 LPI、150 LPI的网点图像，在我国主要印刷精美的包装材料，其中以120LPI和133LPI及线条图案为主。

柔性版因高弹性，在印刷中网点增大值比平版、凸版的网点增大值大得多，最高值可达30%~40%左右，印刷出来的印品在10%的宽调区层次基本丢失，而85%的暗调网点容易糊死，柔性版的阶调层次范围一般只有15%~85%，阶调再现性不如平版的范围广。

1. 柔性版负片的要求。 由于柔性版的高弹性和柔性版的厚度较大，以及柔性版印刷机的印版滚筒比凹印机的滚筒和平印机的滚筒半径都小，柔性版包复在柔版印刷机的印版滚筒上时，要产生较大的弯曲变形，致使印刷图文在滚筒周向伸长，故对柔性版晒版用的负片原版要进行缩版补偿，这种补偿的方式，目前用计算机印前处理系统来完成。

在柔性版印刷中，对印版的缩版补偿参数称之为负片原版的缩版系数。按照弯曲变形的理论可预测出印版的伸长量，印版的伸长量即印版的补偿百分比可采用下面的公式来计算：

$$\text{缩版系数}(\%) = K/R \times 100\%$$

式中，K为印版的缩版量，R为印版的重复长度。

K的计算公式为：

$$K = 2\pi d = 2 \times 3.14 \times d$$

式中的d为柔性版印版感光树脂的厚度，表4-4中列出了不同厚度柔性版印版缩版量K值。

表4-4　　　　　　　不同厚度的感光树脂版（柔性版）的K值

印版厚度（mm）	缩版常数 K（mm）
1.10	5.99
1.70	9.90
2.29	13.57
2.54	15.16
2.70	16.28
2.85	17.08
3.18	19.15
3.94	23.94
4.32	26.34
4.70	28.73
6.36	39.10

印版滚筒的重复长度，可以用下面的公式计算：

$$R = 2\pi \times （印版滚筒半径 + 双面胶带的厚度 + 印版总厚度）$$

2. 高弹性高分辨率柔性版制版工艺。

（1）版材的基本组成。目前，市场上销售的柔性版型号很多，但都是由高弹态聚合物、光引发剂、交联剂、热阻聚剂、增感剂等组分构成。

①高弹态聚合物。主体是高分子的弹性体树脂。常用的有合成橡胶、丁苯橡胶、丁腈橡胶等；聚氨酯弹性体如 TDI 弹性体、六次甲基双异腈酸弹性体；聚丙烯共聚弹性体如丙丁烯共聚体等。

②光引发剂。柔体版的感光度取决于光引发剂的性能，一般采用的有安息香醚类、芳香酮类、重氮化合物、蒽醌类物质等。

③交联剂。常用的有丙烯酸单酯或多酯，也有用双重氮基化合物或叠氮化合物的。

④热阻聚剂。主要是阻止热聚合反应的发生，提高版材的保存期。常用的有苯二酚、没食子酸、维生素 C 等。

⑤增感剂。主要是提高版材的感光度和扩大感光光谱范围。一般采用染料，如曙红、亚蓝等。

（2）柔性版的制版工艺。柔性版的制版工艺和感光树脂版基本相同，也要经过曝光、显影、干燥、后曝光等过程。

曝光是在晒版机中，将正向阴图底片和柔性版材紧密接触，先进行背面曝光，再进行正面曝光。曝光时间的长短，对图文部分的耐印力及空白部分的凹陷深度均有影响。一般商标等印刷品，空白部分的深度约为 0.4~0.5mm，印刷厚纸袋的凹陷深度约为 1~2mm。

显影是在显影机中，用规定的显影液冲洗，除去版面上未固化的残留物质。美国杜邦公司生产的 Cyrel 版材，感光层主体材料由聚苯乙烯、聚异戊二烯或聚丁二烯的高弹性聚合物和三羟甲基三丙烯酸酯构成。采用 1,1,1-三氯乙烷的混合液进行显影。

干燥是指用温度在 60℃ 以下的热风干燥，以防止温度过高引起的图像变形。也可以在室温下放置 24h，自然晾干。

后曝光是在版材充分干燥后，进行后曝光，使高弹性的聚合物充分交联，以提高印版的耐印力。

3. 柔性版的质量要求。

（1）原版的质量要求。线条、文字的黑度要一致。文字的字号凡小于六号的，必须将字体加粗。

负片原版透明部分的密度要小于或等于 0.05，负片原版不透明部分的密度要大于或等于 4.0。负片原版必须进行印版补偿。

（2）晒版质量要求。印版的浮雕深度，对薄柔性版来说，深度应达到 0.635~0.889mm，对于厚度在 3.94~7.00mm 的厚度来说，要求浮雕深度达 3.18mm 以上。

（4）其它质量要求。印版要充分干燥。去粘时间要适中，以防止印版龟裂。

以 1.70mm 厚度的 Cyrel（赛丽版）柔性版为例，晒版质量要求如下：

  背面曝光：30s   正面曝光：15min

  冲洗时间：400s   干燥时间：2h

  去粘时间：12min   后曝光时间：10min

  浮雕深度：0.76mm 左右

第四节 凹版制版

凹印版，从制作方法上区分，可以分为两大类，一类是雕刻凹版，一类是照相凹版，雕刻凹版有手工或机械雕刻凹版、电子雕刻凹版。

手工雕刻凹版是用各种刻刀在铜板上雕刻而成的，可以直接刻出凹下的线条，也可以在铜板上先涂一层抗蚀膜，划刻抗蚀膜，露出铜板表面，再进行化学腐蚀。机械雕刻凹版是利用彩纹雕刻机、浮雕刻机、平行线刻版机以及缩放刻版机等机械直接雕刻，或划刻铜表面的抗蚀层再腐蚀制成凹版。

手工或机械雕刻的凹版线条细腻，版纹精巧，主要用来印刷具有防伪价值的纸币、债券等。

电子雕刻凹版利用电子雕刻机，按照光电原理，控制雕刻刀，在滚筒表面雕刻出网穴，其面积和深度同时发生变化。

照相凹版，也叫影写版，是用连续调阳图底片和凹印网屏，经过晒版、碳素纸转移、腐蚀等过程制成的。印版从亮调到暗调的网穴面积相同但深浅不同，利用墨层厚度的变化来再现原稿的明暗层次。

一、印版滚筒的制作

凹版不是预先制好安装在版台或印版滚筒上，而是在印版滚筒上直接制版，然后把制好版的印版滚筒安装在印刷机上进行印刷。

印版滚筒有敞开式的空心滚筒和封闭式的实心滚筒，滚筒的长度和周长是根据凹版印刷机的尺寸大小设计加工的。

1. 滚筒的加工。凹版的滚筒按照滚筒直径的大小，可以用无缝钢管直接进行加工，也可以用钢板卷压成筒状进行焊接，然后再进行加工。

滚筒的加工分为粗加工、半精加工、精加工。粗加工使滚筒的壁厚达到规定的要求，保证滚筒旋转时，各部分的重量相等，产生的离心力也相同。半精加工是使轴与滚筒保持同心。精加工是精车滚筒的外圆，达到规定尺寸。

滚筒的加工精度直接关系到滚筒的使用寿命、滚筒的电镀以及电雕和印刷的质量。经过加工的滚筒，要求壁厚均匀，轴心和滚筒外圆中心的不同心度不能超过 $2\mu m$，滚筒表面光洁度应达▽5，外圆磨床加工后达到▽7以上，直径精度误差为 $\pm 0.01\mu m$。

2. 滚筒的电镀。滚筒在镀铜之前要进行镀前处理。首先用手工或电解的方法去除滚筒表面的油污，然后对滚筒进行酸洗，用化学药剂腐蚀掉滚筒表面的锈蚀产物氧化膜。最后在铁滚筒表面镀一层底镍，然后进行镀铜，镀铜层是凹版滚筒的制版层，在此层上进行腐蚀制版或电子雕刻制版。

凹版滚筒采用酸性镀铜，镀铜溶液由硫酸铜、硫酸、添加剂等组成，电镀液温度为 $20℃ \sim 35℃$。

铜层的质量标准是：电镀的铜层厚度为 $100 \sim 120\mu m$。表面光亮细致，不能有毛刺、道痕、麻点。

3. 滚筒的车、磨。镀好铜的滚筒，需进行铜层表面的研磨，使滚筒表面的光洁度达到▽8~10。

二、照相凹版的制版工艺

照相凹版的制作，是把连续调底片的图像曝光到已敏化处理且晒有网格的碳素纸上，然后过版到滚筒表面，经显影、腐蚀制成凹版，制版过程如图4-31所示。

1.碳素纸敏化。碳素纸是晒版的感光材料，它由纸基及表面涂有混合颜料色素的明胶乳剂组成。一般出厂的碳素纸，明胶乳剂层没有感光性，晒版前，需将碳素纸放入4%的重铬酸钾溶液中浸渍3min，取出使其干燥，胶层就具有了感光性能。

2.晒版。晒版分两步进行，先晒网线后晒阳图底片。

凹版印刷，用刮墨刀去除空白部分的油墨，如果着墨部分的面积较大，则刮墨刀不仅刮除了空白部分的油墨，同时也会刮走一部分图文部分的油墨，如图4-32A所示。因此，必须用网屏在碳素纸上晒出网线，把图形分割成网格，如图4-32B所示。在印版图文的表面以网格支撑刮墨刀，防止刮墨刀对印刷部分油墨的侵袭。

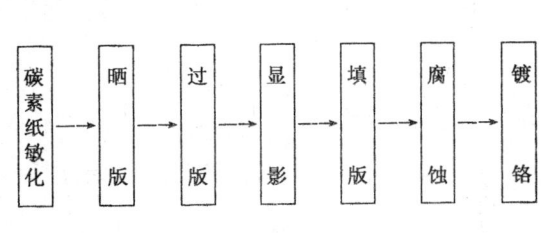

图4-31

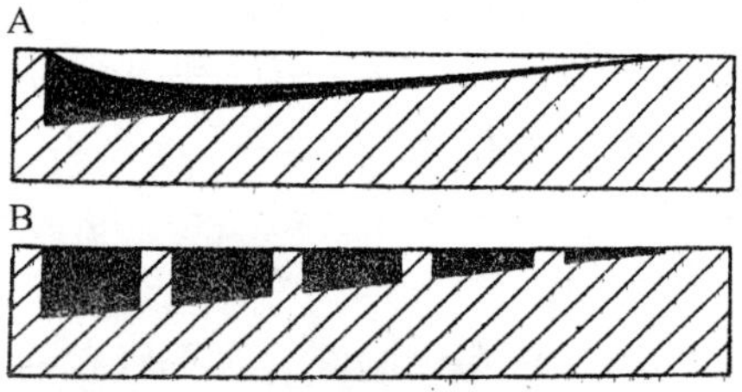

图4-32 网线在凹版印刷中的作用

凹版印刷使用的网屏如图4-33所示，透明线和不透明线宽度之比为1:3~1:3.5。网目形状有方形、砖形、菱形和不规则形等。通常使用方形网屏。

碳素纸经网屏晒出网线后，即可晒阳图底片，使碳素纸胶层表面形成图像潜影。

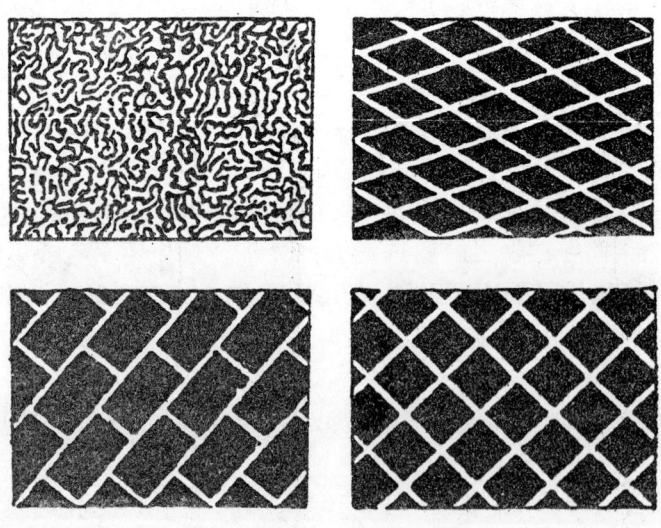

图4-33 凹版用的网屏

3.过版。把晒过网线和图像的碳素纸，粘附在磨光的铜印版滚筒表面叫做过版。

目前，大多数过版机采用干式法进行过版。过版的方法如图4-34所示，在版滚筒表面和碳素纸明胶层之间加少量水的同时，靠压力辊的压力将碳素纸粘附在铜滚筒表面。

4．显影。显影分预显影和正式显影。

预显影是将印版滚筒的一部分浸渍在温水中，边旋转边使碳素纸的胶层和纸基分离。

正式显影是指当纸基脱离胶层以后，将显影液升温至40℃并保持恒温，把未硬化的胶层全部溶解掉。显影后，用风扇将胶膜吹干。

5．填版。在印版滚筒表面，没有图文的部分和滚筒两侧端，涂布沥青漆，防止不该腐蚀的部位被腐蚀。

6．腐蚀。用三氯化铁腐蚀液透过硬化的胶膜，使铜表面的铜层溶解，形成网穴，这一工艺过程称为腐蚀，俗称烂版。

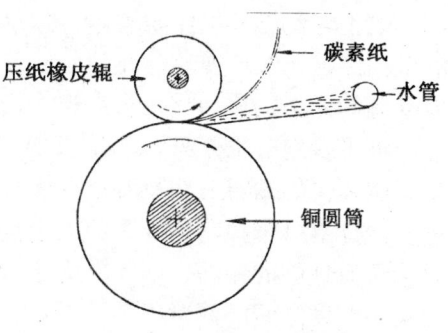

图 4-34　过版示意图

腐版过程分三步进行，首先是明胶层膨胀并吸收三氯化铁，然后腐蚀液渗透过膜层到达铜表面，第三步是腐蚀铜表面，腐蚀液与铜反应，化学反应式为：

$$Cu + 2FeCl_3 = CuCl_2 + 2FeCl_2$$

生产中，用不同浓度的三氯化铁溶液逐次对版滚筒进行腐蚀。图 4-35 表示先用高浓度后用低浓度腐蚀液腐蚀印版的过程。不同浓度的腐蚀液，在胶层厚薄不同的版面上进行渗透腐蚀，形成深浅不一的网穴，印品上将会再现出丰富的层次。

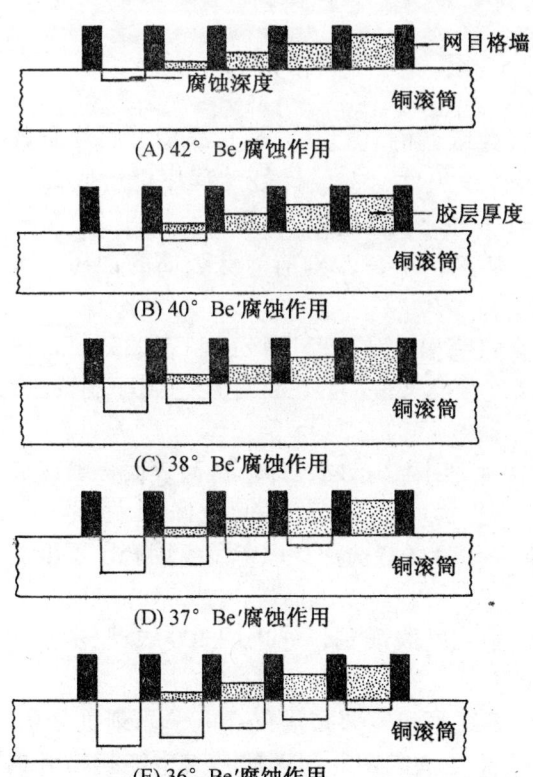

图 4-35　不同浓度腐蚀液的作用

7．镀铬。照相凹版是在铜层上经腐蚀制成的，铜的硬度一般在 90～180HV 左右。印刷时刮墨刀很容易将印版刮伤。由于金属铬的硬度很高，在 800～1000HV 左右，耐磨性很好，所以当凹版滚筒图文制作完成后，再在铜表面镀一层铬以提高凹版的耐印力。

照相凹版制版工艺过程复杂，质量不易控制，使用的范围因电子雕刻凹版的应用正在逐渐缩小。

三、电子雕刻凹版的制版工艺

电子雕刻凹版，是 60 年代出现的制版方法，其特点是不用碳素纸晒印，不再进行化学腐蚀。以图像处理后的底片为原稿，利用电子回路的雕刻机，在铜印版滚筒表面，直接雕刻出网穴制成印版。

电子雕刻凹版的画面细腻，层次丰富，质量容易控制，广泛用于凹版印刷之中。

1．电子雕刻机工作的基本原理。电子雕刻机由原稿滚筒（或叫扫描筒）、印版滚筒、扫描头、雕刻头、传动系统、电子控制系统等组成。

电子雕刻机的工作原理是：扫描头对原稿进行扫描，从原稿上反射回来的强弱不同的光信号，经过光电转换器使光信号转换成电信号，再通过放大器和数据处理，使光的强弱转换为电流的大小，控制雕刻头在铜滚筒上进行雕刻。

电子雕刻机工作时，原稿滚筒和雕刻滚筒同步运转，同时，雕刻系统沿着滚筒轴向移动，用尖锐的钻石刀在雕刻滚筒上按信号雕刻出网穴，如图4-36所示。雕刻系统由扫描系统通过计算机来控制，铜滚筒上形成的穴网，是计算机中一附加信号生成的，此信号能使刻刀连续有规则的振动，网穴的大小及深度由原稿的密度来决定，被扫描原稿的密度和被刻出的网穴深度之间的数量关系，可以在计算机上调整。

电子雕刻机的功能越来越多，如：能进行圆周方向缩放倍率的变化，圆周方向无缝雕刻，自动选择层次，调整网穴角度等。

2. 电子雕刻凹版的制作。 电子雕刻凹版的制作过程如图4-37所示。

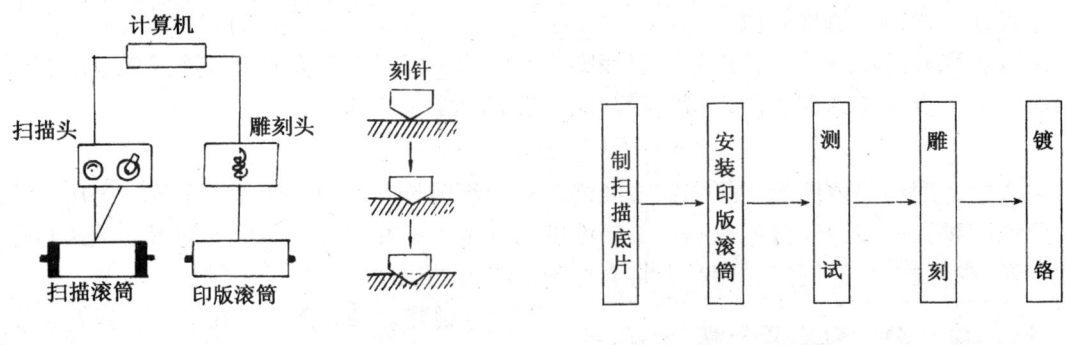

图4-36 电子雕刻机工作原理图　　　　　　图4-37

（1）制扫描底片。以往的扫描底片，采用的是连续调的乳白片，造价昂贵，底片质量很难控制。20世纪80年代，电子雕刻机加入电子转换组件，按设计好的程序进行胶凹转换，即用胶印用的加网底片，雕刻凹版。因此，现在大多使用分色加网的底片制版。

（2）安装印版滚筒。用吊车将印版安装在电子雕刻机上，雕刻前清除版面的油污、灰尘、氧化物。把扫描底片平服地粘贴在原稿滚筒上。

（3）测试。根据原稿（扫描片）的要求和油墨的色相，结合印刷产品制定试刻值，例如，装饰印刷的纸张比较粗糙，吸墨性强，雕刻深度须在$45\mu m \sim 50\mu m$才能达到印刷要求，必须调整雕刻放大器上的电流、电压。

（4）雕刻。扫描头对原稿进行扫描，雕刻头与扫描头同步运转，印版滚筒表面被雕刻成深浅不同的网穴。

新型的电子雕刻机有三种形状的网点，可以在操作时任意选择，以免发生因套印不准而产生的龟纹。三种网点如图4-38所示。

在雕刻文字时，细微的笔道不能丢失，必须选用细网线雕刻，如果用100线/厘米，文字的雕刻可以达到十分理想的效果。

现在，电子雕刻凹版多采用分体式的电子雕刻系统制版，即扫描仪和电子雕刻机分离，分别与图像工作站的输入、输出接口相连。扫描仪能扫描阳图、阴图底片，也能扫描乳白片，还能进行胶凹转换。工作站具有多种图像处理功能，对图像可进行整体、局部的色彩修正，色彩渐变，剪切组合和缩放，使黄、品红、青图像与线条图像合二为一等。电子雕刻机的网线范围从31.5~200线/厘米。

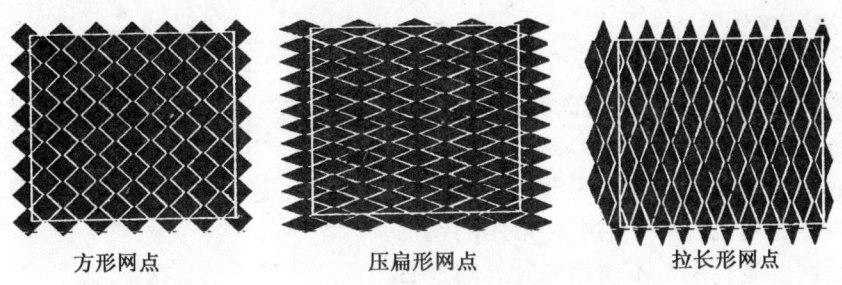

方形网点　　　压扁形网点　　　拉长形网点

图 4-38　凹版网角示意图

(5) 电子雕刻凹版的质量要求。软片的密度应为 0.3~1.7；雕刻滚筒表面洁净，无灰尘、油污；试刻应采用网点测试仪确定，应符合印刷工艺作业单要求；滚筒雕刻完，应检测印版上梯尺每一级的网点值，与标准值进行比较，以确定雕刻的滚筒是否符合要求。

第五节　孔版制版

孔版印刷使用的印版，一般分为誊写版和丝网版两大类。

誊写版是在特制的蜡纸上，用铁笔刻划出文字图画，或用打字机打字，或用电火花扫描制成印版。用誊写版印刷，俗称"油印"，主要用来复制办公用的文件。

丝网印刷的承印物极其广泛，有纸张、塑料薄膜、金属、木材等。印刷品的种类更是名目繁多，每一种印刷品因承印材料和用途不同，制版的方法各有差异，因此，本节主要介绍常用的制版方法。

一、丝网制版的设备及器材

1. 丝网。丝网是丝网印版制版的基本材料，是感光胶膜的支持体。

丝网按照编织使用的材料分为绢网、尼龙丝网、涤纶丝网、不锈纲丝网等。按照编织方法又分为平纹织网、斜纹织网、拧织网等。需要墨层薄的图文，大多采用斜纹织网。

丝网的规格一般用丝网目数来表示，即丝网每平方厘米（cm^2）的网孔数目，目数愈高，丝网愈密，网孔愈小。需要墨层厚的图文，选用拧织的低目数绢网或尼龙网。

丝网一般为黄色、橙色、红色、深红色等。

2. 网框。网框是指支撑丝网用的框架，由金属、木材或其它材料制成。分为固定式和可调式两种。

3. 绷网机。绷网机是将丝网绷紧在网框上的专用设备。绷网机上装有绷网夹，绷网夹夹住丝网的边缘，用压缩空气牵动，在一定的张力下，丝网粘贴在框架上。

4. 丝网晒版机。丝网晒版机是专供晒制丝网印版的设备。晒版时，为了使丝网与底片紧密接触，必须在丝网上放一块厚的海绵，同时在海绵和丝网之间加一块墨色绒布，防止透过丝网射到海绵上的光又被海绵反射到丝网上。

二、丝网制版工艺

丝网制版的方法很多，一般分为直接法、间接法、混合法等。

1. 直接制版法。把感光液直接涂布在绷好的丝网上，经曝光、显影制成丝网版，制版工艺如图 4-39 所示。

(1) 绷丝网。先剪裁丝网，尺寸比网框四周稍大一些，再把丝网的四边固定在绷网机上，将其拉紧，用张力计测定绷网的张力，网框放在张紧的丝网下面，把粘合剂刷涂在网框的四周，待其干燥后，再从绷网机上卸下网框。常用的丝网有尼龙网、绢网、涤纶网、不锈钢网等。网框有木质和金属两种。

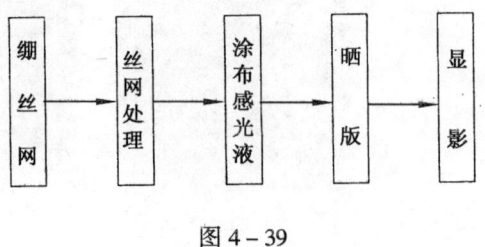

图 4-39

(2) 丝网处理。用 20% 的氢氧化钠溶液对绷好的丝网进行脱脂处理，然后用水冲洗干净。

(3) 涂布感光液。将感光液放入不锈钢槽中，把网框倾斜放置，槽与丝网下端接触，一边使槽倾流出胶液，一边慢慢地把槽往上提，沿着丝网进行涂布。重复涂布、干燥多次，直到胶膜达到要求的厚度。

(4) 曝光。把阳图底片和丝网的胶膜密合在一起，放入专用的丝网晒版机，抽真空后曝光。曝光时间取决于感光液的性能、光源、灯距等因素。

(5) 显影。把曝光后的丝网框，浸入水中，用水枪喷射冲洗丝网两面，将未感光的胶层刷掉，形成漏空的图文，晾干后再进行一次全面曝光，使胶膜的牢度增加，印版的耐印力提高。

2. 间接制版法。在涂有感光层的胶片上制版，然后转拓到丝网上，制版工艺如图 4-40 所示。

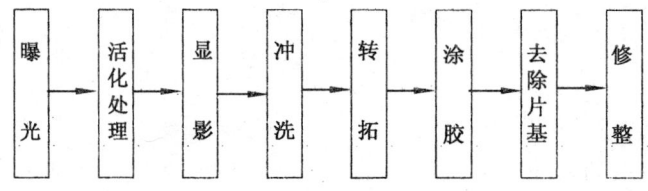

图 4-40

(1) 曝光。在感光胶片上密附阳图底片进行晒版。晒版机可用平版晒版机。

(2) 活化处理。曝光后，为使感光胶片的受光部分胶膜硬化，在 1.5%~3% 的过氧化氢溶液中浸泡 1~2min，对胶片进行活化处理。

(3) 显影。用温水显影，使感光片的片基上形成版膜，再用冷水冲洗。

(4) 转拓。将显影后的胶片胶膜向上平铺在桌面上，再在胶膜上放置绷好丝网的网框，并在丝网上放吸水纸，用橡胶辊滚压，即可粘着。

(5) 涂胶。将专门配置的胶或直接制版法使用的感光胶，用笔涂填网框的四周，再用热风干燥。

(6) 去除片基。剥离感光片的片基，即得丝网印版；经必要的修正，即可印刷。

间接法制版操作复杂，但图文边缘光洁，不需要专用的晒版机。

3. 直接间接混合制版法。其制版工艺如图 4-41 所示。

先将感光胶片用水、醇或感光胶粘贴在丝网网框上，经热风干燥后，揭去感光胶片的片基，然后晒版、显影处理后即制成丝网版。

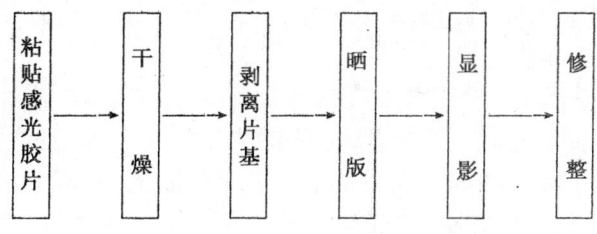

图 4-41

除上述的制版方法以外，还有红外线制版法、腐蚀制版法、电镀制版法等。

近几年，在丝网制版中，采用了投影放大的晒版技术，无软片直接用计算机控制曝光的制版方法，扩大了丝网印刷的应用范围。

4．其它制版方法。

(1) 铜锌版涂漆转移丝网版。此法是利用铜、锌版腐蚀后的凹凸平面，在凹陷处涂硝化纤维漆，被溶贴于丝网版上成为阻墨部分（非图文部分），凸起处，涂漆被磨去，在丝网上是空白的通透网孔（即图文）。它的工艺过程简述如下：准备版材（铜或锌板）→磨光（用木炭抛光）→涂感光胶（骨胶和重铬酸铵配制）→曝光（底片用反阴图软片）→显影（温水溶解未经曝光部分，即非图文部分）→腐蚀（用波美度 30°的三氯化铁溶液作为腐蚀剂，腐蚀深度控制在 0.04~0.05mm）→涂橡胶水（薄涂于经过腐蚀的凹陷部分，转贴时漆面与金属版脱离）→上漆（用硝化纤维漆涂于版面）→磨漆（在干燥的漆膜上用细砂纸平磨，直到能看清裸露的金属即图文部分为止）→转移贴附（清洁丝网覆于金属版上，以软布蘸溶剂轻轻揩擦，使金属版上的漆膜被溶贴于丝网版上，成为丝网印版）。

此法适用于小面积的标牌铭片。

(2) 照相腐蚀法（加网金属印版）。原版是加网底片，经晒版、腐蚀制成金属印版，用于电子工业等精密印件的印刷。它的优点是精度高，尺寸稳定性极好。此法的工艺过程简述如下：

准备金属薄片（用 10~15μm 厚的钼箔、铜箔或不锈钢箔等）→表面处理（研磨、酸洗、去脂和清洗）→涂布感光胶（制成防腐蚀膜层）→曝光（将原版上的图文晒制到金属箔片上）→显影（使金属箔片上的图文露出金属，非图文部分形成耐酸抗蚀膜）→腐蚀（用三氯化铁溶液作为腐蚀剂，将裸露的金属，即图文部分腐蚀通透）→脱膜（除去抗蚀膜层）→涂胶固定。

有关溶液的配方：

酸洗液：如清洗钼箔，可用 20%硫酸和 5%的酒石酸氢钾混合液。温度 75℃浸泡 3min。

腐蚀液：如腐蚀钼箔，可用浓硫酸、硝酸各 1 份，再加水 3 份，搅动喷射进行腐蚀。不锈钢箔、铜箔用三氯化铁溶液腐蚀。

脱膜液：对水溶性的膜可用碱水浸泡；光聚合膜则用三氯乙烯浸泡后轻擦除膜。

粘网：将制有图文的金属箔片粘结到金属框架上制成印版；也可以先粘结后腐蚀制版，但框架必须是与腐蚀液不起反应的材料。

(3) 计算机直接制版 CTS。90 年代末，随着计算机数字化处理技术不断成熟，在网印制版技术方面正在引起一场重大的技术革命，这便是计算机无软片直接制版法 CTS（Computer To Screen）亦称数码化直接制版法。直接制版方法在胶印中的应用比网印早多年。在网印业的应用近两年在美国和欧洲的国际网印展上展出了这种技术和设备。它是将喷墨 Inkjet Process 技术移植到网印 CTS 制版上。

CTS 网印直接制版法具有如下特点：①减少制版工序，达到快速制版的目的。②节省软片，由于无需软片，从而防止软片磨损及网点层次损失产生的质量问题。③对多色网印时可以自动进行网版定位。④该喷墨涂料无需专用感光胶，通常用的感光胶都适用。⑤对各种目数的丝网版都可以做。⑥对各种网框，铝合金框、木框都可以用。⑦制版的尺寸最大可以达到 66×96.5 cm。

网印 CTS 直接制版原理是利用电子计算机数码化处理技术设计出所需的网印图文，经修改、定稿后存储于计算机中。制版时通过激光喷墨打印机，将图文喷印在事先涂好感光胶的网版上。该网版称之为预涂感光版（网印 PS 版）。在网版上受墨图文充当胶片或覆盖膜，然后用紫外光对网版进行全面曝光（晒版），喷墨部分透不过紫外光，不发生化学反应，造成溶解度差别。其后同传统感光制版原理一样，曝光、冲洗显影而成像制版。请参见下面的网印 CTS 制版工艺示意图（如图 4-42）。

图 4-42 网印 CTS 制版工艺示意图

网印 CTS 制版中，网印预涂感光版所用的感光胶，一般传统的各种丝网制版用的感光胶均可以使用。对激光喷墨的墨液要求是多方面的，但最主要的有两点：①墨浓度及喷墨量以最后图文光密度在 3.0 以上为准。②墨液用连接树脂最好为水溶性的，以便显影过程中用水能除去。但如果感光胶是正胶，墨基树脂应是油溶性的。现在美国的宝丽光公司和 Gerber 科技公司均已开发出这类 CTS 直接制版机。

（4）投影放大直接制版法。利用照相缩放原理，将较小幅面的原版，在照相设备上加以放大，使原版上的图文投影到涂有感光胶膜的丝网版上，直接曝光制成丝网印版。其优点是可以节省感光胶片和缩短制作丝网印版的工时。主要改进了制作大幅面丝网印版的工艺过程，降低了制版的成本。

国内已引进了日本村上公司的设备 PRO-305 型投影放大曝光制版机，应用于大幅面丝网印版的制作。

(5) 喷绘扫描曝光法。制版原理是利用电脑的分色功能和喷墨装置,将原稿的彩色画面分解成可以上机印刷的黄、品红、青、黑四块印版。它是用喷墨的方法在丝网印版上形成图文,然后曝光,有墨部分未经曝光而被显影,丝网孔呈通透状态,印料由此被刮印到承印物而成为印刷图文。

用具有电脑分色系统的喷墨扫描设备,可以直接从彩色原稿通过分色、喷墨制作图文到丝网的感光膜上,进行曝光、除墨(显影)冲洗后,便成为丝网印版。其重点仍在解决大幅面丝网印版的制作问题,以提高工效和降低成本。

瑞士的电脑直接制版系统,具有对彩色原稿的分色制版功能,并以喷绘方式直接在丝网感光膜上形成阻光蜡质黑墨,图文起阳图原版的作用,经全版曝光后,用热水冲洗,制成丝网印版。该设备的制版幅面为 2.2m×3m,喷绘线数相当调幅网点 75 线/英寸,像素精度达 633dpi(准确精度 0.02mm),可以获得极细线条和网点的高解像率和清晰度。

第六节 打 样

打样的目的主要有以下两点:

第一,对原版的质量进行检查。例如:原稿阶调、色彩的再现性是否达到了要求;版面尺寸、图像、文字的编排、规矩线等是否正确,有无遗漏等,如有不妥之处就要进行修正。

第二,为正式印刷提供样张或印刷的基本参数,如墨色、网点再现的范围等,使印刷达到规范化、标准化的操作。

打样的方法可以分为两大类。一类是硬打样,如机械打样,预打样中的感光材料打样、喷墨打样等。另一类是软打样,如屏幕显示。

一、机械打样法

机械打样也叫模拟打样。一般是在与印刷条件基本相同的情况下(如纸张、油墨、印刷方式等),把用原版晒制好的印版,安装在打样机上(见图 4-43),进行印刷,得到样张,然后对照原稿或版式设计图样进行校对,阶调、色彩、文字、版面规格尺寸无误后由客户签字,即可付印。

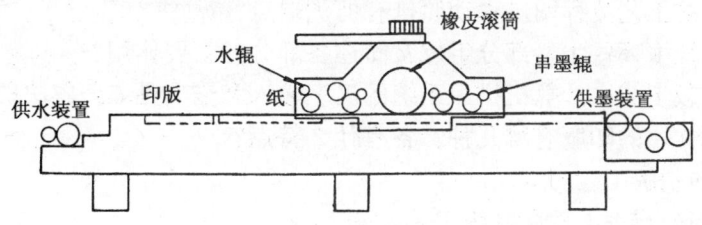

图 4-43 平版印刷的单色打样机

机械打样,虽然是模拟印刷而进行的,但机械打样的油墨转移原理,使用的印刷材料以及印刷环境等往往与实际印刷不一致。因此,从打样机上获取的样张对原稿的色彩、再现性和印刷机上获取的印张总有差异,为了缩小这种差别,目前已经研制出多色自动打样机,并应用于印刷生产之中。

二、预打样法

预打样法，不需要印版、纸张、油墨和打样机，而使用特殊的感光材料，应用光学、光化学原理，获得彩色样或用显示屏显示，较早发现图文信息处理中存在的问题，及时修正，提高机械打样的效率。

1. 感光材料打样法。这种方法有彩色片叠合法、色层叠合法、静电打样法等。一般把感光物质涂布在片基上，然后与相应的分色加网底片密附、曝光，制成单色的黄、品红、青、黑片，将其叠合在一起，组合成彩色图像。也可以将各单色片的着色层转移到打样基材上，形成彩色样张。

2. 计算机辅助打样法。这种方法有软打样和硬打样。

软打样，利用计算机辅助的彩色打样系统，可在显示屏幕上看到彩色图像，无法获取样张。

硬打样，利用彩色整页拼版系统输出的数据，在硬打样系统上获取样张。硬打样系统，一般由显示终端、键盘、软磁盘驱动装置、激光器记录系统以及联机的照片显影机等组成。也可以将整页拼版机的数据，通过彩色喷墨机获取样张。

3. 电子打样法。这种打样方法，主要适应日趋发展的彩色桌面出版系统，使用喷墨打印机或热升华打印机获得样张。

喷墨打印机，打印头上安装着很细的喷嘴，利用喷嘴将油墨喷到纸张上。有四个打印头、三个打印头和一个打印头等多种型号。

热升华打印机，打印头上安装着多个热敏元件，它们将彩色色带上的透明染料，熔化到纸张上，每种颜色相互覆盖，叠合出酷似照片的彩色图像。

习　题

1. 常用的汉字字体有哪几种？活字的大小如何表示？
2. 照排文字的大小如何表示？
3. 标注出一般书刊的名称。
4. 画出活字排版的工艺流程图。活字排版有何优缺点？
5. 简述照排工艺的发展状况。
6. 画出手动照排的工艺流程图。手动照排有何优缺点？
7. 计算机排版系统由哪些主要部分组成？简述各部分的主要作用？
8. 简述计算机排版工艺。计算机排版系统的汉字输入和输出是如何解决的？
9. 凸版印刷中，常用的印版有哪几种？各有什么特点？
10. 简述铜锌版的制版工艺。
11. 简述高弹性高分辨率柔性版制版工艺。
12. 简述液体感光树脂版的制版工艺。
13. 平版印刷常用的印版有哪几种？简述阳图型 PS 版的制版工艺。
14. 常用的凹版有哪几种，各有什么特点？
15. 丝网印版有哪几种制版方法？各种制版方法有何优缺点？
16. 打样的目的是什么？常用的打样方法有哪几种？各有什么特点？
17. 厚度为 2.85mm，感光树脂版支撑层的聚酯片基的厚度为 0.13mm，试计算缩版常数 k？

第五章 印　刷

利用模拟或数字载体将媒质（如色料）转移到承印物上的过程，叫做印刷。印刷是获得高质量、大批量印刷品的最重要的复制过程，也是在印刷品复制过程中，获取利润的关键过程。

第一节　平版印刷

20世纪初，美国人鲁培尔（I.W.Rubel）在单张纸平版轮转机的印版滚筒和压印滚筒之间，安装了一个橡皮滚筒，金属印版上的图文先转移到橡皮滚筒的橡皮布上，再转印到承印物表面。平版印刷机结构上的这一改进，使纸张在印刷过程中，不再与印版接触，成为间接印刷方式，并有了"胶印"之称。

50年代之前，平版印刷一直使用以锌为版基的平凹版。平凹版的图像分辨率和耐印力都不高，因而限制了平版印刷的应用范围。50年代末，以铝为版基的PS版开始投入印刷市场，以后PS版的制版技术不断完善，到了70年代中期，PS版全面进入平版印刷中，真正步入实用阶段。由于PS版的图像分辨率和耐印力都远远高于平凹版且制版速度快，加之与电子分色机、计算机排版等制版技术以及和使用气垫橡皮布的高速多色胶印机的密切结合，使平版印刷得到了长足的发展。

目前，大量的商用印刷品是单张纸胶印机印刷的，如出版物、包装用品、标签、邮购广告单、招贴画、挂历等。单张纸胶印机可以在纸张、纸板、塑料薄膜、金属等承印材料上印刷出高质量的彩色图像。

卷筒纸胶印机每小时可生产50000印张的印刷品，主要用来印刷杂志、报纸等印刷品，特殊的窄幅卷筒纸胶印机用于印刷连续的商业表格。

平版印刷适用印刷的产品类别极为丰富，涉及的承印材料十分广泛，印刷质量好、印刷周期短，故有人称平版印刷是"模拟印刷的皇后"。

一、平版印刷的原理及实施条件

1. "油水不相溶"是平版印刷的基本原理。从分子结构上看，水是极性分子，油（一般有机溶剂的统称）为非极性分子，根据"结构相似者互溶"的化学原理，水和油的分子结构相差太大，故油水不相溶。

2. 实现平版印刷原理的基本条件。将亲水性、亲油性均好的铝版材，经过一系列的物理化学处理，在其表面形成亲油拒水的图文部分和亲水拒油的空白部分，印刷时，图文部分亲墨疏水，空白部分亲水疏墨，则利用了油水不相溶的客观规律使平版印刷的油墨转移得以实现。

印刷时，先上水，后上墨（连结料的主要成分是非极性分子），使印版选择性的吸附油墨和润湿液（主要成分是水），以保证平版印刷油墨转移的正常进行。

二、平版印刷使用的润湿液

平版印刷必须使用润湿液，因而润湿液的组成、性能对印版印刷的油墨转移非常重要。

1. 润湿液的作用。

(1) 使空白部分不感脂。润湿液必须在空白部分形成稳定的水层，覆盖整个空白部分，且该水层具有非常好的不感脂性。

(2) 具有保护和修复作用。印刷过程中，难免会有些杂质混入版面，润湿液对这些轻微的杂质必须具有抵御作用，即保护印版的空白基础不受损坏。此外，万一印版空白部分的亲水保护层受到损伤而感脂，润湿液应有边印刷边修复亲水层的作用。

(3) 不使图文扩大或缩小。润湿液必须具有稳定印版图文部分和空白部分相对位置的作用。保证在整个印刷过程中，图文既不扩大也不缩小。

(4) 降低油墨的温度。由于印刷机的速度越来越快，使油墨在高速传递中温度升高，油墨的流动性增加导致网点增大。所以高速机对润湿液提出新的要求，即润湿液在涂布版面与着墨辊接触时，能降低墨辊和油墨的温度。例如：采用润湿液冷却器、在水箱内放冰块、以及在润湿液中添加挥发剂等。

2. 润湿液的性能要求。 为了达到润湿液的使用目的，润湿液应具有如下的一些性质：能够充分的润湿印版的空白部分；不使油墨发生严重的乳化；不降低油墨的转移性能；应具备洗净版面油质的能力和不感脂的能力；不使油墨在润版液表面扩散；对印版和印刷机的金属构件没有腐蚀性；印刷过程中始终保持稳定的性能等。

3. 润湿液的种类。 平版胶印使用的润湿液一般为醇类润湿液（俗称酒精润湿液），这种润湿液在国外的多色机上得到广泛的应用。润湿液以醇为主要添加剂。它的最大特点是，醇类作为一种表面活性物质能降低润湿液的表面张力，虽然降低的幅度没有表面活性剂显著，但油墨的乳化很小。低级醇类的挥发速度快，故在它挥发的同时，带走大量的热，使油墨温度降低，同时纸张的吸水量相应也减小，所以特别适合于高速机。但是，醇类的易挥发，造成了润湿液中浓度的不稳定，特别是在没有恒温恒湿的车间，醇类的挥发速度随温度而变化，温度高、挥发快，润湿液中低级醇浓度低，版面水量就要开大，反之水量就要开小。在温差变化大的车间，操作相当困难。其次低级醇类成本高而且是易燃易爆物质。

该润湿液必须在附设有酒精润湿系统装置的平版印刷机上使用。

三、橡皮布

1. 橡皮布的组成。 胶印橡皮布作为中间滚筒的表面层，承担着将印版上的油墨转移到承印物上的任务。因此要求橡皮布必须具备良好的表面特性、较高的弹性，和较强的抗张强度。

橡皮布主要是有表面胶层、底布和布层胶三个部分所组成。印刷过程中，表面胶层不断地接触印版上的油墨，润湿液、汽油和洗涤剂等，同时不断地承受着动态变形。因此，表面胶层要具备：传墨性能好、耐酸、耐溶剂、表面爽滑平整易清洗，有较高的弹性和适中的硬度等性能。根据这些性能，表面胶层选择了耐油性强的丁腈橡胶或以丁腈为主的胶类。其厚度一般在 $0.6 \sim 0.7$ mm 之间。

布层胶主要起粘结底布、增加弹性的作用。所以选择了弹性好、压缩变形小，能与各层底布牢固粘合的天然橡胶。它的厚度由于受总厚度的限制，一般控制在 $1.2 \sim 1.3$ mm。

由于橡皮布呈张紧状态包覆在滚筒表面，因此，橡皮布的径向拉力是较大的。所以，一般都选择强度较高的长绒棉布作为底布。考虑到受力情况，大都采用几层底布作为橡皮布的骨架材料。一般径向采用双胶，纬向采用单股。安装橡皮布时，如果方向出错，就会损坏橡皮布。

2．橡皮布的种类。橡皮布有普通橡皮布和气垫橡皮布两种。

气垫橡皮布的外型与普通橡皮布没有明显的区别。它与普通橡皮布在结构上的主要差别是其表面胶层和布层胶之间多了一层气垫层（如图5-1和5-2）。该气垫层是由无数个小气泡所组成，这种微孔结构的小球孔径为5~10mm。当向这种气垫橡皮施加压力时，橡皮夹层内的气泡在压力作用下减小其体积，压力消除后，又可立即恢复到原来状态，这种可压缩性和瞬时复原性，提高了印刷的作业适性和质量适性。图5-3和图5-4，说明了普通橡皮布和气垫橡皮布受压后的表面状态。

  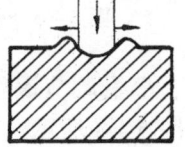 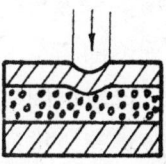

图5-1 普通橡皮布　　图5-2 气垫橡皮布　　图5-3 普通橡皮布　　图5-4 气垫橡皮布

由图可见，普通橡皮布受压后，由于它的体积不会收缩，因此只能向受力边缘挤压，在静态条件下，表面胶层在两边隆起凸包。而气垫橡皮布由于气垫层能缩小其体积，橡皮布也就不会膨胀。根据这一特性，一般称普通橡皮布为不可压缩型橡皮布，气垫橡皮布称可压缩型橡皮布。

四、平版印刷机

平版印刷机种类极其繁多，有的小巧玲珑，可以放在桌子上印刷；有的有二层楼高，像个庞然大物，如印刷报纸的胶印机。

平版印刷机种类较多，有单色、多色；单面、双面；单张、卷筒；对开、四开、八开等。有的平版印刷机还备有干燥及折页装置，无论哪一种印刷机，都如图5-5所示，由给纸机构、印刷机构、供墨机构、润湿机构、收纸机构等五大部分组成。

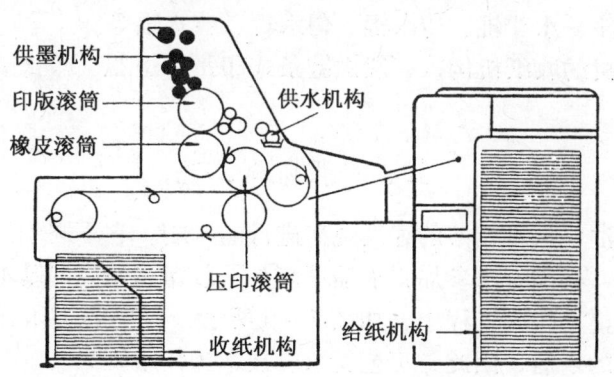

图5-5 平版印刷机的主要结构

给纸机构由存纸和送纸装置组成。

印刷机构包括印版滚筒、橡皮滚筒、压印滚筒。典型的单张纸平版印刷机和卷筒纸印刷机的滚筒配置如图5-6和5-7所示。

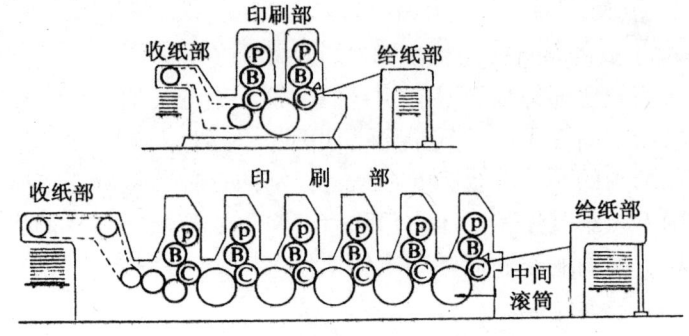

图5-6 单张纸平版印刷机滚筒的配置

供墨机构包括墨斗、墨量调节螺丝、出墨量调节版、墨斗辊、匀墨辊、压辊、串墨辊、靠版辊等，排列情况如图5-8所示。

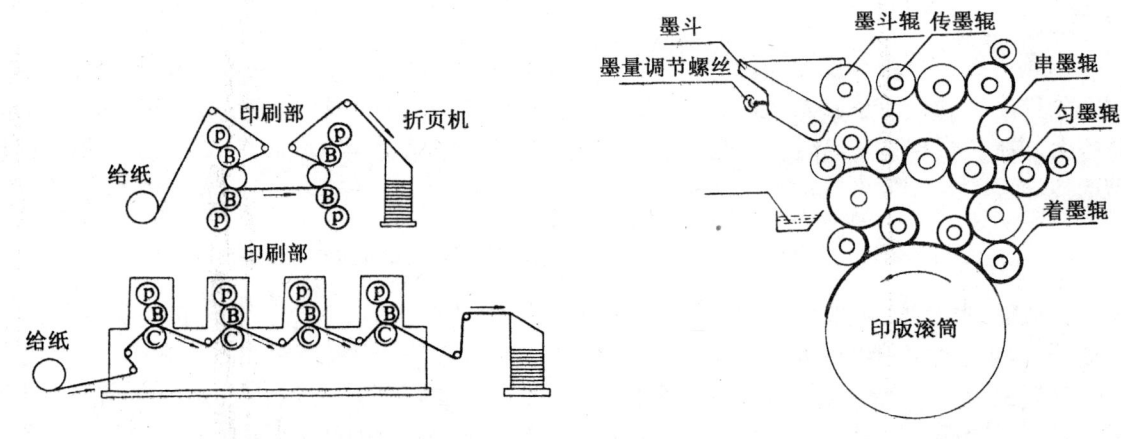

图5-7 卷筒纸印刷机滚筒的配置　　　　图5-8 供墨机构

润湿机构包括水斗、水斗辊、传水辊、匀水辊、着水辊等。

单张纸平版印刷机的收纸机构，一般由链条式印张传送器、印张减速器、收纸台等部件组成。

五、平版印刷工艺

平版印刷是利用油、水不相溶的客观规律进行的印刷。它不同于凸版印刷，也不同于凹版印刷，除油墨之外，必须有水参加，水墨平衡是平版印刷研究的基本课题。对于平版印刷的从业人员来说，在整个印刷过程中，如图5-9所示，需要解决印版、供水量、纸张、油墨以及印刷环境之间的矛盾，因此，工艺复杂，技术操作难度大。

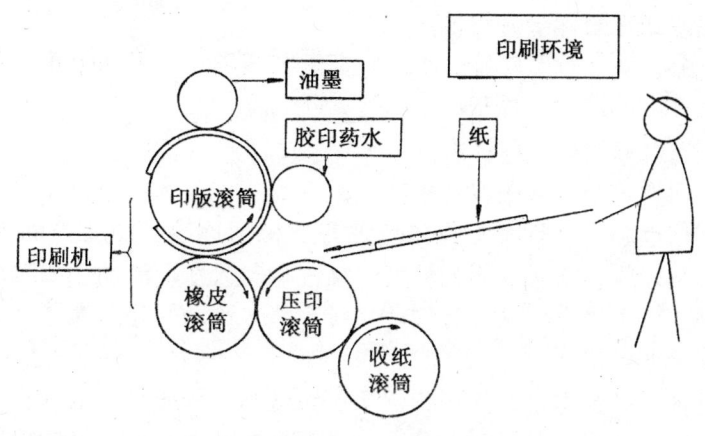

图 5-9 影响平版印刷质量的因素

平版印刷工艺包括印刷前的准备，安装印版、试印刷、正式印制，印刷后处理等，可用下列方框图（图 5-10）表示。

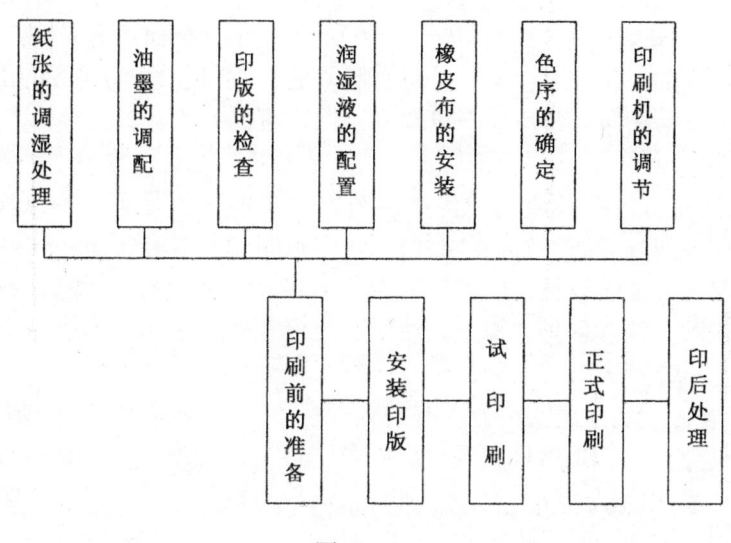

图 5-10

1. 印刷前的准备。 平版印刷工艺复杂，印刷前要作好充分的准备。

（1）纸张的调湿处理。纸张从造纸厂出厂，通过运输，长期贮存，由于周围气候的频繁变化，地区之间温湿度的差别，刚拆包的纸张，含水量不可能与车间的温湿度相平衡，而且含水量往往也是不均匀的。用这样的纸张印刷，不仅套印不准，还会使纸张皱拱。因此，纸张在投入印刷前，要进行调湿（即吊晾）处理。降低纸张对水分的敏感程度，让纸张的含水量均匀并与车间温湿度相适应，提高纸张尺寸的稳定性。

目前，对胶印纸张的调湿方法一般有三种：

①在印刷车间或与印刷车间温湿度相近的晾纸间吊晾调湿。

②在比印刷车间相对湿度高 6%~8% 的晾纸间，进行调湿处理。

③把纸张先放在较湿的地方加湿，然后再到印刷车间或与印刷车间温湿度相近的晾纸间

进行水分的平衡，使纸张的含水量均匀。

(2) 油墨的调配。一般较大规模的印刷厂都配有调墨间，根据印样，调配油墨。要求做到以下几点：

①油墨的色相符合原稿的色样标准。

②油墨的印刷适性符合印刷的客观条件。

油墨的粘度、粘性和流动性要根据纸张质量、机器速度、图文类别等进行调整，纸质好、速度慢、网线版印刷，要求油墨的粘度和粘性相对大些，流动性相对小些。纸质差、速度快、实地版印刷，要求油墨的粘度和粘性相对小些，流动性相对大些。

③油墨的调配量要准确。

油墨调配量需视产品数量、图文面积、墨层厚度和纸张质量来估计。小批量产品必须一次将用墨量调够，不浪费。大批量的产品可分期分批的调配，但每批油墨调配的用料要有记录，并要统一色相。

(3) 印版的检查。机台操作人员，经常会遇到因印版的质量、规格等问题而影响正常印刷或造成质量事故，因此在开印前，印版质量不仅是晒版人员需要认真检查，同样机台人员也应进行印版的质量检查。

①外观的检查。机台人员将印版从存版处取到机台后，可将印版对准光线，并用手轻轻抚摸印版，检查印版有否擦伤、划痕和凹凸不平；发现正、反面沾有异物，需予清除；还要检查表面是否氧化、是否有折痕；若是锌版为版基的，咬口、拖梢不平可用榔头敲平，以便容易装版。查出不合格的印版绝不能上机印刷，以防废品产生。

②图文的检查。

1) 网点质量的检查。网点质量的优劣是图像质量的重要保证。网点应该完整、清晰、外观合乎要求。如果网点残缺、发毛、有白心，则说明晒制时有问题。这时可查看原版，如原版无问题，而印版又无法修补，应重新晒制。文字、线条断笔缺划或有多余部分，如无法修正，亦应重新晒制。特别是付印样上面注明需要修改的文字而未修改的印刷就需修正之后涂上胶液，才能上机印刷。

2) 规格的检查。印版中图文部分占有的地位应在一定的范围内，一般以咬口到起印线的距离称为咬口尺寸，它是规格检查的主要内容。各类机器咬口尺寸是不同的，晒版和机台操作人员一定要熟悉印刷机的咬口尺寸。机台人员按本机台的咬口尺寸，检查印版两边咬口大小是否相同，同时看图文是否居中。

3) 规线、色标的检查。印版上的规线有角线、刀线、中线、套晒线、十字线等。这些线是调整印版在滚筒上的位置和满足套印要求的依据，也是下工序裁切的依据。如果套晒线不完整，就有可能套晒时走动，必定造成套印不准。在检查第一色印版时，这些规线一定要齐全，否则就查清原因，如无法加补只能重新晒制。

色标是检查质量时的依据，它可以表明漏色、颠倒等，还作为晒制人员的记号。各色的色标不能重叠，两边的色标应在纸边边缘露出纸边，色标一定要齐全完整。

4) 印版色别的鉴别。晒制黄、品红、青、黑四色印版时，要在印版的非印刷部分标出印版的版色。新晒的印版上机前要对印版的版色进行复核，以免发生印版版色和油墨墨色不相符合的印刷事故。

黄版的版色最好鉴别，90°的网点角度的印版就是黄版。其它版色的印版，由于制版工艺各厂不同，网点角度的选用比较灵活，可以根据生产厂家规定的网点角度来鉴别印版的版色。这是利用印版的网点角度来鉴别印版版色的方法。此外，还可利用印版网点面积覆盖率来鉴别印版的版色。具体的方法是，把印版与单色样相对照，利用网点面积覆盖率的大小来判别印版的版色，例如，人物图像，唇部网点面积覆盖率大的印版是品红版；头发、眉毛处网点面积覆盖率大的印版是黑版，等等。

由于印刷工艺的改进，单一的用网点角度或网点面积覆盖率不能准确地鉴别出印版的版色，所以要把上述两种方法结合起来。具体的做法是，先用90°的网点角度鉴别出黄版，再用45°的网点角度鉴别出主色版，其它两块印版的版色，用印版图像上的网点面积覆盖率对照单色样图像的网点面积覆盖率来判断。

5) 印版深淡的检查。胶印印版的深淡层次是从网点百分比来表现的，网点百分比大，印版深；网点百分比小印版浅。过深或过浅的印版都不能使印刷品的调子和色彩得到良好的再现，需要对印版的网点百分比进行修正或者重新晒版。

(4) 润湿液的配置。按照印刷机和纸张、油墨的性质，选择合适的润湿液。润湿液一般是配成浓度较大的原液（市场上销售的润湿液均为原液），使用时，要加水稀释，弱碱性的润湿液（主要印刷报纸）pH值应控制在7~8之间，弱酸性的润湿液pH值应控制在5.5~6.5之间。

(5) 橡皮布的安装。橡皮布的安装，要求它均匀紧密地包围在衬垫的外表面，表面各处的张力一致，这是保证印品表面质量均匀一致的一个重要条件。橡皮布由两个专用的夹子夹住，每个夹子上有六个到八个夹紧螺钉。橡皮布安装时有几点需注意：

①橡皮布裁切成所要求的矩形，这是保证橡皮布均匀受力的一个很关键部分，如果一边长，一边短，则装好了后松紧就可能不一致。

②使橡皮布的边紧紧地靠在夹子里面的止口上，这样可防止一边夹多，一边夹少，造成受力不均匀。

③紧橡皮布时，先中间，后两边，这样可防止被夹的边成波浪形。紧螺钉时一定要循序渐进，否则有时以为夹上了，而实际上没有夹上，造成橡皮布在里面滑动。

④把橡皮布装在滚筒上时，一定要注意把橡皮布的夹子放在滚筒上面的夹子里，否则机器运转时，橡皮布的夹子会甩出来。

⑤橡皮布两边是用蜗轮蜗杆机构锁紧的。蜗轮蜗杆机构具有自锁性，其防松可用橡皮布本身的弹性来实现，越紧自锁性越好。

⑥一般情况下，橡皮布不能保证绝对的矩形。如果是微量差别的话（与其长度相比），对张力不会有太大的影响，但是如果差别较大，一个办法是取下来重新裁切；另外一个办法是可在蜗轮的轴上垫纸，这样可局部校紧。

(6) 印刷色序的确定。印刷色序是个很复杂的问题，一般是透明度差的油墨先印；网点覆盖率低的颜色先印；明度低的油墨先印，以暖色调为主的人物画面，后印品红、黄色；以冷色调为主的风景画面，后印青色、黄色；用墨量大的专色油墨后印；报纸印刷，黑墨后印。

单色机一般采用黄→品红→青→黑，即先印亮色后印暗色的顺色序。

四色机一般采用黑→青→品红→黄的倒色序。

双色机的色序比较复杂，主要有以下三种：

①黑→黄、品红→青或青→品红

②品红（青）→黄、黑→青（品红）或青（品红）→黑

③品红→青或青→品红、黑→黄

(7) 印刷机的调节。印刷机整机的调节包括，输纸机构各部件的调节；印版滚筒相对位置的调节；着水辊、着墨辊压力的调节；印刷机规矩的调节等。

2. 安装印版。将印版连同印版下的衬垫材料，按照印版的定位要求，安装并固定在印版滚筒上。同时要校对版的位置是否正确，不能有歪斜。

3. 试印刷。试印作业是印刷前必须的工序，其作业内容包括，再一次校对规格，水分和墨色的确定、明确印刷品的装订方法和对图文内容进行核对。

(1) 核对规格。印10张左右正常印刷用纸，将它在看样台上撞齐，看校版十字线是否一致，规格是否正确，印刷纸张是否有明显尺寸大小，发现有差错及时纠正。

(2) 水分和墨色的确定。经过一段时间打水打墨后，水辊中含水量、墨辊中贮墨量都已达到一定要求，此时还必须进一步观察和微调。对于水分，观察版面的反光情况和水量的稳定程度，然后确定调整量。由于校版校墨色时，多用吸墨纸。而试印时，因纸张不同，墨色可能发生变化，需作微量调整。

(3) 明确印刷品装订方法。看清施工单上印刷品的折页方法，检查页码是否正确，画面有否颠倒，折页后内图是否居中。

(4) 内容校对。试印中，检查图文是否完整转移到印张上，要除去版面上一切脏点和不需要的规矩线。对文字和图文的短缺加以修正。

在由试印进入正式印刷这段时间里，由于水墨关系尚未完全处于平衡状态，输纸部分也尚未完全正常，输纸故障造成的短暂停机，水分时大时小，都会使印品墨色深浅不一，导致印品质量的不稳定。所以在正式印刷前，宜在纸堆面上放一定量的吸墨纸（一般放20~30张左右），以尽量克服水、墨量不稳定造成的偏深偏浅。然后对水墨量进行适当的调整，一般印到2000~3000张左右，墨色达到打样要求后，就签出付印样并按付印样进行大量印刷。

4. 正式印刷。在印刷过程中要经常抽出印样检查产品质量，其中包括：套印是否准确，墨色深浅是否符合样张，图文的清晰度是否能满足要求，网点是否发虚，空白部分是否洁净等，同时，要注意机器在运转中，有无异常，发生故障及时排除。

5. 印刷后的处理。墨辊、墨槽的清洗。胶印机为长墨路的输墨系统，其墨辊是所有印刷机中最多的，因此，墨辊的养护十分重要，它是保证印版获得均一墨量的保证。印刷结束后，墨辊一定要清洗干净。长期以来，清洗墨辊用的是汽油，这不仅造成环境污染，危害工人身体健康，同时使用汽油又是火灾的隐患。近几年，随着国家环保事业的发展，印刷中的污染也得到改善，许多印刷厂已使用环保型的油包水型胶印油墨清洗剂清洗墨辊，取得了可观的社会效益和经济效益。

印版如果还要留作以后印刷，则在版面涂胶以保护不被氧化，如果是需要再生的PS版，则要除去印版表面的油墨，送交有关部门。

印刷结束后，印张需要检查并整理好，移交下道工序进行加工。

作业环境是保证印刷质量的必不可少的，因此每次印刷结束后，都要把作业环境清扫干净。

6. 机器的养护。机器保养工作的重点是预防，而不是修理。预防机器设备的事故，减少机器的磨损，这就要求做到对机器的调整使用恰当，清洁润滑及时，加强定期检查工作，这些工作都必须在日常生产中认真地做好。

(1) 机器的日常检查。机器的检查是防止重要事故发生的主要措施，一般分为交接班检查，运转中检查，分工逐天检查和按时全面检查等。

（2）机器的润滑与加油。为了减少摩擦阻力，降低胶印机零部件的磨损速度，提高胶印机的使用寿命，确保机器正常运转，机器的加油润滑是必不可少的工作。

六、常见的印刷故障

平版印刷工艺复杂，印刷过程涉及到机械、材料、电子等许多技术领域，生产中出现的印刷故障也十分复杂，故障产生的原因往往与许多因素有关。

1. 纸张的掉粉、掉毛。 纸张表面细小的纤维、涂料粒子脱落的现象，叫做纸张的掉粉掉毛。从纸张上脱落下来的纤维、粒子堵塞印版的网纹，造成印刷品脏污，并使印版的耐印力下降。

为了防止或减缓纸张的掉粉、掉毛，应选择表面强度高的纸张印刷；在油墨中加入撒粒剂，降低油墨的粘着性；在油墨中加入稀释剂或低粘度的调墨油，降低油墨的粘度；适当地降低印刷压力、印刷速度。

2. 油墨的叠印不良。 后印的油墨不能很好地附着在先印的油墨之上，或者后一色的油墨把先印的油墨带走，使印刷品色彩的饱和度下降，这一现象叫做油墨的叠印不良。这是多色胶印机常见的故障。

为了防止油墨的叠印不良，在多色胶印机上，使用的油墨，粘着性和粘度应按印刷顺序依次减小。印版上的墨层厚度最好能按照印刷顺序依次增大。

3. 套印不准。 指印张上的图像发生纵向（沿纸张的输送方向）、横向（与纸张输送方向垂直）或局部出现的偏移现象，一般是纸张和印刷机引起的。

从纸张方面排除套印不准的措施有：检查纸张的裁切精度，使之达到规格要求；吊晾纸张，消除卷曲、波浪形、紧边等纸病；采用丝缕相同的纸张印刷等。

从印刷机方面排除套印不准的措施有：调节前挡规、侧挡规到正确的位置；调节摆动牙位置；更换被磨损的叼纸牙；调节套印机构，使各部件动作协调等。

4. 印品空白部分上脏。 印刷品空白部分出现墨污的现象。

排除的措施有：增加印版的供水量；增大润湿液的酸性，增加水辊的压力；对版面进行亲水性处理等。

平版印刷中，常见的故障还有印品背面蹭脏、花版、糊版、掉版、墨杠等。

七、平版印刷品的质量控制

1. 平版印刷品的质量要求。 平版印刷按照印刷工艺的特点，印刷品应达到以下的质量要求。

（1）阶调值。在印刷技术中通常用透射或反射光的程度、密度来表示。

①暗调。暗调密度范围如表5–1。

②亮调（用网点百分比表示）。精细印刷品亮调再现为2%~4%网点面积；一般印刷品亮调再现为3%~5%网点面积。

（2）层次。亮、中、暗调分明，层次清楚。

（3）套印。多色版图像轮廓及位置应准确套合，精细印刷品的套印允许误差≤0.10mm；一般印刷品的套印允许误差≤0.2mm。

（4）网点。网点清晰、角度准确，不出重影。精细印刷品50%网点的增大值范围为10%~20%；一般印刷品50%网点的增大值为10%~25%。

表 5-1　　　　　　　　　　　印刷品的密度范围

色别	精细印刷品实地密度	一般印刷品的实地密度
黄 (Y)	0.85~1.10	0.80~1.05
品红 (M)	1.25~1.50	1.15~1.40
青 (C)	1.30~1.55	1.25~1.50
黑 (BK)	1.40~1.70	1.20~1.50

(5) 相对反差值（K值）。相对反差值，简称 K 值，是控制图像阶调的指标，计算方法为 $K = D_s - D_i/D_s$。D_s 为测定的实地密度值，D_i 为测出的网点积分密度值。

平版印刷品的 K 值应符合表 5-2 的规定。

表 5-2　　　　　　　　　　　相对反差值（K）范围

色别	精细印刷品	一般印刷品
黄 (Y)	0.25~0.35	0.20~0.30
品红 (M) 青 (C) 黑 (BK)	0.35~0.45	0.30~0.40

(6) 颜色。颜色应符合原稿，真实，自然。

同批产品不同印张的实地密度允许误差为：青（C）、品红（M）≤0.15；黑（BK）≤0.20；黄（Y）≤0.10。颜色应符合付印样。

(7) 外观。版面干净，无明显脏迹。色调应基本一致，精细产品的尺寸允许误差为 <0.5mm，一般产品的尺寸允许误差 <1.0mm。

文字完整，清楚，位置准确。

2. 平版印刷的质量控制。

(1) 常用的检查印刷质量的工具。10~15 倍的放大镜；30~50 倍的放大镜；反射密度计、透射密度计。

(2) 印刷质量控制的方法。从 20 世纪 60 年代开始，利用信号条、测试条和 CPC 装置等控制胶印质量。

①GATF 星标。GATF 星标是供视觉检查用的信号条。通常在网点没有变形、重影的情况下，星标的中心如图 5-11 所示。当印刷中供墨量过大，网点发生变形，星标的中心将有明显的变化，由此帮助人们及时发现印刷中的质量问题。

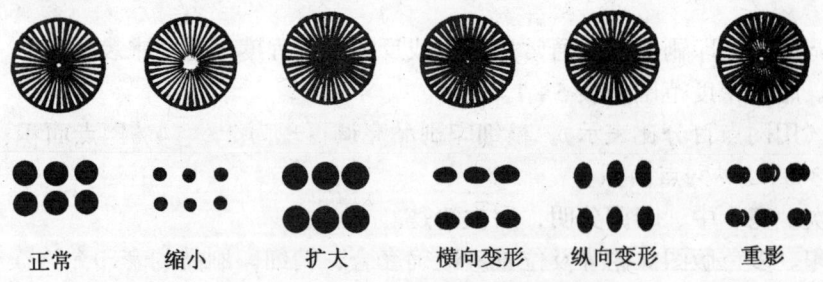

图 5-11　GATF 星标变化图

②布鲁纳尔测试条。布鲁纳尔测试条是配合密度计来检查油墨的实地密度、网点增大值、印刷反差等主要质量指标的测试条，由实地色块、50%粗网（10线/厘米）和50%细网（60线/厘米）的网点块组成，见图5-12。

利用超精细段的点形变化，可以用肉眼判断并检查重影和网点的变形等。

③FOGRA测控条。FOGRA测控条，不仅能检查暗调，中间调的网点增大，还能检查网点变形，油墨相互叠印的情况。

④CPC印刷质量控制系统。CPC系统由CPC_1、CPC_2、CPC_3、CPC_4组成。该系统如图5-13所示。

CPC_1是一个中心控制台，它安装在胶印机的收纸台附近，对多色胶印机进行遥控，主要控制每一色的各个墨区油墨的总量。

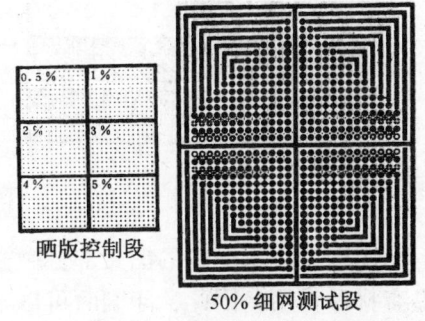

图5-12 布鲁纳尔信号条的细网区

CPC_2是一台印刷品质量控制台，能在数秒钟之内对每张印刷品的密度，网点增大值以及其它印刷质量的特性如：重影、油墨叠印等进行检测。

CPC_3是印版识读器，是一独立装置，不与印刷机相连，在上版之前，识读印版各项数据，使给墨量的预调工作进行的更快、更精确。

CPC_4是套准控制装置，通过红外脉冲对印版扫描，将测量数据送给CPC_1，启动各印刷滚筒的伺服电机，进行自动控制和校准，径向和周向校正的套印误差可达0.01mm。

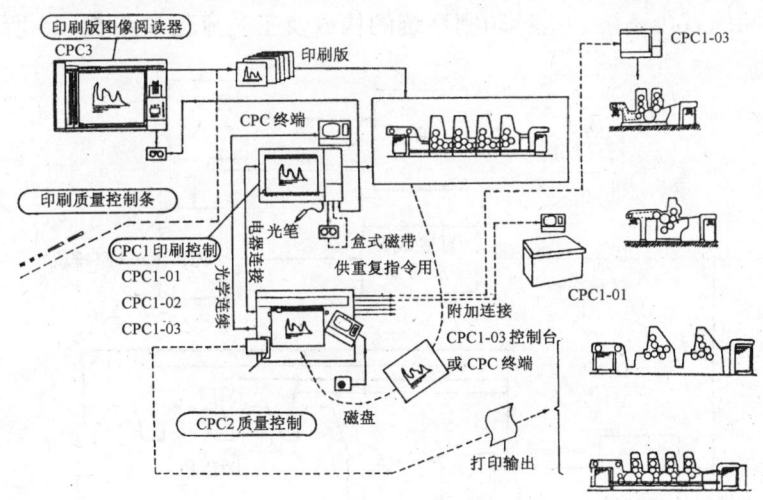

图5-13 CPC自动控制系统

八、平版印刷的新工艺

1. 无水平印。指无水胶印，采用不需要水润湿的平版进行印刷。

使用阳图底片晒版的阳图型无水平版，版材结构如图5-14所示。由铝板基、底层（也叫粘合层）、感光树脂层、硅橡胶层、覆盖膜等组成。曝光时，见光的硅橡胶层发生架桥反应，进行交联，未见光的硅橡胶层被显影液除掉，形成图5-14所示的印版。

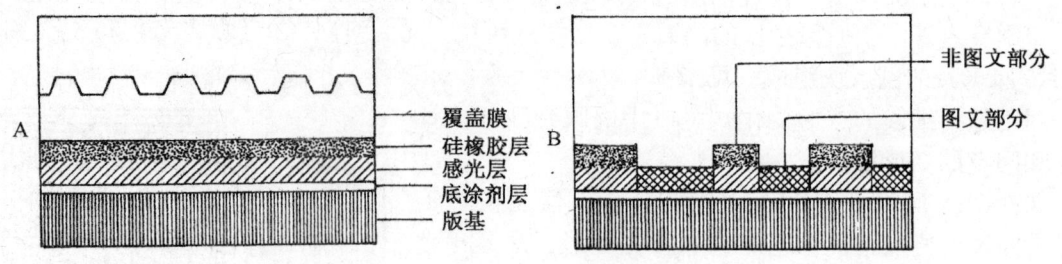

图 5-14 无水胶印的印版

阳图型无水平版的图文部分微微下凹,着墨后油墨不易扩散,空白部分的硅橡胶层对油墨有排斥作用,因此,印刷时可以不用润湿液,从而避免了由润湿液引起的许多故障。

无水胶印使用的油墨比有水胶印油墨的粘度高、粘着性低,主要成分是高粘度改性酚醛树脂及高沸点的非芳香族溶剂,遇热容易分解,故在印刷时,环境温度要保持在23℃~25℃。

无水胶印,网点增大值小,网点增大值能够控制在3%以内,可以采用200~500线英寸的细网线,印刷高解像力的印刷品。若与调频加网技术结合,更可印刷出无可比拟的高档精美印品。

无水胶印,去除了不易控制的水,没有油墨乳化现象,印品墨色均匀、饱和度高。

用无水胶印印刷时,一般消耗5张纸即可正式印刷,耗纸率低、生产效率高。

无水胶印,作为一种先进的印刷技术,有可能替代传统的有水胶印。

2. 直接制版印刷系统。 直接制版印刷系统,是20世纪90年代的印刷新技术,它实现了从计算机到印刷间的直接连接,这种印刷系统的构成及工艺流程如图5-15所示。

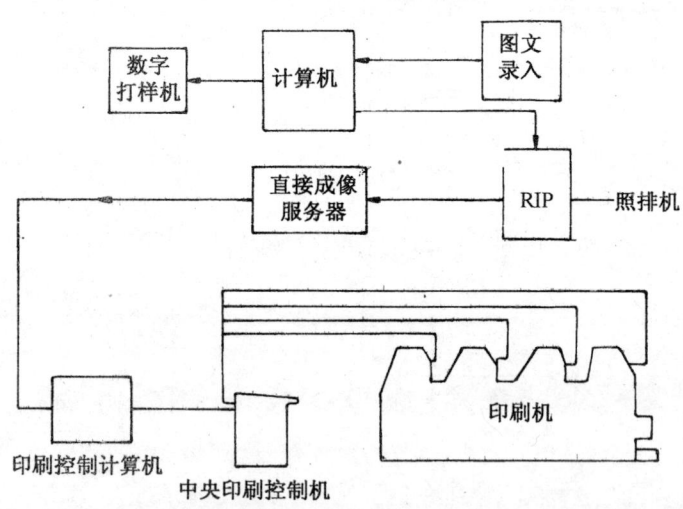

图 5-15 直接制版印刷系统

将计算机编辑好的图文信息,通过计算机控制的激光系统,刻制在预先固定在印刷机滚筒上的特殊无水平版上,刻制完成后,将刻制过程中残存于印版表面的残渣擦掉,即可开机印刷。

计算机直接成像制版印刷,缩短了印刷工艺流程,省掉了制备PS版所必须的相关设备、人员、材料。由于版材预先安装在印刷滚筒上,然后在计算机控制下成像,无需进行定位调整,保证了套印精度。使用无水平版印刷,具有无水平印的全部优点。用计算机编辑图文,可以使用调频加网技术，实现了高质量的印刷。总之，直接制版印刷技术，它代表了平版印刷发展的方向。

九、珂珞版印刷

珂珞版印刷是发明很早的一种平版印刷，和平版胶印不同，没有中间橡皮滚筒转印图文，而是印版和压印机构（压印滚筒）直接接触来进行油墨转移，为直接印刷方式。

珂珞版印刷的印版，使用的感光膜胶容易膨胀，所以印版的耐印力低，一般只能印500～3000张，最多在500张左右。由于它的耐印力极低，在出版物的印刷中难以应用，因而知道这种平版印刷工艺的人较少。但是，它却能忠实地再现原稿的层次，不用网屏能够复制出照片一类的连续调图像，复制效果远远超过平版胶印。

珂珞版的印刷成本较高，印刷时间较长，但其成品却能如实地反映出原稿的细节，达到尽善尽美的高度，这是任何一种印刷方法无可比拟的。然而这种完美的艺术效果，不单靠珂珞版本身所能获得，而是由一批具有高度技术水平的工作人员密切合作的结果。

珂珞版印刷主要来复制手迹、书画之类的精典原稿。

珂珞版印刷是利用重铬酸盐加入明胶体遇光后，即发生光化学反应而引起硬化这个原理来制版的。感光胶膜接受的光能愈多，硬化程度愈高，接受光能少或没有接受光能，胶膜就少硬化或不硬化。胶膜硬化程度不同，它的膨胀情况也不同。印刷时利用胶膜不同的膨胀程度而吸收不同的水分，达到对油墨不同程度的粘附与排斥，从而再现出画面的各种层次。

珂珞版的制版、印刷工艺过程如图5－16所示。

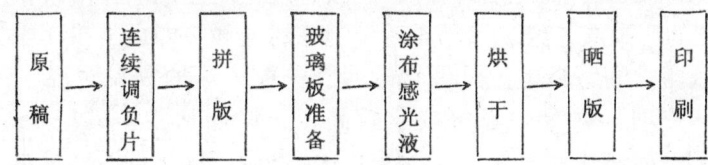

图5－16

1．连续调负片的制作。印刷一件好的珂珞版印刷品，必须要有一张在暗调和高光部分都有丰富层次的连续调负片。负片是将原稿经三棱镜倒影拍摄而成的干片。为了弥补照相过程中色调的损失，需对负片进行仔细的修正。要求负片最暗的部位更亮一些，而最透明的部位有所增强。

2．拼版。几张负片需要用同一印版印刷时，像其它的印刷方法一样，要进行拼版。

拼版时，按设计好的拼版图样把负片放在玻璃板或透明薄膜上，用胶带纸粘牢。如果图版和文字同时印刷时，拍摄的文字负片也用同样的方法，贴在玻璃板或薄膜的一定位置上，用胶带纸粘牢。

3．玻璃板的准备。珂珞版的版基是一块6～8mm厚的玻璃板，其板面要求平整、无气泡划痕，一面起细砂目，角和边应有适当的倒角。

把经过磨砂的玻璃板用苛性钠或苛性钾溶液清洗干净，除去油污。

4．涂布感光液。将清洗干净的玻璃板放在水平架子上，用螺丝固定，以使涂布的明胶感光液分布均匀，各处厚度一致。

先在玻璃板上浇涂明胶和硅酸钠溶液，以增加玻璃板对明胶感光液的亲合力，使涂布的感光液不易从玻璃板上脱落。再在玻璃板上浇涂感光液，要求涂布均匀不留道痕。

感光液由蒸馏水、明胶、铬矾和重铬酸钾按一定的比例配制而成。

5．烘干。将涂布好感光液的玻璃版，水平地放置在烘箱内，使胶层的厚度继续保持均匀一致。

烘箱的起始温度约为40℃，逐渐上升到60℃，使版面胶层在两小时之内干燥。

在烘版过程中，胶膜的表面先结成一层薄皮，随着温度的升高，薄皮下出现很多的小气泡，当达到最高温度时，这些气泡便冲破表面溢出，如图5-17。形成网状颗粒，从而布满了整个胶膜的表面。网状颗粒的粗细大致相当于每英寸1 250线的网屏，因而再现层次的性能特别好。这种网状颗粒的亲墨性很好，是印刷中比较好的感脂体。

6．晒版。将干燥后涂布有感光胶膜的玻璃版和负片原版密合在一起，放入真空晒版架内进行曝光。光的作用使明胶感光胶膜与连续调负片的反差成比例地进行固化，如图5-18。

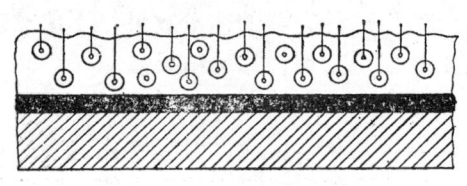 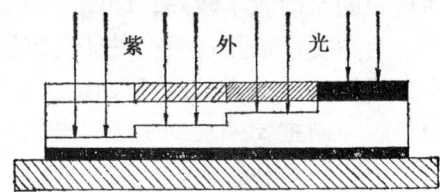

图5-17　网状颗粒的形成　　　　　　图5-18　感光胶膜固化情况

曝光后的图像胶膜，根据接受光能量的多少在不同程度上失去了膨胀的性能。

再把曝光后的玻璃版浸入洗涤显影槽内，使没有硬化的乳剂胶膜溶解，版上仅留下透明的具有不同硬化程度的明胶层，经自然干燥后，制成的珂罗版即可上机印刷。

7．印刷。珂罗版印刷的感脂单位是硬化的明胶颗粒，这种颗粒对温、湿度的变化特别敏感，因此珂罗版印刷对印刷环境条件要求较高，为保证感脂体的稳定性，温度必须在20℃左右，相对湿度应为65%～70%之间，为此，珂罗版印刷机的版台可以微微加热。

印刷前，先在印版上浇涂蒸馏水与甘油的混合液进行润湿。印版上的胶层。按照不同的硬化程度接受润湿液而膨胀形成凸像。和原稿相对照，图像的最暗部分，胶膜硬化程度最大，膨胀最少，形成的凸像最矮，印刷时墨层最厚。其它层次按照胶膜膨胀的大小而形成高低不同的凸像，其凸像的厚度可达0.3mm，如图5-19。润湿后的珂罗版，形成了具有丰富层次的连续色调，它的吸墨能力与连续调负片的密度适成反比，其印版的表面结构如图5-20所示。

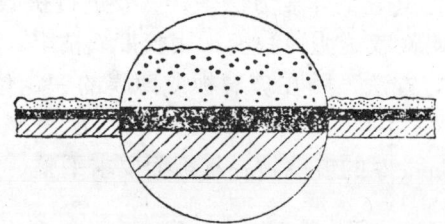 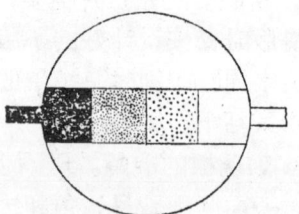

图5-19　印版经甘油润湿　　　　　图5-20　润湿后的印版
后胶膜膨胀的情况　　　　　　　　表面胶膜放大示意图

当胶膜充分地膨胀起来，并达到了所需要的润湿量时，可用海绵或吸水纸将过剩的甘油溶液吸去。

珂珞版印刷机都是圆压平结构的，每台印刷机都有四个为一套的胶辊，它们从墨台上得到油墨，再将油墨传递给印刷膜（如图5-21），涂满整个印版。再由压印滚筒后面的第二组四个墨辊，从第二个墨台上吸取油墨，使已经吸到油墨的图像凸膜更柔和一些，以得到最丰富的图像层次。

珂珞版印刷实质上是平版印刷方法和照相凹版印刷方法的结合，只是印刷膜呈凸像。因印刷膜没有金属的硬度，不宜于印急件和长版印件。

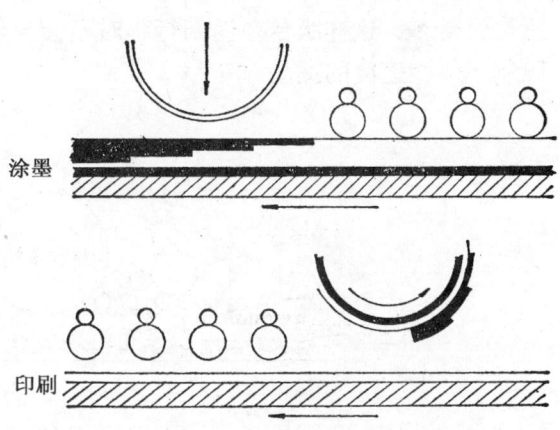

图 5-21 珂珞版印刷中的涂墨和印刷

第二节 凸版印刷

凸版印刷是最古老的一种印刷方法，在长期的发展过程中，形成了两大类印刷方式。一类是使用硬质凸版和高粘度的胶体油墨，称为铅活字版印刷；另一类是使用软质凸版和低粘度油墨，称为柔性版印刷。

20世纪50年代，几乎所有的印刷品都是用铅活字版印刷的，当时的活字印刷即是印刷的同义词。随着时光的飞逝，活字版印刷因对环境的严重污染和对人身健康的影响，逐渐被其它印刷所取代。如今，铅活字版印刷已基本被淘汰。

一、凸版印刷机

1. 平压平型凸版印刷机。平压平型凸版印刷机，是凸版印刷中特有的印刷机械。主要结构如图5-22所示。目前印刷厂使用的圆盘机、方箱机等属于这种机型。这种类型的印刷机，在印刷过程中，产生的压力大并且均匀，适用于印刷商标、书刊封面、精细的彩色画片等印刷品。

2. 圆压平型凸版印刷机。圆压平型凸版印刷机，印刷时，圆型的压印滚筒和平面的印版相接触，印刷速度比平压平的印刷机快，有利于进行大幅面印刷。

按照压印滚筒的运动形式，圆压平凸版印刷机又分为一回转和二回转两种。

（1）一回转凸版印刷机。一回转凸版印刷机的结构如图5-23所示。压印滚筒每旋转一周，版台则往返运动一次，完成一个工作行程，这种机器当印刷用纸尺寸相同时，其压印滚筒的直径比其它类型的印

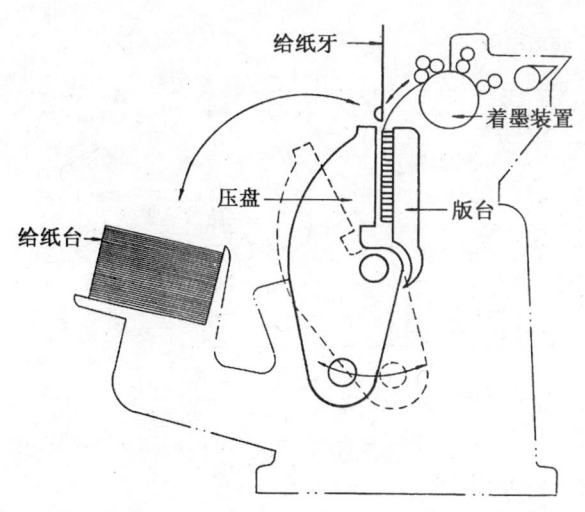

图 5-22 平压平凸版印刷机示意图

刷机大得多，这样版台在返回行程时不会与印版接触。因此，不仅增加了机器的重量，而且限制了印刷速度的提高。

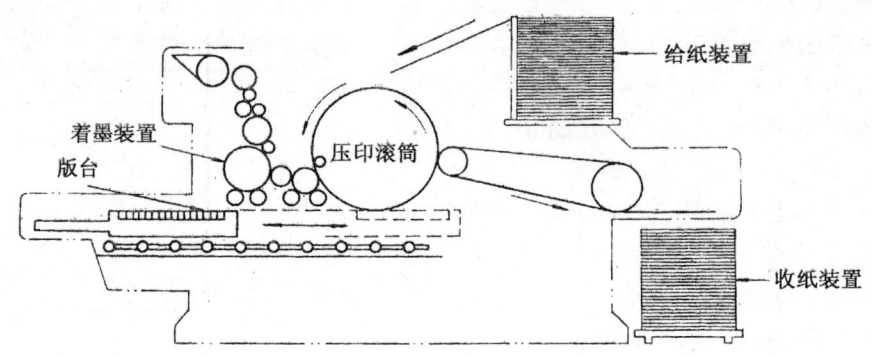

图 5-23 一回转印刷机结构示意图

一回转印刷机，适用于印刷对开幅面的美术图片、书刊插图以及商标装潢等印刷品。

（2）二回转凸版印刷机。二回转凸版印刷机的结构如图 5-24 所示。压印滚筒连续以同方向旋转两周，版台往返运动一次，完成一个工作行程。

二回转凸版印刷机运转比较平稳，套印也较准确，适合印刷质量较高的书刊正文。

3. 圆压圆型凸版印刷机。 有单张纸和卷筒纸之分。印刷速度较高，主要印刷数量很大的报纸、书刊内文、杂志等。

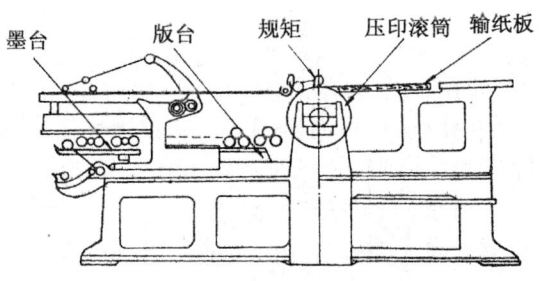

图 5-24 二回转凸版印刷机结构示意图

卷筒纸凸版印刷机的结构如图 5-25 所示。它的输纸机构比较简单，但收纸机构复杂，要把印刷好的纸带，按照要求的尺寸进行裁切、并折叠成帖、记数、堆积再输出。一般正、反两面同时印刷。

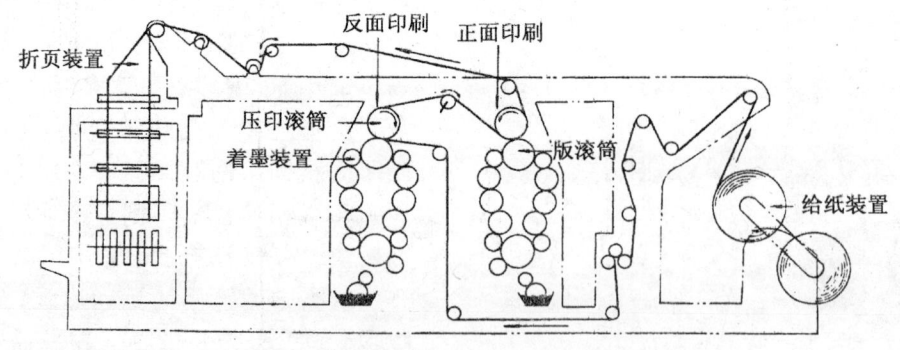

图 5-25 卷筒纸凸版双面轮转印刷机结构示意图

二、铅版和感光树脂版的印刷工艺

凸版印刷品的种类很多，有各种开本，各种装订方法的书刊、杂志，也有报纸、画册，还有装潢印刷品等。印刷前对印刷品的种类，印刷要求应了解清楚。使用铅版和感光树脂版印刷书刊的工艺流程如图5-26所示。

1. 装版前的准备。 印刷每一件产品都需按施工单的要求进行。施工单又叫生产通知单。内容包括：书名、开本、印数、页码、印刷和装订方法，纸张规格、质量要求、完成日期等。了解清楚施工单的要求以后，才可以进行准备工作。首先对印版、纸张、油墨进行检查，核对是否符合要求，然后检查机器是否调整完毕，更换印刷包衬，还要把装版用具如：版框、版托（底板）木条、木塞等准备好，量好各部位的尺寸，即可装版。

2. 装版。 将印版按一定规格，顺序安装到印刷机上，并通过垫版等操作，使印刷质量和规格尺寸符合产品要求的工艺过程叫装版或上版。铅版的装版工艺最复杂，工艺流程如图5-27所示。

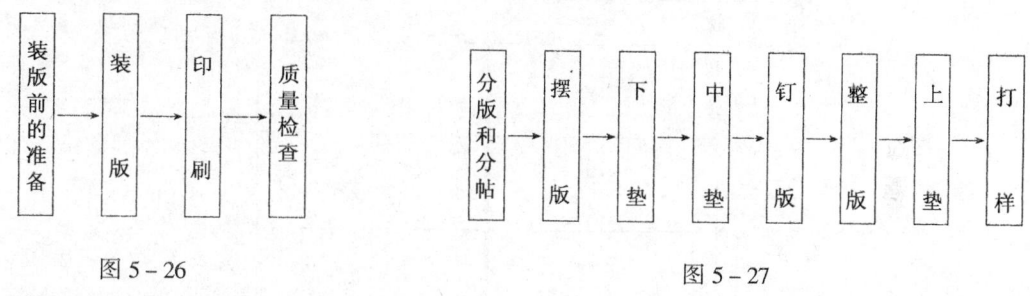

图5-26　　　　　　　　图5-27

（1）分版和分帖。分版和分帖是指合理的安排印版页码次序。一般书刊常用的印刷方法有翻版印刷和套版印刷。

凡是用一副印版印完正面后，不另换印版进行反面印刷，称为翻版印刷。装一次印版可以在纸张的两面印出产品，从中间裁开得到两张印迹相同的印张（参看图5-28A）。采用翻版印刷时，只要根据书刊页码顺序，把印版分成合适的书帖即可。

凡是先用整副印版的一半印在纸张的下面，然后再用另一半印版印在纸张的反面，称为套版印刷（参看图5-28B）。采用套版印刷时，必须先把印版按页码分成若干帖整版，然后再把一副整版分成块数相同的正面和反面两组印版。

此外，也可以按照装订方法来分版。如：采用骑马订的书，要把全书的前后页码连在一起，而中间一部分页码的版分出来，印成单独的书页，装订时再把书页套在一起。

（2）摆版。根据装订、折页的要求，按照页码的顺序，把印版摆放在正确的位置上。

（3）垫版。调整印版表面压力的过程叫做垫版。垫版的方法有下垫、中垫、上垫三种。

当1/3以上版面的压力太轻或太重时，在底板下贴纸片或把底板下的纸片撕掉，叫做下垫。

当1/3以下，1平方厘米以上的版面压力不平衡时，在铅版下面垫纸或把铅版背面刮薄，叫做中垫。

上垫在下垫和中垫之后进行。先将印刷机的墨色调整到基本符合印刷时的墨色，打出上垫样。再在上垫样上逐字、逐行地检查压力的轻重，然后用薄纸条，有序地在压印滚筒上粘贴，直至墨色均匀，压力合乎要求。

（4）固定印版。凸版印刷机种类较多，印版的形式以及厚度都不相同，所以固定印版的方法也不一样。例如：平面的铅版在圆压平凸版印刷机上，用小铁钉把版订在底板上。LP1101单张纸轮转机，是用螺丝把印版紧固在印版滚筒上，而感光树脂版，一般是用双面

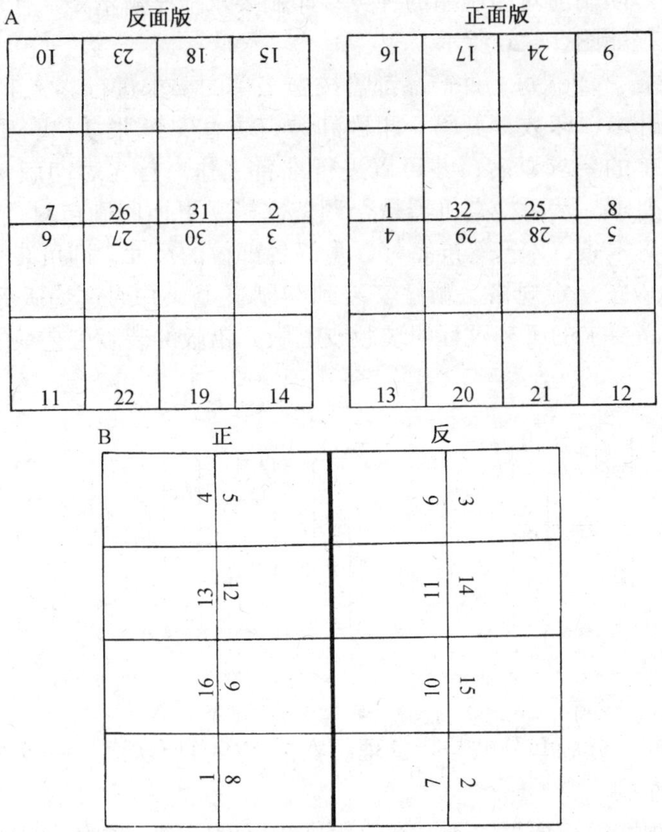

图5-28　16开翻版、套版的摆法

胶纸直接粘在印版滚筒上或粘在滚筒外面的膜片基上（薄膜可以取下来在机下上版，减少了上版时的停机时间）。

(5) 整版。按照施工单的要求，把印版固定在正确位置上的操作叫做整版。通过整版，达到尺寸正确，字、行、页码等套印准确。整版有划样、扎孔样、套红样三种方法。平面铅版的整版工作是在下垫、中垫之后把印版基本固定以后进行的，用冲板敲正或移动印版位置。弧形铅版可松开固定印版的螺丝，移动印版。感光树脂版是用双面胶纸粘上的，可将印版轻轻揭起，再重新粘贴。

在装版时，还要安装印刷标记。印刷标记有两种，一种是侧规标记，安装在侧规纸边处，检查套印是否准确，有否倒头、白页。另一种是装订折标（也叫帖），安装在每帖最外层订口处，目的是在书刊装订时，检查书帖是否有多帖、少帖、错帖等。

3. 印刷。装版结束后，要作好开印前的准备工作，才能印刷。

准备工作包括：堆好待印的纸张，核对版样、开印样，检查文字质量，防止坏字、断笔缺划等问题。检查规格尺寸是否符合规定的要求。检查印版的紧固情况，防止印刷中印版的松动。

在开机印刷过程中，要随时抽样检查印刷品的质量，如：有无上脏、走版、糊版、掉版等现象，发现问题，及时处理。在印刷中，还要时时注意机器运转的情况，发现异常声音，应停机检修。

感光树脂版具有一定的弹性,传墨性好,印刷压力和墨辊压力应小于铅版,否则容易使印刷图文变形,合适的压力以印迹实而不虚为好。使用的油墨浓度应比铅版油墨浓度高,但墨量可比铅版少。清除版面墨污时,用布蘸上煤油或汽油擦拭即可,不宜使用硬毛刷。

4. 书刊印刷的质量要求。

(1) 规格。书页规格尺寸应符合国家标准《图书杂志开本尺寸及其幅面尺寸》要求。

(2) 压力、墨色。文字印刷压力、墨色,要求印刷幅面和各版幅面压力、墨色均匀,以常用五号宋体"的"字为准,密度 0.25~0.35,文字印刷清楚完整。

(3) 外观。印刷书页整洁,糊版、钉影、脏痕在图内不影响主体,在字上不影响字义。关于外观,包括许多内容和现象,由于这些疵点的部位、大小、深浅程度不同,给出确切数据比较困难,因此只提出定性要求,酌情掌握处理。

(4) 套印。印刷幅面和各版版面正、反套印准确。

正反面的套印允许误差,一般印刷品≤2.5mm,精细印刷品≤1.5mm。

三、高弹性、高分辨率柔性版印刷工艺

柔性版印刷起源于 20 世纪,由于版材质地差和使用有毒的苯胺染料制造的油墨,发展缓慢,到了 50 年代也只能印刷粗糙的纸板。但在 40 年后,高弹性、高分辨率的柔性版材研制成功,水性油墨取代了有毒的苯胺油墨,这不仅使柔性版印刷的图像质量有了很大的提高,而且工业生产更加符合生态要求,柔性版印刷得到了迅猛的发展,在包装印刷中,成为获取高额利润的有效方法。难怪有人说柔性版印刷从"弃物变成了财富"。

现代柔性版印刷机油墨转移的原理非常简单。低粘度、高流动性的油墨从墨槽传递到网纹辊上,网纹辊表面刻有许多细小的凹槽,以吸附油墨,多余的油墨则用刮墨刀刮除,留在网纹辊凹槽中的油墨,转移到柔性版的图像区域,在轻压力的作用下,印版上的油墨便转移到承印材料上了。

柔性版印刷机的自动化程度很高,配置有张力调整、自动套准、质量监控等多种系统。分为窄幅和宽幅两种机型,窄幅印刷机主要印刷商标、标签之类的产品,而宽幅印刷机则印刷包装装潢和报纸之类的印刷品。由于柔性版印刷正在演变成一种绿色(无污染)印刷,又适用于多种多样的承印材料,如纸张、非孔状薄膜材料以及层压材料等,在今后的印刷工业生产中,它将会和平版印刷、凹版印刷处于三足鼎立的局面。

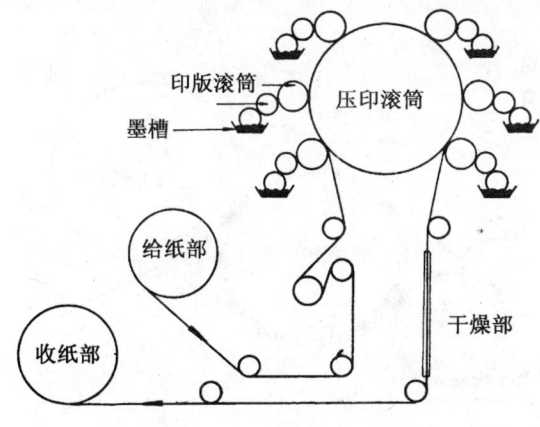

图 5-29 卫星式柔性版印刷机示意图

1. 柔性版印刷机。 柔性版印刷机,是使用卷筒纸印刷的轮转机。印刷部分一般由 2 至 8 个机组组成,每个机组为一个印刷单元。按照机组的排列方式,分为卫星式、层叠式和并列式。

卫星式柔性版印刷机,如图 5-29 所示,几个印刷单元排列在压印滚筒的周围。这种印刷机,套印准确,印刷精度高,但只能进行单面印刷。

层叠式柔性版印刷机,是在主机的两侧,将单色机组相互重叠起来,进行印刷,如图 5-30 所示。每一单色机组均有独立的压印滚筒,各机组都由主机齿轮链条传动。这种印

机,可以进行正、反面印刷,机组间的距离能够调整,检修某一单色机组时,不需要停机,部件的调换和洗涤也很方便。但套印精度差,不适宜印刷伸缩性较大或较薄的承印材料。

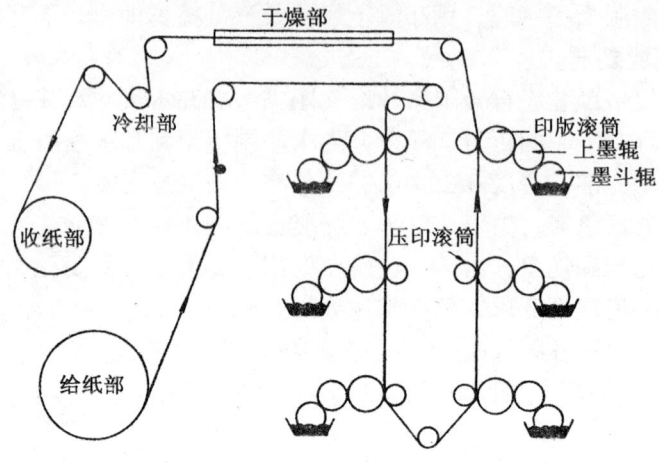

图 5-30 层叠式柔性版印刷机示意图

并列式柔性版印刷机,各单色机组独立分开,机组间按水平的直线排列,由一根公用轴驱动,如图 5-31 所示。这种印刷机,印刷质量好,操作方便,但占地面积较大。

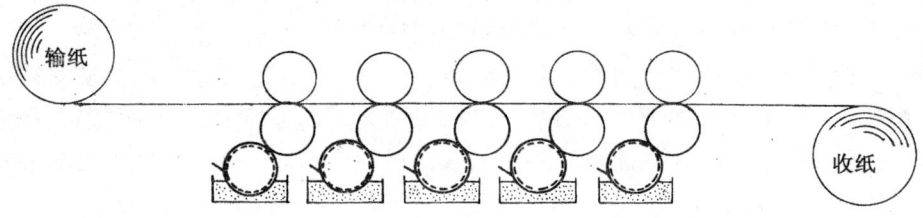

图 5-31 并列式柔性版印刷机示意图

无论哪一种柔性版印刷机,都主要由开卷部分、印刷部分、干燥部分、复卷部分等组成。

(1) 开卷部分。柔性版印刷机的开卷部分,是在装纸轴内设有一卡纸机构或在轴内设置一气胀,通过光电管探测头控制输纸。必须使纸张呈直线状进入印刷部分,而且要求当印刷机转速变动或停机时,卷筒纸的张力能消除纸张上的摺皱并防止纸张上垂。

(2) 印刷部分。柔性版印刷机,每一印刷机组,都由印版滚筒、压印滚筒、供墨系统组成。

供墨系统是柔性版印刷机组的核心,它与普通的铅版、平版印刷机不同,由金属网纹辊与金属(或硬度较高耐磨性好的高聚合物材料)刮墨刀组成的"短墨路"输墨系统(参看图5-32)。新型的柔性版的供墨系统。大多采用由反向角刮墨刀及激光雕刻陶瓷网纹辊组成的

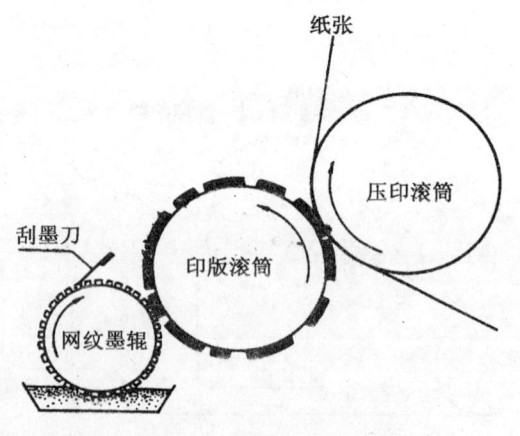

图 5-32 柔性版印刷机的输墨系统

标准装置。

柔性版印刷机每个独立的印刷机组除印刷外，还具有横向、纵向的套准校正，自动控制网纹辊位置的离合、自动控制印版滚筒的离合并自动保持其套准位置等多种功能。当停机时，辅助电机还可保持网纹辊匀速转动，防止油墨干涸。

（3）干燥部分。柔性版印刷机上附设有干燥设备，有机组间干燥和后部总干燥两种方式，按照印刷产品及使用的油墨，可分别选用红外线、紫外线干燥单元，亦可选用紫外线和红外线混合型干燥单元，还可以采用冷或热风吹送系统对印张进行干燥。以防止发生"混色"和墨迹粘脏的故障。

（4）复卷部分。柔性版印刷机的收纸部分即复卷部分，是在普通的轴承上装有一根轴，通过铁心夹盘固定住卷纸辊，复卷印刷后的印张。

目前，许多柔性版印刷机配备了切割分卷或模切加工的设备，使柔性版印刷机的生产效率更高。

2. 柔性版印刷工艺。 柔性版印刷，融汇了铅印、平印、凹印三种印刷工艺的特点，如，使用高弹性的凸版，采用带孔穴的金属网纹辊定量供墨，印刷的油墨是流动性好、粘度较低的快干性溶剂或水性油墨，印刷质量可以与平印相比。适合印刷各种纸张、塑料薄膜、金属薄膜、不干胶等多种印刷材料。

柔性版印刷机，由于采用了短墨路的金属网纹辊供墨系统，墨量容易控制，并且自动化程度较高。因此，印刷的操作技术比凸印、平印简单。但要获得高质量的印刷品还应注意下面的几个问题。

（1）网纹辊的选择。金属网纹辊，直接关系到供墨效果和印刷质量。网纹辊网穴的结构形状有尖锥形、格子型、斜线型、蜂窝状形（参看图5-33）等，现在用的较多的是蜂窝状网穴。按照网纹辊表面镀层或涂层材料，有镀铬辊和陶瓷辊两种。

镀铬金属网纹辊，造价较低，网纹密度（即网纹线数）可达200线/英寸以上。耐印力一般在1000~3000万次。

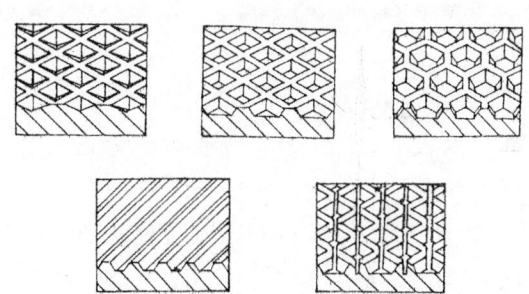

图5-33 网纹辊着墨孔的几何形状

陶瓷金属网纹辊，在金属表面有陶瓷（金属氧化物）涂层，它的耐磨性高出镀铬辊20~30倍，耐印力可达4亿次左右，网穴密度可高达600线/英寸以上，适合印刷精细彩色印刷品。

在印刷彩色网线印刷品时，为了得到适当的墨量，网线辊的网线密度必须和柔性版的网点线数相匹配。实践表明，网纹辊的网穴密度是柔性版网点线数的3~4倍为好。如，使用150线/英寸（60线/厘米）的柔性版，应选用600线/英寸的网纹辊，如果用360线/英寸的网纹辊，则因供墨量过大，从而发生"糊版"的故障。

（2）油墨的选择。柔性版印刷使用的油墨，是类似于凹版印刷的低粘度油墨。要根据产品的质量要求来选择不同连结料和溶剂的油墨进行印刷。例如，为了得到具有良好耐热性能和韧性印迹的印刷品，可以选用由丙烯酸类树脂为连结料的油墨；希望印刷品有良好的光泽，可选用以聚胺酯体系树脂为连结料的油墨。又如，在聚乙烯类非吸收性薄膜上印刷，可选择快干性、附着性好的乙醇溶剂油墨；若在瓦楞纸，书、报类纸张上印刷，可选用易清洗、无环境污染的水性油墨。

（3）刮墨刀的调整。刮墨刀起到刮除网纹辊表面多余油墨的作用。为了保证供墨效果和提高网纹辊的使用寿命，要调整好刮墨刀与网纹辊形成的角度，一般在30°~40°之间。

（4）印刷色序的确定。不同的印刷色序会产生不同的印刷效果。在决定印刷色序时必须考虑许多相关因素，归纳起来有以下几点：印刷机的种类；印刷品上颜色的重要性；套印精度的要求（即哪一块印版的套准性要求最高）；纸张的性质；油墨的性质；油墨叠印的方式（即是湿式印刷的油墨叠印还是干式印刷的油墨叠印）；颜色的深浅；印版上图文面积的大小以及作业方面的问题等。例如，用4色胶印机印刷，油墨的叠印是以湿压湿的方式进行的，由于先印的油墨完全处于湿的状态，所以从油墨的粘度和粘着性考虑，最好是使后印油墨的粘度、粘着性依次递减，才不会出现"反粘"现象。另外，从油墨的透明度考虑，后印油墨的透明度应该逐渐递增为好。

柔性版印刷机为多色印刷机，每一色组印刷后，即刻对油墨进行干燥，后一色油墨是叠印在快要干燥的前一色墨层上的，油墨的叠印是以湿压干的方式进行的，为干式印刷（4色胶印机的油墨叠印是以湿压湿的方式进行的，为湿式印刷）。柔性版印刷机，最少6色，一般10色，最高达12色，可进行紫外和红外上光。印刷的产品主要以包装装潢印刷品为主，种类繁多，印张上有文字、有图像，有网浅，有实地，有的还需要印金、印银和上光。因此，柔性版的色序非常灵活，在决定印刷色序时不能孤立地考虑某一因素，要对印刷品的具体要求进行分析，以求得最佳的印刷色序。例如可以先印网线版，接下来印实地，再印金，最后上光。有些印刷品的墨色较深，受网纹辊传墨量的限制，达不到墨层厚度要求时，可用另一印刷单元再将此色重印一次。

四、常见的印刷故障

1. 墨杠。在印刷品的实地区、平网区或过渡网区出现横向条杠。一般会有规则的固定在某一个地方，或与1/8齿轮间隔相似。

产生故障的原因有：印刷版辊震动、压力调整不当、传动齿轮间隙过大造成震动、机器老化磨损严重等。

2. 脏版、糊版、印迹边缘有毛刺。印刷品的图案起脏、发糊、印迹边缘有毛刺。

产生的原因：油墨的传递性差和干燥过快，使油墨有一部分干涸在印版上；网纹辊与印版间的压力过大，致使印版上的图文变形往外扩展，当网纹辊和印版分离以后，印版上向外扩展的图像虽恢复原状，但留下的油墨却被转印到原图像的边缘。

3. 线条文字变粗、网点增大。产生的原因：印版滚筒和承印物间压力过大，印版严重磨损。

4. 网点中心有针孔。在印刷品的网点上，中心有白色空心点，网点中心不实。

产生的原因：印版滚筒和承印物间的压力过小，制版时溶剂未彻底挥发，干燥时间短，印版放置时间不够，油墨的粘度小等。

5. 印品卷曲。印刷薄纸时（一般90g/m² 以下），印刷品沿纸张丝缕的方向卷曲，严重时呈筒状。

产生的原因：使用水性油墨印刷时，纸张的一面吸收水分后，使纸张正、反面含水量不平衡所致。

6. 印品墨层有水纹。在印刷品的实地部位，墨层上有水纹，一般是在沿走纸的方向上发生。

产生的原因：网纹辊供墨量太大，墨层太薄；油墨的粘度小。

五、柔性版印刷品的质量要求

1. 外观。印刷成品整洁无明显脏污、残缺。

（1）文字印刷清晰完整，无缺笔断划，小于 5 号字不误字意。

（2）不允许存在明显的条杠，无糊版。

（3）图面色泽鲜艳；版面均匀、整洁；网点清晰完整，与原稿无明显差别。

2. 阶调层次。标准彩色层次版印刷的实地密度值如表 5-3 所示。

表 5-3

色 别	实地密度	纸张印刷品	塑料印刷品	销售包装纸箱印刷品
精细印刷品	黄	1.00~1.20	1.00~1.20	1.00~1.20
	红	1.20~1.50	1.20~1.50	1.20~1.50
	蓝	1.30~1.60	1.30~1.60	1.30~1.60
	黑	1.40~1.80	1.40~1.80	1.40~1.80
	叠加色	1.50	1.50	1.50
一般印刷品	黄	0.80~1.10	0.80~1.10	0.80~1.10
	红	1.10~1.40	1.10~1.40	1.10~1.40
	蓝	1.20~1.50	1.20~1.50	1.20~1.50
	黑	1.20~1.60	1.20~1.60	1.20~1.60
	叠加色	1.30	1.30	1.30

3. 印刷墨层结合牢度。塑料印刷品的印刷墨层结合牢度是指印刷墨层在塑料基材上的结合牢度；纸张、纸盒印刷品的印刷墨层结合牢度是指印刷墨层在纸张、纸盒基材上的耐磨性。

（1）塑料印刷品的印刷墨层结合牢度：印刷墨层在塑料基材上的结合牢度应大于 95%。

（2）纸张、纸盒印刷品印刷墨层的耐磨性：印刷墨层在纸张、纸盒基材上的耐磨性应大于 70%。

4. 套印精度。图像轮廓清楚，套印允差见表 5-4 所示。

表 5-4 (mm)

产品分类	纸张印刷品	塑料印刷品	销售包装纸箱印刷品
精细印刷品	主体部位<0.2 次要部位<0.3	主体部位<0.2 次要部位<0.3	主体部位<0.8 次要部位<1.5
一般印刷品	主体部位<0.3 次要部位<0.5	主体部位<0.3 次要部位<0.5	主体部位<1.2 次要部位<2

5. 同批同色色差。纸张、塑料、纸箱印刷品同批同色色差应符合表 5-5 所示。

表 5－5

指标名称	单位	符号	指标值			
			精细产品		一般产品	
同色密度偏差		D	≤0.05		≤0.06	
同批同色色差	CIEL*a*b*	ΔE	L* > 50.00 ≤5.00	L* ≤ 50.00 ≤4.00	L* > 50.00 ≤6.00	L* ≤ 50.00 ≤5.00

6. 印迹扩大范围。网点清晰，角度正确，不出重影，70%网点的增大值如表 5－6 所示。

表 5－6

产品级别 \ 产品分类	纸张印刷品	塑料印刷品	销售包装纸张印刷品
精细印刷品	14%以下	17.5%以下	17.5%以下
一般印刷品	17.5%以下	21%以下	21%以下

第三节　凹版印刷

20世纪70年代以前，凹版印刷中使用的凹版有手工和机械雕刻凹版、照相凹版（也叫影写版）两种。手工和机械雕刻的凹版，线条细腻，版纹精巧，具有很高的防伪价值，至今仍用来印刷钞券、票据等有价证券之类的印刷品。照相凹版，是用连续调阳图底片和凹印网屏，经过晒网线、碳素纸转移、腐蚀等工序制成的。制版工艺复杂、制版周期长、质量不易控制，主要印刷批量很大的出版物。80年代中期，出现了用电子雕刻机加工而成的电子雕刻凹版。90年代以后，从数字化印前系统直接向雕刻机输入数据流，自动完成凹版滚筒的雕刻，即CTP系统率先应用于凹版制版中，大大提高了凹版的制版速度和印版质量。

凹版滚筒的雕刻，是用来回振颤的钻石刻刀，在旋转的印版滚筒上，刻出着墨孔，组成图像。滚筒的筒体为钢制，表面是刻有着墨孔的薄铜层，滚筒雕刻完成，再镀上一层铬，滚筒的耐印力极高，可以印刷数百万印次。

凹版印刷的油墨转移简单而直接。凹版滚筒旋转时有一部分浸渍在墨槽中，浸渍部分的所有表面都沾附有油墨，非图像部分的油墨，利用紧压在滚筒表面的钢制刮刀来刮除，在刮除非图像部分油墨的同时，保留了着墨孔凹槽中的油墨，随后在压印滚筒相当大的压力下，油墨便转印到承印物上。每一次印刷转移的油墨都必须迅速干燥，因而，使用醇基和水基以及紫外线固化油墨最为理想。

凹版印刷的图像质量很好，这是人们所公认的。目前，凹版印刷对于印刷上百万张的印刷产品，仍然是首选的印刷方法，如发行量巨大的刊物、有巨大市场消耗量的包装用品以及特殊的装潢材料。

一、凹版印刷机

凹版印刷机按照印刷幅面，分为单张纸凹印机和卷筒纸凹印机。现在使用最多的是卷筒纸凹版印刷机（参看图 5－34）。

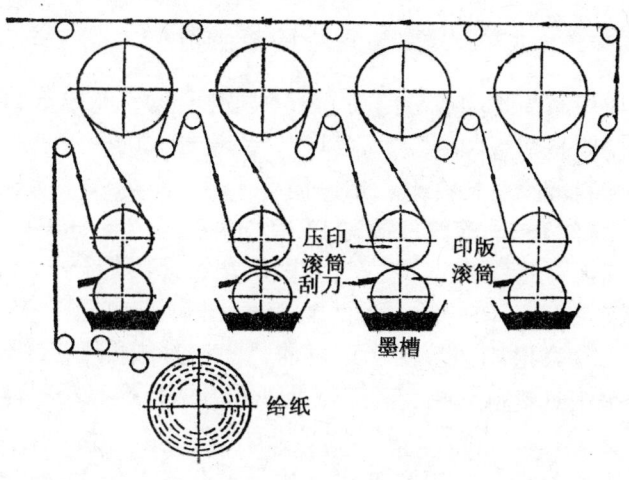

图 5-34　多色卷筒纸凹版印刷机示意图

根据印刷品的用途，凹版印刷机常常配备一些辅助设备，提高印刷及印后加工的能力。例如，作为书刊用的凹印机，在收纸部分附设有折页装置；作为纸容器用的凹印机，附设有进行冲轧纸盒的印后加工设备。无论哪一种凹版印刷机，都由输纸部分、着墨部分、印刷部分、干燥部分、收纸部分组成。其中着墨机构、印刷机构、干燥系统具有特色。

1. 着墨机构。凹版印刷机的着墨机构由输墨装置和刮墨装置两部分组成。输墨的方式有直接和间接两种。

直接着墨方式是把印刷滚筒的 1/3 或 1/4 部分，浸入墨槽中，涂满油墨的滚筒转到刮墨刀处，空白部分的油墨被刮掉，如图 5-35（A）。

间接着墨的方式是由一个传递油墨的胶辊，将油墨涂布在印版滚筒表面，胶辊直接浸渍在墨槽里，如图 5-35（B）。

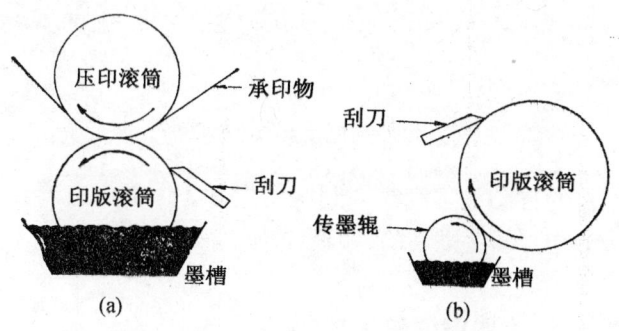

图 5-35　凹版印刷机的输墨装置

刮刀装置由刀架、刮墨刀片和压板组成。刮墨刀片的厚度、刀刃角度以及刮墨刀与印版滚筒之间的角度可以调整。

2. 印刷机构。由印版滚筒和压印滚筒组成。凹印是直接印刷，需要较大的压力，才能把印版网穴中的油墨转移到承印物上，因此，压印滚筒表面包有橡皮布，用以调节压力。

3. 干燥系统。用于凹版印刷机的干燥系统，可以采用红外线干燥、蒸气干燥以及空气干燥等。油墨干燥的速度应与印刷速度相匹配。

二、塑料薄膜的表面处理

塑料薄膜是以合成树脂为基本成分的高分子有机化合物，制成平面状并卷成卷的柔软包装材料的总称。塑料薄膜是凹版印刷除纸张以外，用量最大的一类承印物。

凹版印刷常用的塑料薄膜材料有聚乙烯（简称PE）、聚丙烯（简称PP）、聚氯乙烯（简称PVC）、聚苯乙烯（简称PS）、聚酯（简称PET）、聚酰胺（简称PA），通常称为尼龙、醋酸酯（简称CA）、玻璃纸（简称PT）等。绝大多数塑料薄膜的分子结构为非极性的，化学性能稳定，其临界表面张力γ_c值较低，为低能表面，因此与油墨、粘合剂的亲和性差，常常出现印刷墨层脱落、复合层剥离等问题。目前，除选择或配置与塑料薄膜附着性好的油墨、粘合剂外，主要采用对塑料薄膜表面进行处理的方法，提高塑料薄膜与油墨、粘合剂的附着性。

对塑料薄膜进行表面处理，常用的方法有化学氧化法、溶剂法、火焰法和电晕放电法等。化学氧化法是用氧化剂处理薄膜表面，使表面生成极性基团，提高塑料薄膜表面的极性。常用的氧化剂有无水铬酸–四氯乙烷、铬酸–醋酸、重铬酸钾–硫酸、氯酸盐等。溶剂处理法是用表面活性剂或溶剂将薄膜表面渗出的各种添加剂如防冻剂、增塑剂、润滑剂、防静电剂等清洗干净，提高油墨对塑料薄膜表面的附着性。火焰处理法是利用火焰的高温作用，去除薄膜表面附着的气体、油污，改善其润湿性。电晕放电法，又叫电子冲击、电火花处理法。从目前的生产实践来看，电晕放电对于塑料薄膜（尤其是聚烯类塑料薄膜）的印前预处理是一种实用而又简便的方法。

电晕放电处理设备主要由电源和电极两部分组成。电源一般使用晶体管中频高压发生器，电极可以采用不同的形式，如刀口形、条形和针形等。为了保障人身安全，还附设有防护装置。电晕处理时，塑料薄膜在高电压场的作用下，分子电荷产生位移，形成感应电荷，产生的正、负离子使其显电性，即发生极化效应。由于离子是有质量的，运动时碰到塑料以后，薄膜表面便产生凹凸不平密集的微纹，使表面粗化。极化效应和粗化的表面，有效地提高了油墨的附着力。与此同时，空气中的氧迅速生成臭氧，臭氧是一种强氧化剂，能促进油墨氧化聚合的干燥速度。

三、照相凹版印刷工艺

凹版印刷由于印刷机的自动化程度高，制版质量好，因而工艺操作比平版印刷简单，容易掌握。使用照相凹版和电子雕刻凹版的印刷工艺流程如图5-36所示。

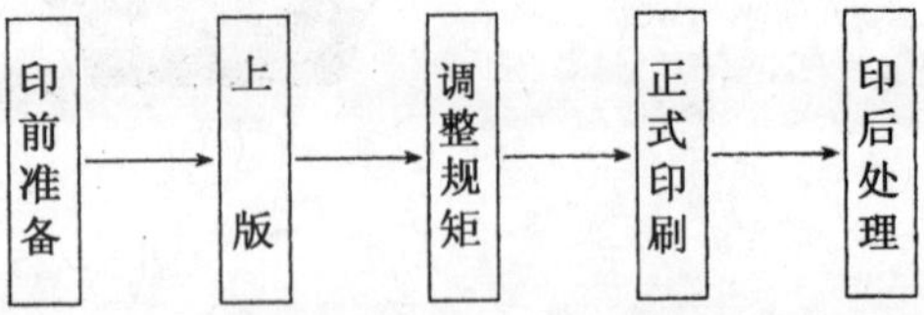

1. 印前准备。 照相凹版印刷的准备工作包括：根据印刷工艺作业单的要求，准备承印物、油墨、刮墨刀等，还要对印刷机进行润滑。

印前准备 → 上版 → 调整规矩 → 正式印刷 → 印后处理

图5-36

凹版印刷，采用溶剂挥发性的油墨，粘度低，流动性好，附着力强。常用的溶剂有甲苯、二甲苯、汽油、酒精等，印刷前在油墨中加入适量的溶剂稀释，最好过滤后再使用。

凹版印刷机最主要的特点是使用刮墨刀，刮除印版空白部分的油墨。刮墨刀是宽60~80mm，长1000~1500mm（依照印版滚筒尺寸而定）特制的钢片。刮墨刀刃必须呈直线形，若出现"小月牙"式的伤痕，便会在印张上出现很宽的斜条，即发生空杠子现象。

印版是印刷的基础，直接关系到印刷质量，上版前需对印版进行复核。检查网点是否整齐、完整，镀铬后的印版是否有脱铬的现象，文字印版，要求线条完整无缺，不能断笔少道。印版经详细检查后，才可安装在印刷机上。

2. 上版。 上版操作中，要特别注意保护好版面不被碰伤，要把叼口处的规矩及推拉规矩对准，还要把印版滚筒紧固在印刷机上，防止正式印刷时印版滚筒的松动。

3. 调整规矩。 印刷前的准备工作完成之后，再仔细校准印版，检查给纸、输纸、收纸、推拉规矩的情况，并作适当调整，校正压力，调整好油墨供给量，调整好刮墨刀。

刮墨刀的调整，主要是调整刮墨刀对印版的距离以及刮墨刀的角度，使刮墨刀在版面上的压力均匀又不损伤印版。

4. 正式印刷。 在正式印刷的过程中，要经常抽样检查，网点是否完整，套印是否准确，墨色是否鲜艳，油墨的粘度及干燥是否与印刷速度相匹配，是否因刮墨刀不均匀，印张上出现道子、刀线、破口等。

凹版印刷中有时会产生故障，主要是由印版、油墨、承印物、刮墨刀等引起的。这些故障主要如下：

（1）墨色浓淡不匀。印刷品上出现周期性墨色变化的现象。排除的方法有：校正印版滚筒的圆度，调整刮墨刀的角度、压力或更换新的刮墨刀。

（2）印迹发糊起毛。印刷品图像层次并级、发糊，图文边缘出现毛刺的现象。排除的方法有：去除承印物表面的静电，在油墨中加入极性溶剂，适当地增大印刷压力，调整刮墨刀的位置等。

（3）堵版。油墨干涸在印版的网穴中，或印版的网穴被纸毛、纸粉所充塞的现象，叫做堵版。排除的方法有：增加油墨中溶剂的含量，降低油墨干燥的速度，采用表面强度高的纸张印刷。

（4）油墨溢出。印刷品实地部分出现斑点的现象。排除的方法有：添加硬性调墨油，提高油墨的粘度。调整刮墨刀的角度，提高印刷速度，将深网穴印版换成浅网穴印版等。

（5）刮痕。印刷品上有刮墨刀的痕迹。排除的方法有：使用无异物混入的干净油墨印刷。调整油墨的粘度、干燥性、附着性。使用优质刮墨刀，调整好刮墨刀与印版的角度。

（6）颜料沉淀。印刷品上的颜色变浅的现象。排除的方法有：使用分散性好、性能稳定的油墨印刷。在油墨中加入防凝聚、防沉淀的助剂。充分轧制、经常搅拌墨槽里的油墨。

（7）粘脏。印刷品上有墨污的现象。排除的方法有：选择挥发速度快的油墨印刷，提高干燥温度或适当地降低印刷速度。

（8）油墨脱落。印在塑料膜上的油墨附着性差，有用手或机械力摩擦脱落的现象。排除的方法有：防止塑料膜受潮，选择与塑料薄膜亲合性好的油墨印刷，对塑料薄膜重新进行表面处理，提高表面张力。

四、凹版印刷的质量控制

1. 凹版印刷品的质量要求。 凹版印刷除书刊、报纸外、主要印刷包装装潢材料，按照凹版印刷的特点，印刷品应达到以下的质量要求。

单色凹版印刷品：亮、中、暗调层次分明、协调、细腻。网点清晰、完整。版面均匀整洁。

彩色凹版印刷品：图像亮、中、暗调层次分明、协调、细腻。颜色自然、协调。网点清晰、完整，角度准确。图像轮廓清晰，套印允许误差如表5-7所列数据。

表5-7　　　　　　　　　　　凹印套印误差　　　　　　　　　　　（mm）

部 位	精细印刷品			一般印刷品		
	四开	对开	全开	四开	对开	全开
主体	<0.10	<0.15	<0.20	<0.20	<0.30	<0.50
一般	<0.15	<0.20	<0.30	<0.30	<0.40	<0.60

印刷品外观：版面干净、均匀、无明显脏痕。图像和文字的位置准确。印刷接版色调基本一致，精细印刷品尺寸误差不大于0.5mm，一般印刷品不大于1.0mm，正反面套印误差不大于1.0mm。

2. 印刷质量控制。

（1）自动套印装置。卷筒纸凹版印刷机上，安装有自动套印装置。该装置由扫描头、脉冲发生器、电子控制器、调节电机、套印调节辊等组成。

当印张上的套印标记通过扫描头时，脉冲信号便传送给电子控制器，如果第二色的套印标记错前或错后第一色的标记，发生脉冲的时间将参差不齐，于是电子控制器启动调节电机，使第一色和第二色之间的套印调节辊有微量的移动，消除套印误差（参看图5-37）。

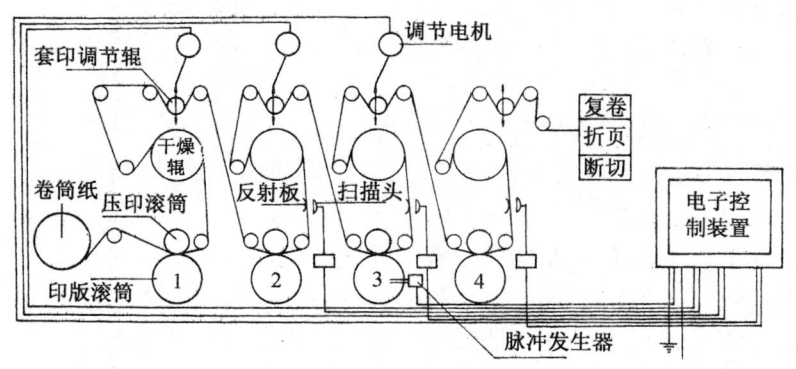

图5-37　自动套准原理图

（2）静电吸墨装置。凹版印刷机，一般都安装有静电吸墨装置（参看图5-38）。该装置由高压可调发生器、铝制导电辊、表面导电、底层绝缘的特制压印滚筒、停机自动切断静电与过流短路保护机构等组成。利用静电将印版网穴中的油墨吸附到承印物表面，可提高油墨转移率20%左右，尤其是使印刷品的亮调部分的层次，得到了丰富的再现。

五、雕刻凹版印刷工艺

用雕刻凹版施印的方法叫雕刻凹版印刷。雕刻凹版有两种：一种是手工直接刻制的凹版，一种是在涂有耐酸抗蚀剂的金属板面上用手工或机械方法雕刻出图像后再经化学腐蚀制成的凹版。雕刻凹版的着墨孔是一些深浅不同、粗细不等的线条和深浅不同、大小不等的点子。雕刻凹版有平板形的印版，也有滚筒形的印版。

雕刻凹版印刷出来的印刷品，粗线条墨层厚实，略有凸起，十分醒目；细线条即使纤若毫发，也清晰可辨，极难伪造乱真。因此，当今各国的钞票、邮票、股票以及有价证券都采用雕刻凹版印刷（图 5-39）。

雕版凹版的印刷过程如下：先在整个印版平面上涂布油墨，油墨被挤进墨孔并涂敷在印版的空白部分，然后借助于溶剂把印版空白部分的油墨擦去，再敷承印物施加压力印刷，油墨即转印到承印物上。

1. 雕刻凹版油墨。 雕刻凹版的着墨孔比照相凹版的网穴面积大而且深，油墨是被挤进的而不是注入的。因此，雕刻凹版印刷对油墨性能的要求不同于照相凹版印刷，要求油墨"稠而粘、硬立而短"，即要求油墨的粘度较高，一般在 500～800Pa·s。屈服值较大，一般在 100N/m² 以上（照相凹版印刷使用的细墨的屈服值一般在 2N/m² 以上）。

2. 雕刻凹版印刷机。 雕刻凹版印刷机的结构如图 5-40 所示，由给纸装置、印刷装置、收纸装置、涂墨装置、擦墨装墨组成。

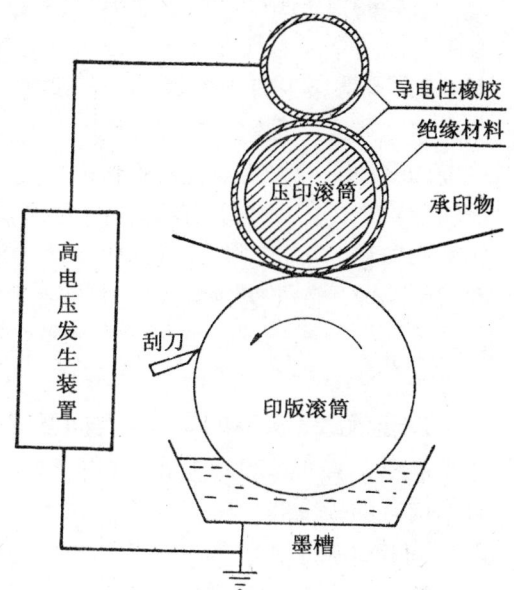

图 5-38 静电吸墨装置示意图

图 5-39 雕刻凹版印刷品

给纸装置采用连续自动续纸机，用真空泵吸纸并送纸到印刷装置；收纸装置一般采用堆积收纸机，印好的印张由链条输送并堆积在收纸台上，纸台可自动下降；印版上的油墨用单墨辊或几根墨辊来涂布；擦墨辊浸泡在溶剂槽内，并和印版滚筒接触，反向旋转时版面空白部分的油墨即被擦掉，而粘附在擦墨辊上的油墨则溶于溶剂中。

这种印刷机主要用来印刷证券之类的印刷品。

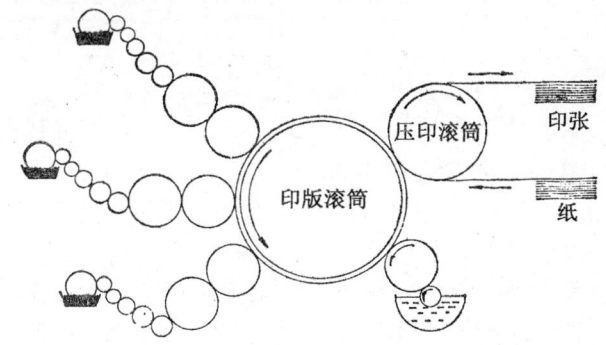

图 5-40 雕刻凹版印刷机结构示意图

3. 雕刻凹版的印刷故障及其排除。 雕刻凹版印刷主要用来印刷有价证券，所有的纸张质地良好，因此，印刷故障大多是由油墨和擦版工艺中的问题所引起的。

（1）细线条断裂：由于油墨过粘过稠，油墨转移困难，使印张上的细线条出现不连续、有断开的现象，必须在油墨中加入低粘度调墨油或高沸点溶剂予以改变。

（2）擦脏：由于油墨过粘，擦墨辊对版面的压力过小，致使印版上的空白部分的油墨没擦干净，造成印张的空白部分留有墨痕，这种故障叫擦脏。排除的方法是，在油墨中加入低粘度调墨油，增大擦墨辊对版面的压力。

（3）飞边：由于印刷压力过大且不均匀，印刷中将纸张压入凹版的着墨孔内，油墨向印张两边转移的墨量过多，造成印张两边颜色浓重的现象叫飞边。换用弹性小的衬垫，减小印刷压力可以排除飞边故障。

六、凹版印刷车间的印刷环境

1. 车间温、湿度的要求。 车间温度、湿度的变化会引起纸张的变形、油墨性能的改变、产生静电，对印刷的正常进行和印刷品的质量都有重大的影响。从操作的角度来说，也要求有个适宜的温度和湿度的工作环境。因此印刷车间的温度、湿度都必须控制在一定的范围之内，一般温度控制在23℃±5℃，相对湿度控制在65%±15%，不得低于45%。

2. 车间溶剂的处理。 照相凹版印刷中油墨的溶剂挥发会污染环境，还有可能引发火灾。可见，油墨溶剂的处理和回收很是必要。常用的油墨溶剂的处理、回收方法有活性炭吸着回收法、直接燃烧法和触媒燃烧法三种。

第四节　丝网印刷

丝网印刷使用张紧的纤维质丝网，粘稠的高粘度油墨，在橡皮刮板的挤压下，漏印到承印物上，完成油墨的转移。

凸版印刷、平版印刷、凹版印刷，一般局限于平面上的印刷，而丝网由于可以部分地包裹住三维物体，因而丝网印刷能在制造好的成型产品上直接印刷图像，使它在许多特殊的制造业中得到应用，如可以印刷触摸板组件上的导电电路，在已成型的器皿表面印刷装饰图像。使用的承印材料范围极其广泛，除纸张外，有塑料薄膜、玻璃、金属、木材、各种棉织、丝织物以及建筑材料等。

近十几年，丝网印刷发展迅速，已成为"装潢印刷大王"。

一、丝网印刷机

丝网印刷机和其它印刷机相似，有单色、多色，手动、自动的机型，其特有的是有平面丝网印刷机、曲面丝网印刷机和静电丝网印刷机。

1. 平面丝网印刷机。 指在平面上进行印刷的丝网印刷机。印刷的过程如图5-41所示。

丝网版被安装在印版框架上，框架上配有控制印版上下运动的机构和橡皮刮板，每印一张，丝网框上下运动一次，同时橡皮刮板作一次来回运动。一般采用水平升举机构来提升丝网网框，减少了印版的升举距离，使其工作平稳，套印精度高。

2. 曲面丝网印刷机。 指能在圆柱面、椭圆面、球面、圆锥面等的塑料容器、玻璃器皿以及金属罐等物体上进行印刷的丝网印刷机。

曲面丝网印刷机，丝网版是平面的，进行水平方向移动，橡皮刮板固定在印版上，承印物与网版同步移动进行印刷。承印物的转动是利用滚轴带动，如图5-42所示。

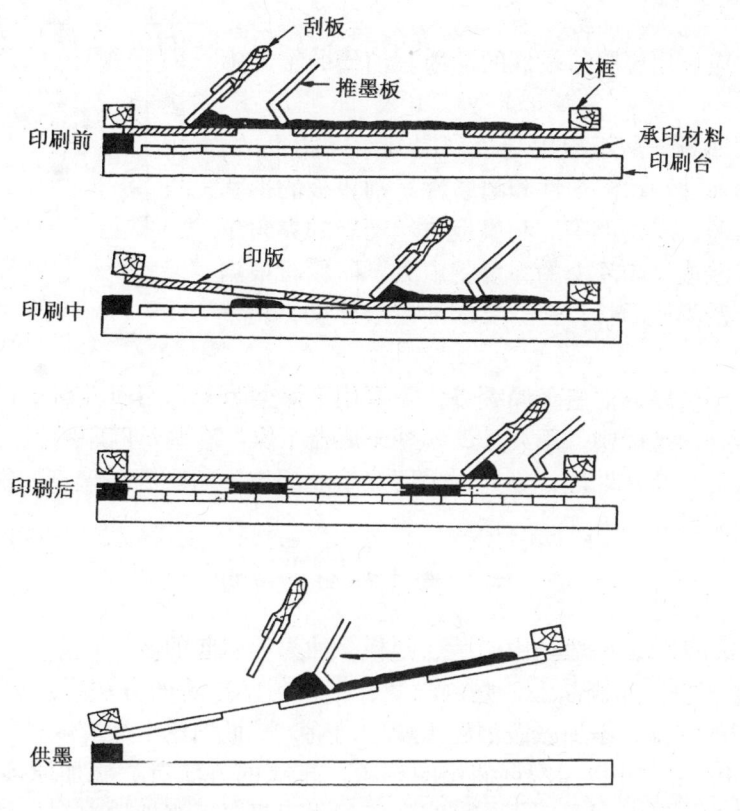

图 5-41 平面丝网印刷机工作过程

3. 静电丝网印刷机。指利用静电吸附粉末状油墨进行印刷的丝网印刷机。

丝网印版用导电良好的金属丝网制作，利用高电压发生装置使其带正电（正极），并使与金属丝网相平行的金属板带负电（负极），承印物置于正、负两极之间。粉末油墨本身并不带电，通过丝网印版后带正电。由于带负电的金属板吸引带正电的粉末，油墨便落在承印物上，经加热或其它方法处理，粉末固化形成图文。

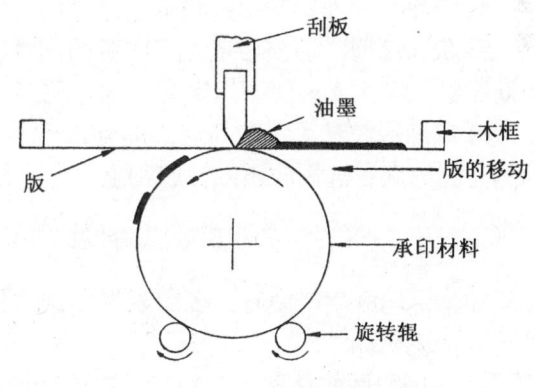

图 5-42 曲面丝网印刷过程

二、丝网印刷工艺

丝网印刷的产生繁多，承印物用途有的差别很大，此节只阐述一般的印刷工艺。

丝网印刷，可以采用手工方式或机械方式进行，印刷原理一般是以手工印刷为基础的，工艺流程如图 5-43 所示。

印刷准备，包括丝网印版安装在印刷机上，调整印刷间隙，确定承印物的位置，调配印刷油墨等。

丝网印刷，应使用屈服值较低的油墨。油墨的粘度不能过高。

丝网印刷的油墨，是用橡皮刮板刮漏到承印物上的，刮板要有良好的弹性、耐溶剂性和耐磨性。刮墨板的形状有直角形、圆角形、斜角形等。刮墨板与丝网版的夹角越小，刮墨板速度愈慢，印品上的墨量就愈大。印刷时根据承印物材质选择刮墨板形状，根据要求的墨层厚度，调整刮墨板的角度。

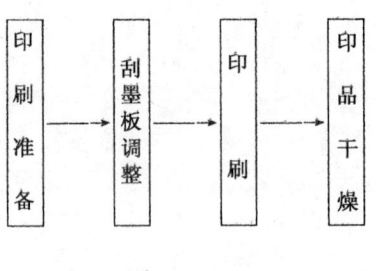

图 5-43

丝网印刷，墨层厚，油墨干燥缓慢，需要用干燥架晾干，用回转移动式干燥机干燥，或者选用红外、紫外油墨印刷，用红外、紫外干燥器干燥。有些丝网印刷产品，油墨凝固在印品上以后，还要进行特殊处理，例如，采用热熔玻璃油墨印刷的玻璃杯，需放入400℃的烧结炉中进行印花烧结。

三、常见的印刷故障

丝网印刷中的故障，一般是由印版、刮板、油墨等引起的。

1. 印品着墨不良。 印刷品上，墨色浅淡，不均匀。排除的方法有：更换与承印物相匹配、附着性能好的油墨；添加减缓油墨干燥的助剂，降低油墨干燥速度；加大刮板的压力。

2. 滋墨。 印品层次并级，网点糊死的现象。排除的方法有：添加原墨，提高油墨的浓度；提高印刷速度；降低刮印压力；减少印版的供墨量，适当地增大刮板与印版的角度。

3. 透印。 印刷品的背面透过油墨或有溶剂扩大的污迹。排除的方法有：更换渗透性小的油墨印刷，降低刮板压力。

4. 印品长时间不干相互粘合。 排除的方法有：使用快干稀释剂，增加油墨的干燥性。

5. 版面堵网。 油墨堵塞丝网印版的网孔，不下墨。排除的方法有：添加缓干的稀释剂，降低油墨干燥速度；使用指定的溶剂，适当降低油墨的粘度。

6. 印版脱胶漏墨。 印品空白部分出现较大面积的墨污。排除方法有：选用耐油墨溶蚀的感光胶制版；选用软质的橡胶刮板刮印；脱胶十分严重时，需重新制版。

四、影响丝网印刷质量的主要因素

在丝网印刷生产中有诸多因素对印刷质量有着直接的影响。下面就几项影响较大的因素进行分析说明。

1. 丝网印版的性质。 在制版时要根据原稿和图面特点，选择适当质地及网目数的丝网，根据实际要求选用相适应的感光胶，以保证理想印刷效果。

2. 刮板的性质。 包括刮板的材质、硬度、刃口角度等因素。通常刮板所用材料的硬度为肖氏硬度90度、80度、70度。在选用时根据承印物材料（如纸张、塑料、金属等）加以选择。并要注意保证刮板的精度。

3. 印刷物的适性。 印刷时首先要充分考虑承印物的材质、表面形状等因素（如平面、曲面形状）。其次，考虑承印物表面的受墨能力；承印物对印版的适应性；承印物对印刷条件的适应性。如果承印物表面呈凹凸不平状态，制版时要考虑丝网印版弹性，因为弹性过小，在印刷时丝网印版与承印物就不能充分地接触，导致凹下地方印不上油墨，致使图文线条不完整。如果遇到承印物表面凹凸不平的状况，则相应增大丝网印版弹性，避免凹陷处印不上油墨，从而提高印刷质量。

4. 印刷的速度。印刷速度对油墨供给量的多少和油墨的均匀性有着极为重要的影响。丝网印刷机在印刷时，印刷速度一般调整方法是：最初选用慢速试印，而后速度逐渐加快，直到速度适应印刷质量要求为止。速度调整好后就可固定不动进行连续印刷。

5. 油墨的粘度。油墨在印刷前经长时间存放，一般粘度过高。这种粘度较高的油墨，在印刷时会影响正常的漏印，甚至给印刷带来困难。因此，在印刷前，要用稀释剂调配油墨，使油墨的粘度符合丝网印刷要求。

五、丝网印刷的质量控制

1. 一般的质量要求。

（1）套印准确，文字及图像与原稿基本一致，印刷品上无断道和重影现象。

（2）色彩逼真，印品上的颜色同原稿要求的色彩基本吻合，没有明显的失真。

（3）在进行加网印刷时，网大的增大或丢失应控制在一定的范围内，对于原版或计算机数控的网点，在印刷品上再现时，一般人眼不应观察到掉点和扩大痕迹。

（4）按照纸张、塑料、金属、陶瓷、玻璃等不同的承印物的要求，印料在其上的附着程度，都要达到各自的标准。对于露天的广告、标志等，还应用不同的指标。

2. 印刷质量的控制。

（1）测控条。测控条是由网点、实地、线条等测标组成的，用以判断和控制制版、印刷时信息转移的检测工具，胶印已广泛应用测控条几十年，品种繁多，目前国际上正研制丝网印刷专用测试条。这里介绍一组测试规的性能与用法。

①线条宽度测试规。由三个角度（即22.5°、45°、90°）的阴阳直线圆标和六个黑白线等宽的双圆环组成。双环圆标的线宽分别为：0.05、0.10、0.15、0.25和0.30mm，参看图5-44。用以检验感光材料的性能，也可以检验丝网印刷精细线条的宽度。

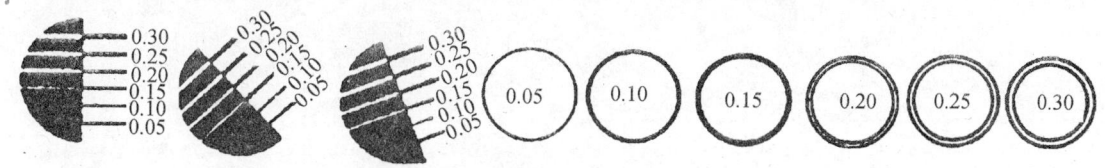

图5-44　线条宽度测试规

②印迹扩大测试规。由两组羽状排列的蛋形点和一个同心圆组成。第一对蛋形点的小端与小端之间、大端与大端之间无间隙，自第二对起，大、小端之间的间隙分别为0.02、0.04、0.06、0.08、0.10、0.12、0.14和0.16mm，参看图5-45。

在印刷过程中，用以随时检查印刷品上印迹扩大的情况，以控制印刷质量。

图5-45　印迹扩大测试规

③线条取角测试规。参看图 5-46。用以测定采用何种角度制版时，印刷出的线条边缘最光滑，尺寸最稳定。

④目数、线数测试规。参看图 5-47。用以测定未知丝网或加网软片的网目线数。

⑤曝光时间测试规。参看图 5-48。用以测定某种感光材料在某种光源下的标准曝光时间，检查每次晒版的曝光量是否正确。

(2) 测量仪器。为了避免生产故障，使网版印刷进行数据化、规范化生产，控制每个生产工序质量必须配备测量仪器。

①张力计。用以测量丝网绷紧而未涂胶时张力的大小。张力计有机械式和电子式两种。使用最多的是机械式张力计。

②厚度计。用以测定丝网涂敷的厚度。目前使用较多的是电子式厚度计。

③表面湿度计。用以测量涂布在丝网上的乳胶是否彻底干燥，来确定网版是否适合曝光。接触式湿度计，使用方便，数据较准确。

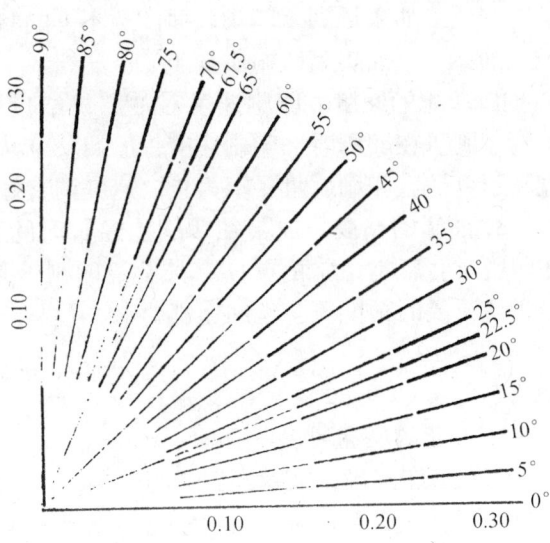

图 5-46 线条取角测试规

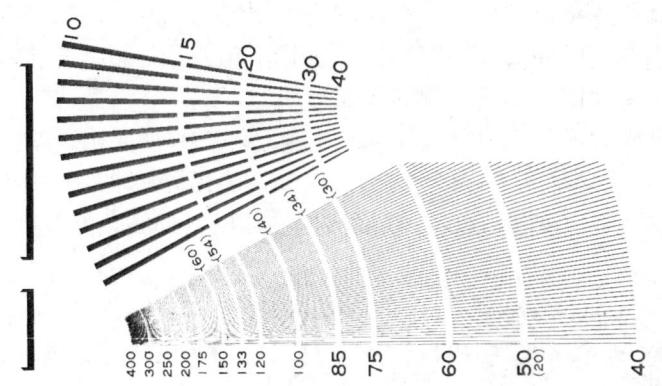

图 5-47 目数、线数测试规

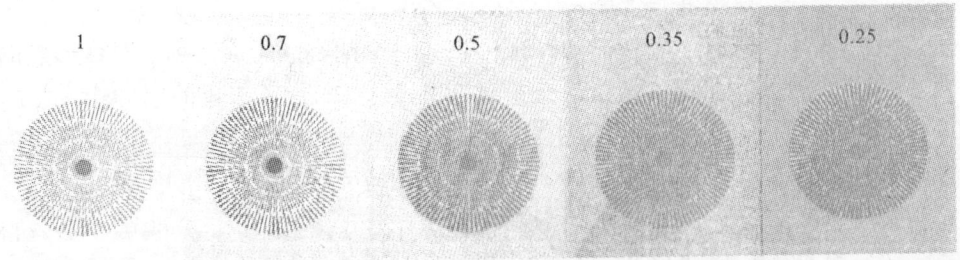

图 5-48 曝光时间测试规

第五节 数字印刷

数字印刷是相对于模拟印刷而言的。它输入数据流并输出印刷品。无底片的数字化过程，省却了制造有形底片的费用，因而适用于批量的印刷，或者是每个印张都不相同的印刷。

20世纪90年代，开发了许多种数字印刷技术，并派生出了各式各样的数字印刷机。

一、数字印刷方法

1. 热印刷方法。 作为热压方式进行的热转印印刷，是多年来用于将二值图像印刷到各种产品上的一种方法。这种印刷方法是凸印的简单扩展，但是色带上凸出的表面并不转移油墨，而是将蜡层或热塑材料从色带上转印到承印材料上。将压模加热到足够高的温度以熔化颜料，再使颜料在一定压力下转移到承印材料上，这种方法仍有广泛应用，印在高档书封面上的烫金字就是最常见的例子。热熔压印的一个重要特点是可用的承印材料范围极广。实际上，任何平整的材料和能够稍许压缩的材料，都可以采用这种方法。

热压印刷类似于模拟印刷，因为图像都是固定的。因此，这种方法非常适合相同图像的多张复制。

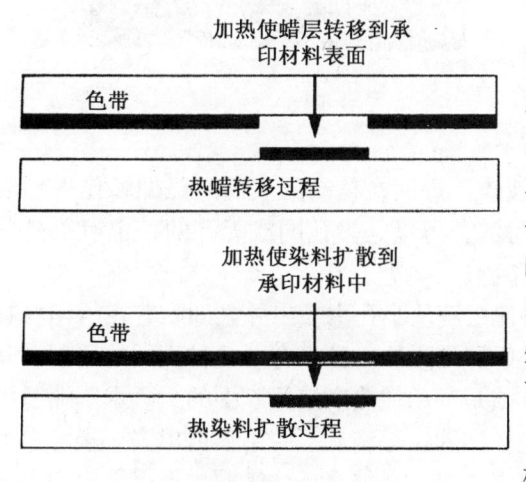

图 5-49 热转印过程示意图

（1）直接热转印。直接热转印（图 5-49）需要可遇热变色的特殊承印材料。利用热阵列将颜料从色带表面转印到承印材料上。可以把热转印过程看成是将图像从施主转印到受主的压烫技术的数字化过程。施主是个连续的色带，色带的一面涂有可转移的颜料层。当色带压紧承印材料时，通过加热色带背面，使颜料从色带转印到承印材料上。从标签的低分辨率单色打印，到可产生照片质量的高分辨率彩色打印，热转印方法都可应用。

热转印印刷以一种转印微小图像单元的二维模式，在接受材料上形成图像。这种简单常用的热转印方法，可用于条码标签的特需印刷。目前几乎所有单色热转印设备，都适合于印刷尺寸相对较小的特殊印刷品。

（2）激光热转印。用激光扫描束可将呈色剂自色带向接受材料转移（图 5-50）。这种方法与热阵列同时在全部像素列上生成图像的方式不同，当色带和接受材料被压紧到阵列上，激光热转印方法能够以扫描方式逐点转印呈色剂。

色带与接受材料被紧紧压在一起并卷在转筒的外面或里面。对于外筒式结构（如 Kodak Approval 公司彩色校样机）当转筒旋转时，激光横向移动，使接受材料以螺旋方式成像。对于内筒式结构，激光以螺旋方式在筒内侧发生偏转。两种情况下，均由激光加热呈色剂使之发生转印。

使用染料时，上述转印过程称为升华；使用颜料时，上述过程称为烧蚀。两种情况下，都是激光引起着色层的气化，并通过微小的空隙被吸附到接受材料表面，有些印刷方法，图像还可以再次转印到另一表面上。

2. 喷墨印刷。 喷墨方法是通过控制细微墨滴的沉积，在承印材料上产生密度而形成图像。广泛使用的喷墨印刷有两类：连续式与即时式。

（1）连续式喷墨印刷。连续式喷墨印刷（图5-51）的基本原理的应用已有一百多年。从容器中经小喷孔喷出的一束细小液流，受到高频振荡作用便会被分散，形成均匀的稳定液滴束。先进的连续喷墨打印头，使用的振源是可以每秒产生成千上万液滴的压电晶体，如果射出的液滴的飞行轨迹能够以某种方式加以控制，就可以通过将液滴引导到表面特定区域的方式来形成图像。

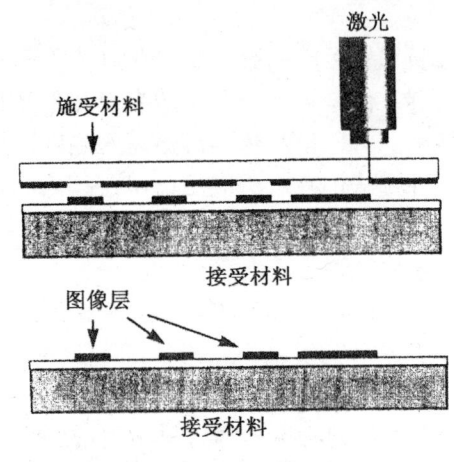

图5-50 激光热转印示意图

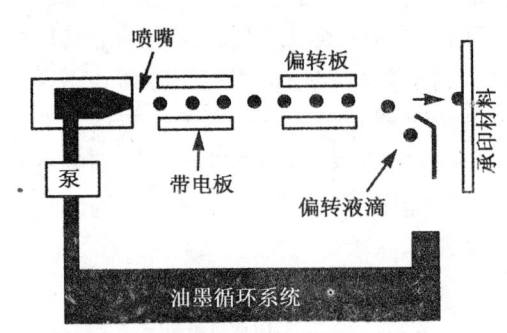

图5-51

连续喷墨印刷最早的实例是使用单喷嘴喷射液滴，进而在移动的表面经磁偏转作用形成粗糙的点阵图像。单喷嘴打印头可用于多种承印材料，可以是多孔的或无孔的，也可以是平面的或立体的。这种印刷主要用于工业用商标的印刷。

（2）即时式喷墨印刷。液态即时印刷，是一种使墨滴从小孔中喷出并立即附着在承印材料上需要成像的区域的方法。已经有了几种不同的原理。其中最常用的方式是利用加热来使墨腔中的少量水基油墨汽化以形成气泡，随即使墨滴从墨腔中喷射出去。墨腔在下一液滴喷射出去之前，必须重新注满。这就严重限制了这种印刷方法的最大速度。这种方法的另外一种变形是使用压电板，当电流通过的压电板能够产生微小变形，从而减少墨腔的容积，并使墨滴喷出（图5-52）。这种喷墨装置可以采用熔化的蜡基油墨，这种油墨从打印头中喷射到承印材料上，随后便凝固了。这种设备称为可熔蜡喷墨打印机或相变喷墨打印机，它也可以采用能够在承印材料上快速干燥的低粘度溶剂基油墨。

即时喷墨印刷比连续阵列喷墨印刷的空间分辨率略高，但速度更慢。这种技术最简单的商业产品是办公用喷墨打印机，当油墨用完之后，整个打印头和墨盒被处理掉。这一原理的演进，已用于制造大尺寸打印机，这种打印机可印刷招贴画尺寸的四色印刷品，其图像质

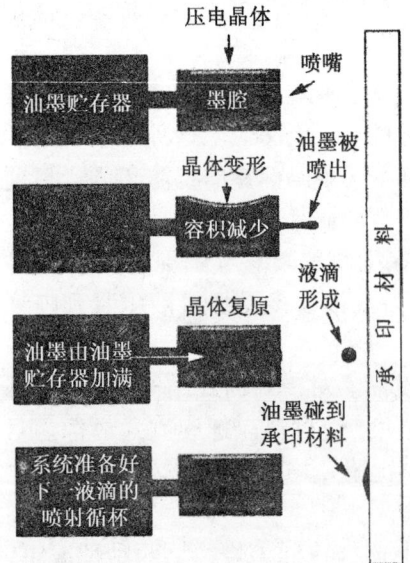

图5-52 压电喷墨过程示意图

量，对于从几米或更远处观察印刷品的彩色效果来说，是可以接受的。

大多数即时喷墨印刷头都采用复合喷孔阵列以提高系统的油墨通过量。对于热式即时喷墨打印头，则可合并多个复合喷孔阵列，因为它的热喷射装置非常紧凑，并且可以在一小块区域内聚集许多个喷孔。压电喷墨打印头的结构比较复杂，并且不允许有过多的小孔并排。因此，热式打印机的速度稍快，但与连续喷墨印刷相比，所有的即时喷墨印刷都很慢。

3. 静电印刷方法。静电印刷方法包括在电子束下进行曝光而使绝缘表面有选择地进行充电的方法，以及光照下进行曝光使光导表面发生放电的方法。无论哪种方法，曝光都会在这些表面产生可吸附或排斥带电呈色剂粒子的潜像。呈色剂可以由固态颗粒载体转移到表面上或悬浮在液态媒体中。

（1）电子束印刷。电子束印刷的过程（图 5-53）是：先将电子束阵列引导到带有能暂时吸附负电荷的绝缘表面的滚筒上；当滚筒旋转时，由于电子束的开通与关闭，在绝缘表面上形成潜像；潜像吸附带电的呈色剂粒子，这些粒子再在高压力下向纸张转移。这种印刷方法的分辨率很低（商用机上多为240dpi和300dpi），并且呈色剂转印过程容易在纸张表面形成压痕，从而容易产生不良的光泽。

（2）电子照相制版印刷。电子照相制版机使用一种带电的光导表面，这个表面能在计算机控制的激光扫描下或在发光二级管阵列控制下有选择地放电。有时这种设备也称作激光打印机。一旦光导表面实现了有选择的放电，带有相反电荷的颜料或呈色剂与表面接触后即附着在带电区域。通过曝光而放电的区域则无法吸附呈色剂。呈色剂层可以在光导表面上固化，或转印到另一个表面上再进行固化。这种形式的打印机称作"写白系统"，因为它的非图像区是由曝光光源来记录的。在一些系统中，呈色剂与光导表面带有相同的电荷，并且在曝光放电区域上吸附，这类系统称作"写黑系统"，因为其图像区是由曝光光源来记录的（图 5-54）。

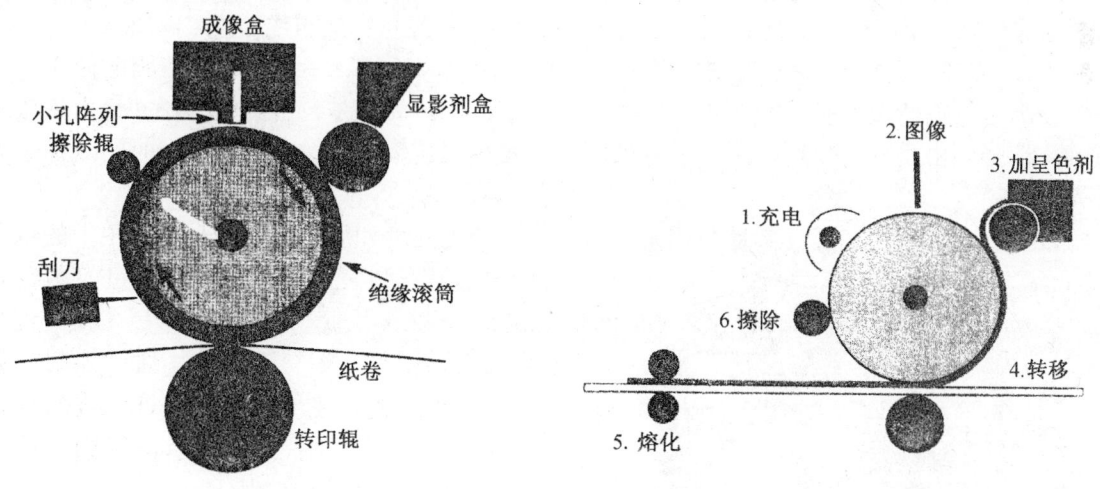

图 5-53　电子束印刷示意图　　　　图 5-54　电子照相过程示意图

在液态呈色剂电子照相制版中，呈色剂悬浮在一种绝缘液中，成像的光导表面被这种液体中的呈色剂悬浮物所覆盖。带电的呈色剂颗粒吸附在光导表面上带相反电荷的图像区域。呈色剂随后被转移到第二表面或直接在光导表面熔化。在固态呈色剂电子照相制版中，呈色剂是以粉末状附着在带电的光导表面的。由于呈色剂制造方面的改进，无论是液态呈色剂系统还是固态呈色剂系统，分辨率在过去的几年中都有了显著的提高。

二、彩色数字印刷机

市场上的彩色数字印刷机很多，随着CTP技术的发展，会出现越来越多的品种，本节只介绍目前市场上使用较多的Xeikon电子照制版印刷机和Indigo E-Print数字印刷机。

1. Xeikon电子照相制版印刷机。 Xeikon彩色印刷机（图5-55）采用固态呈色剂电子照相制版技术。Agfa公司的Chromapress彩色印刷机和IBM公司的3270彩色打印机，也是以同样技术为基础的（在以下讨论中，将以Xeikon印刷机为此类印刷机的代表，所作的分析同样适用于其它机器）。

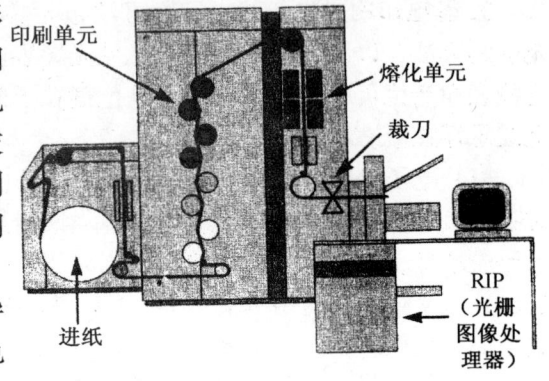

图5-55

Xeikon印刷机使用固定的LED阵列在光导转筒上进行成像。吸附在图像每一点上的呈色剂密度，随LED控制的曝光强度的变化而改变。它的标识分辨率为600dpi，但由于密度可以变化，最终的图像质量相当好。

固态呈色剂技术的主要不足是印刷品表面发暗，缺乏Indigo数字印刷机产品的光泽。在光亮的承印材料上印刷时，印刷品表面暗淡的缺陷尤其明显。因此，大多数Xeikon印刷机是使用非涂料纸的。一种对Xeikon印刷机的误解是，它只局限于非涂料纸。实际上，它几乎可以在任何类型的纸张上印刷。使用者只是出于观赏效果的原因才避免使用涂料纸。这种设备问世以来，为了在包括纸张、塑料以及层压箔片的广泛的承印材料中得到光亮效果，人们取得了许多进展。这可以利用调整熔化温度和持续时间，或对印后产品进行涂布或层压来解决。

Xeikon印刷机可在卷筒纸上进行印刷，卷筒由两个辊驱动，一个在纸张印刷前使用，另一个在纸张两面印完所有四种颜色后使用。每一个成像滚筒都是自由旋转的，并且由纸张来带动。纸张则由于静电作用吸附在滚筒表面。纸张被快速牵引通过印刷机的同时，成像滚筒进行旋转。

很早以前人们就知道，彩色照相制版印刷由于周围温度和湿度的变化会产生很大的色彩变化。对于多数彩色复印机，都可以通过控制台对色彩平衡进行校正，使得其具有广泛的适应性。Xeikon印刷机采用更为系统的方法，通过控制密封舱中的温度和湿度来稳定印刷过程。这一方法很有效，对于每张产品或每批产品，Xeikon印刷机都可以获得相当稳定的色彩质量。

2. Indigo E-Print数字印刷机。 液态呈色剂设备称作Indigo E-Print数字印刷机（图5-56）。Indigo E-Print数字印刷机采用激光扫描以800dpi的分辨率在光导表面上成像。这种印刷方法是严格的二元方法。但是，它无法像Xeikon印刷机那样改变点的密度。如以每分钟印刷双页信纸大小的纸张的

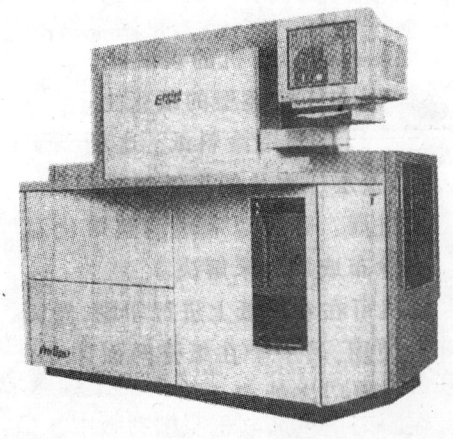

图5-56

数量作为标准，Indigo 印刷机的速度大约只是 Xeikon 印刷机速度的一半。

E–Print 印刷机使用普通的压印滚筒来固定纸张。单色图像滚筒充电后，由激光扫描成像，将第一色油墨涂布在这个已成像的滚筒上，再转印到橡皮布上。在印刷机的下一旋转过程中，此滚筒被再次成像，下一色油墨由同一个上墨装置单元进行涂布。转换装置保证同一个喷射系统能够涂布所有油墨。当所有的油墨都被涂布到图像滚筒上并转移到橡皮布上之后，油墨层在一次旋转中被完整地转印到纸张上（在滚筒上无油墨残迹）。

上述过程即是 E–Print 印刷机在每一印张中可以变化图像内容的关键技术，这也使得 E–Print 印刷机可以结合单色图像滚筒和橡皮布滚筒来进行六色印刷。这种印刷机也能够以全张翻转印刷的方式翻转纸张，在其背面进行印刷。

E–Print 印刷机的最大印刷尺寸为 11×17 英寸，速度近每小时 1 000 张单面四色印张，也就是可在 11×17 英寸尺寸的纸张上，每小时印刷单面四色双联的信纸尺寸的印张 2 000 张。当印刷全色双页印张时 Xeikon 的 DCP–1 型印刷机的生产效率是 E–Print 印刷机的两倍，可以每小时生产近 1 000 张双页 A_3 印张（2 000 张双页 A_4 印张）。

习　题

1. 简述平版印刷的原理？
2. 简述平版印刷的工艺流程？
3. 平版印刷对纸张、油墨、润湿液有什么要求？
4. 平版印刷常见故障有哪些？
5. 平版印刷的印刷机有哪几种？各有什么特点？
6. 平版印刷的印刷顺序如何确定？
7. 平版印刷常见故障有哪些？如何排除？
8. 平版印刷的质量要求是什么？
9. 平版印刷中，如何控制印刷质量？
10. 凸版印刷中，使用的印刷机有哪几种？简述它们的特点？
11. 柔性版印刷有何特点，常用的柔性版印刷机有哪几种？
12. 柔性版印刷机的输墨系统有何特点？网纹辊对柔性版印刷质量有何影响？
13. 柔性版印刷的质量要求是什么？
14. 柔性版印刷常见故障有哪些？如何排除？
15. 凹版印刷机的输墨方式有哪两种？刮墨刀对凹版印刷质量有何影响？
16. 凹版印刷常见的故障有哪些？如何排除？
17. 丝网印刷机有哪几种？各有什么特点？
18. 丝网印刷常见的印刷故障有哪些？如何排除？
19. 何谓数字印刷？常见的数字印刷方法有哪几种？简述其特点。
20. 简述 Xeikon 电子照相制版印刷机和 Indigo E–Print 数字印刷机的工作原理。
21. 用凸版、平版、凹版、孔版四种印刷方法印刷的成品，按照墨层的厚度从大到小排序，简述原因。
22. 若把凸、平、凹、孔四种印刷方法印刷的产品混在一起，根据什么特点可以把它们区分开来？

第六章 特殊用途印刷品的印制

书刊、画册、报纸、广告等都是一般的印刷品,供人们阅读、欣赏。但是,印刷品的种类非常之多,涉及到人类生活的各个领域,因篇幅所限,本章只能对常见的一些特殊用途印刷品的印刷工艺做简略的阐述。

第一节 不干胶标签印刷

一、不干胶标签印刷及其特点

1. 不干胶标签印刷。不干胶标签也叫自粘标签、及时贴、即时贴、压敏纸等,是以纸张、薄膜或特种材料为面料,背面涂有粘合剂,以涂硅保护纸为底纸的一种复合材料,并经印刷、模切等加工成为成品标签。应用时去掉底纸只需轻轻一按,即可贴到各种基材的表面,也可使用贴标机在生产线上自动贴标。

与传统的标签相比,不干胶标签不用刷胶、不要浆糊、不必蘸水、没有污染,可节省贴标时间,方便快捷地应用在各种场合。采用不同的面料、粘合剂和底纸可加工成各类标签,应用在一般纸张标签所不能胜任的材料上。可以说不干胶标签是一种万能标签。

2. 不干胶标签印刷的特点。不干胶标签通常在标签联动机上印刷加工,多工序一次完成,如图文印刷、模切排废、切张或复卷等。即一端为整卷的原材料输入,另一端为成品输出。成品分为单张或成卷的标签,成品标签可直接应用在商品上。

不干胶标签印刷同传统印刷相比工艺上更复杂,对设备性能和操作者的素质有更高的要求。

二、不干胶标签材料

1. 不干胶标签的基本结构。不干胶材料的结构从表面上看是由三部分组成,即表面材料、粘合剂和底纸,但从制造工艺和保证质量角度上分析,不干胶材料是由七部分组成,如图 6-1 所示。

2. 常用的不干胶标签材料。按其表面材料分为纸张、薄膜类和特种材料类。纸类材料按表面光泽度又分为高光泽、半高光泽、亚光、金属化处理和特种纸五种。薄膜类材料按透光度分为透明、半透明、不透明、金属化处理和特种材料五种。

(1) 纸张类面料。

①高光泽纸。镜面铜版纸,也称玻璃卡纸或光粉纸。

②半高光泽纸。涂料纸俗称铜版纸。

③亚光纸。胶版纸、无光涂布纸、标签纸、激光打印纸、热敏纸、热转移纸等。

④金属化处理纸。复合铝箔纸、镀铝纸、转移铝箔纸。按颜色分有金色和银色纸,按光

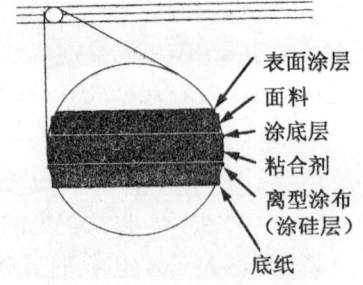

图 6-1 不干胶材料结构

泽度分又有亮光和亚光纸。

⑤特种纸。荧光纸、易碎纸、无荧光纸和专色纸等。

（2）薄膜类面料。

①透明薄膜。复合膜（包括有底纸和无底纸）有 BOPP、PET；印刷膜有 PET、BOPP、PVC、PE。

②半透明膜。复合膜（包括有底纸和无底纸）有 BOPP、PET；印刷膜有 BOPP、PET、PE + PP（合成材料）。

③不透明膜。印刷膜有 PET（白色有光、无光）、PE（白色）、PVC（白色及多种颜色）、BOPP（白色）、PE + PP（白色合成材料）。

④金属化膜。印刷膜有 PET、BOPP、PE，这三种薄膜均可做成金色、银色、亚光和亮光膜。

⑤特种薄膜。易碎薄膜、热敏薄膜、激光处理薄膜、拉伸薄膜等。

（3）特种面料。特种面料种类很多，如 YUPO 合成纸、金属铝片、白色纺织品、各种复合材料等等。

三、不干胶标签印刷机及印版网点线数

1. 不干胶标签印刷机的特点。不干胶标签印刷机同普通印刷机相比，最大的特点是，一般印刷机为单一功能或有限的几个功能，如单张纸胶印机可印刷或加上光，卷筒纸印刷机可印刷、折页、切张等，而标签印刷机多为联动机形式，即多工位、多工序一次完成。如印刷、覆膜或上光、打号、打孔、模切、排废、纵切、复卷或切张等一次完成。也就是说，一端为原材料输入，另一端为成品标签输出（参看图 6-2）。

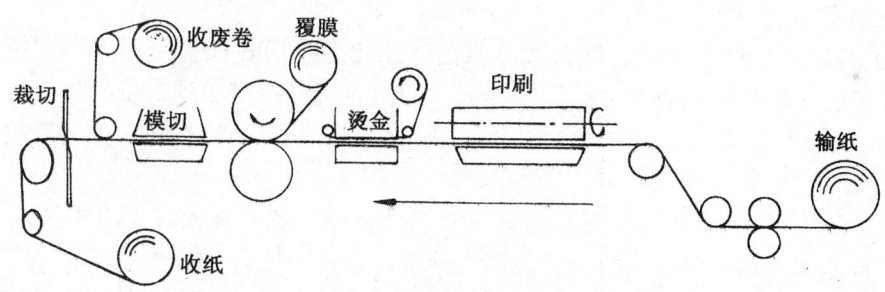

图 6-2 不干胶标签印刷机结构示意图

2. 不干胶标签印刷机的分类。不干胶标签印刷机有不同的分类方法，但按照卷筒纸的输纸方式分类更能说明不干胶标签印刷机的工艺特点。按照标签印刷机的输纸特点可分类为：间歇式输纸、连续式输纸和往返式输纸。

（1）间歇式输纸标签机。即卷筒纸间歇运动，当纸张静止时执行印刷和各加工工序，纸张运行时各工序不与纸张表面接触，周而复始，完成标签印刷加工。此类设备几乎全部为凸版印刷方式（极少量为丝网印刷），有圆压平和平压平两种印刷压印方式，采用平压式模切方式。

（2）连续式输纸标签机。同轮转印刷机相同，此类标签印刷设备主要采用凸印和柔性版印刷方式（极少数采用胶印和凹印方式），由于是连续式输纸，所以为圆压圆印刷，模切方式有圆压圆和平压平两种形式，适合印刷高档标签和各类彩色标签。若装有 UV 干燥装置可印刷薄膜、铝箔类材料。由于该机型速度快、印刷质量好，是专业标签印刷厂的理想设备。

（3）往返式输纸标签机。往返式输纸是指卷筒纸在标签机上往返运行实现印刷和模切。

当印版与印刷材料接触时，卷筒纸向前运行，实现印刷。完成印刷后的印版滚筒继续转动，而卷筒纸则在印刷滚筒和压印滚筒之间向后运动。该机型为新型的传动方式的圆压圆印刷。当标签规格变化时，不需更换印刷滚筒，只需改变输纸和回纸的长度。不干胶标签除用专用印刷机印刷外，也可以采用柔印、丝印、凹印的方式印刷，但要注意印版宜采用的网线数。

3. 印版的网点线数。 不干胶标签的主要作用是标识，要求应用到商品上有明显的货架效应，所以印刷的特点是文字、线条醒目，画面清楚。采用网目调印刷，如网点线数太高，会使标签材料上着墨量减少，画面平淡。为此一般标签印刷的原则为：在保证图案层次的原则下，尽量加大油墨量，不采用高网线印刷。

各类印刷方式在不干胶标签印刷时所采用的网点线数见表 6-1。

表 6-1

印刷方式	网点线数
胶印	150 线/英寸
凸印	133~150 线/英寸
柔印	133~150 线/英寸
丝印	80 线/英寸
凹印	150 线/英寸
VIP	>360dpi

四、不干胶标签印刷工艺

不干胶标签目前有两种印刷加工方法。

1. 单张纸印刷。

（1）VIP 可变信息标签印刷。材料供应商提供分切和模切好标签图形的单张纸，由打印机打印。打印机根据计算机的指令把操作者编排的内容规则地打印到每个标签上。应用时用手取下标签，贴到物品上。预先加工好的单张纸，由条形码打印机打印后成为数据标签或挂牌等。

标准规格的单张纸，VIP 单张纸标签属于办公用品类标签，在商场上可购买成品。

（2）基础标签印刷。即常用的包装装潢类标签。常用的印刷方法为胶印、凸印和丝网印刷。印刷工艺流程同其它单张纸印刷加工相似。根据标签的设计要求在单机上依次加工，排废工序为手工操作。成品标签人工粘贴到物品上。此种印刷加工方式是目前我国最普遍应用的不干胶标签印刷加工方法。

（3）广告、招贴画印刷。多为大面积胶印或丝网印刷，一般只切边、不排废。

2. 卷筒纸印刷。 不干胶标签卷筒纸印刷是国际上最通用的印刷加工方法，由专用的标签印刷机和加工机完成。不同的标签机有不同的功能，但基本的工艺流程相同，可根据标签的不同设计选择不同的工艺路线。卷筒纸标签印刷工艺流程如图 6-3 所示。

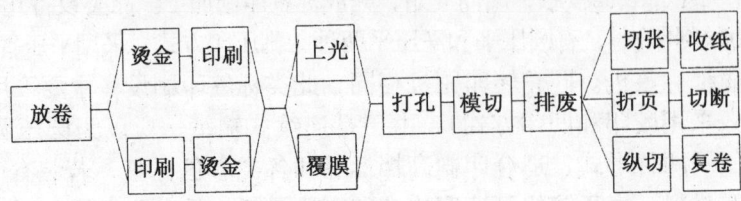

图 6-3

3. 不干胶标签的模切。 不干胶标签的模切同传统的模切方式不同。传统的模切包括切断和压痕，而不干胶标签的模切是材料的半切工艺。由于不干胶标签的特殊结构和使用方法，要求表面材料切断成标签形状，而底纸保持其原有状态。这样可方便地去掉多余的纸边（排废），而模切后的标签可方便地从底纸上揭下。

根据不干胶标签机模切装置的模切方式，模切分为两种方式。

（1）平板式模切。模切版和模切平台（底板）同为平面，模切刀片安装在模切版上。模切时，模切版或模切平台垂直移动、合压离压，将中间不干胶材料的面纸切断并模切成形，完成模切，参看图6-4。

（2）圆式模切。模切版辊和模切底辊同为圆柱体，模切刀安装在模切辊圆周上。模切时模切版辊的滚枕同模切底辊表面接触，并作纯滚动，将中间的不干胶材料中的面料切断并模切成形，完成模切。其中模切刀同模切底辊之间的间隙为底纸厚度，如图6-5所示。

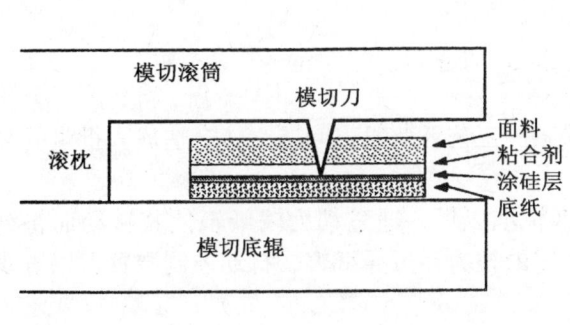

图6-4

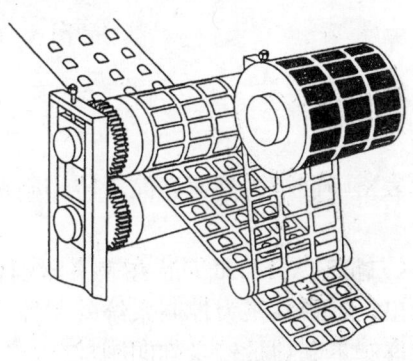

图6-5 模切深度示意图

第二节 表格印刷

表格印刷主要指复制各种票据、表格纸。例如支票、发票、彩票、奖券、铁路货运单、收费单据、帐单、信息记录纸等。随着我国经济的迅速发展，表格印刷品的需求量正在急剧上升，被广泛地应用于商业、外贸、交通运输、邮电、医疗卫生、科研、服务等部门。

一张完整的表格印刷成品（图6-6），除完成标题表格、号码等印刷以外，若是有碳复写的票据，还要在背面进行涂碳印刷。如果是压敏型无碳复写票据，为了去除某部位的复写能力，需要进行减感印刷。印刷后的印张，还需要进行打孔、打龙线（打折叠线）、切边、折叠、回卷等印后加工。为了满足各种票据、表格纸的特殊用途，表格印刷的质量要求比较苛刻。

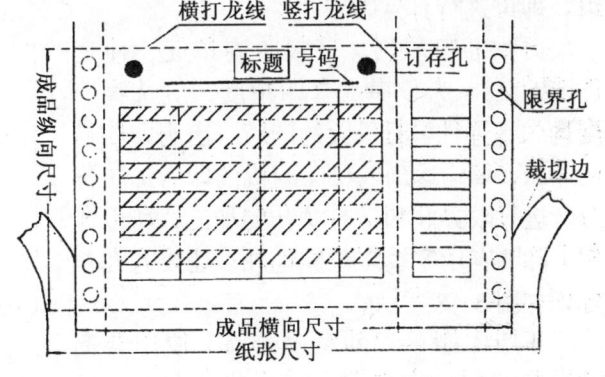

图6-6 表格印刷品示意图

一、表格印刷机

表格印刷机比平版、凸版、凹版、孔版印刷机的结构都复杂,如图6-7所示,由输纸、印刷、印后加工三大部分组成。所有的表格印刷机,输入的都是卷筒纸,输出的一般为可以检验包装出厂的成品,也可以把印刷过的纸张,进行回卷,留待再一次印刷。

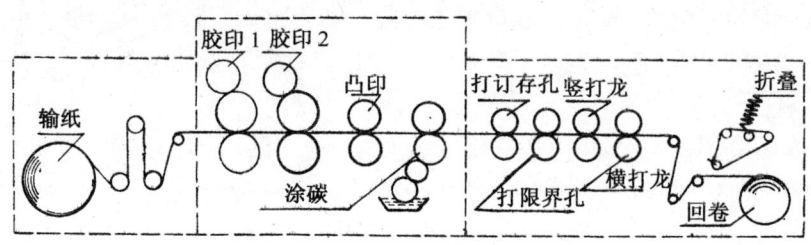

图6-7 表格印刷机结构示意图

二、表格印刷工艺

表格印刷机为高速卷筒轮转印刷机,如果某一工艺环节发生问题,将会造成大批量的废品。

1. 输纸。卷筒纸安装在表格印刷机的给纸轴上以后,通过动力输纸辊使其转动而将纸带输出,纸带在张力控制系统的监控下,以恒定的拉力经过导纸辊、自动控制装置,以直线状态连续不断地被输送到印刷部分。

表格印刷的纸张,定量范围较宽,$30\sim200g/m^2$的卷筒纸都可以使用,常用的是$40g/m^2$左右的表格专用纸张,$70\sim80g/m^2$的胶版纸和压敏型无碳复写纸。

压敏型无碳复写纸,一般由上层用纸和下层用纸组成。上层用纸在原纸的背面涂布含有成色剂的微胶囊。下层用纸,在原纸正面涂布显色剂。使用时,由于笔的压力或打字机的冲击,微胶囊破坏,无色的成色剂流出,被显色剂吸收,同时产生化学反应。

2. 印刷。表格印刷机的印刷部分,是表格印刷机的核心,承担标题、表格、底纹以及涂碳或减感等印刷的任务。表格印刷机的印刷部分,一般由平版印刷、凸版印刷单元组成,也有采用单一的平版印刷方式的。为了适应高速、多色、印刷幅面多变化的表格印刷,本单元的机组可以互换,平、凸印刷单元的机组也可以互换。如果更换上相应的号码轴或号码机组,即可进行打号码印刷。

(1)平版印刷。平版印刷单元,使用PS版印刷,为了提高套印精度,应选择厚度均匀、弹性模量较大的印版。因为印刷后的印张,要输送到表格印刷机的印后加工部分,进行限界孔和横打龙孔的加工,所以印版上除晒有十字线定位标记外,还要有孔位标记如图6-8所示。

平版印刷单元的橡皮滚筒,使用背面带有胶粘剂的橡皮布,直接粘贴在金属筒

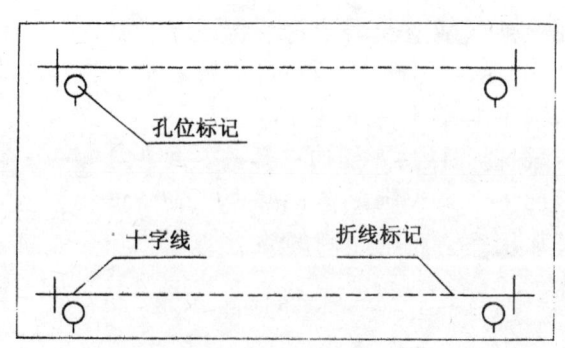

图6-8 印版定位标记

体的表面，属于硬性包衬，印刷压力较大，图文变形量小，线条清晰。但是，由于不能象普通胶印机那样，在橡皮布和滚筒筒体之间包覆衬垫材料，一旦印张上的图文出现套印不准的现象时，无法通过增减橡皮滚筒衬垫材料的厚度，达到调节印刷图文套准的目的，只能对晒版原版的图文尺寸进行修正。

(2) 凸版印刷。表格印刷机的凸版印刷单元，是将弹性较好的固体树脂版，用双面胶纸直接粘贴在印版滚筒表面进行印刷的。与普通凸版印刷中使用的铜锌版相比，版材的质地软、强度低、容易变形。因此，印刷压力应该比铜锌版小。压力稍大，便会导致印版变形，图文四周甚至非图文部分挂墨，引起"糊版"故障。

我国的感光树脂版，厚度一般在0.8～1mm之间，版材较厚。表格印刷凸版印刷单元印版滚筒的半径较小。这样，平面形的印版粘贴在印版滚筒上后，产生的弯曲变形较大，容易产生套印不准的故障。为了解决这一问题，最好使用与印版滚筒半径相等的弧形制版设备制作感光树脂版。

(3) 涂碳与减感。涂碳印刷是把复写油墨涂布到印张的背面，省略了普通票据须夹入复写纸，才能复写的麻烦，使用含石蜡热熔性油墨，由耐热橡胶印版，印在纸上，常温即固着于纸面。减感印刷，是在印张上不需要复写的部位或在上层纸的背面印上减感油墨，降低复写时的接触性，使其失去复写作用。

3. 印后加工和折叠、回卷。表格印刷机的印后加工部分，由订存孔打孔机构，限界孔打孔机构，竖打龙、横打龙机构等组成。

打孔机构由孔钉轮和孔模轮组成，更换不同形状的孔钉、孔模，能打出不同形状和直径的孔眼。

竖打龙机构由底滚筒、滚轮轴、竖打龙滚轮、滚轮离合杆等组成。横打龙机构由底滚筒和打龙滚筒组成。竖打龙滚轮和横打龙滚筒上分别安装着刀片。调节刀片和底滚筒之间的压力，以正好把纸张压透为宜。

经过打龙加工的印张，在摆动输纸器的往复摆动下，被输送到螺旋折纸轮，由折纸轮完成折页，再由输送皮带输出。

表格印刷机的回卷部分，由电机、摩擦张力器、过纸辊、纸轴、重力辊等组成。在印张复卷过程中，通过调整灯闪频率来观察规矩的套准情况，以保证再次印刷时的套准精度。

第三节 数据卡制作工艺

第一张数据卡—磁卡问世于1915年美国的纽约。几十年来，随着科学技术的发展，磁卡不仅在制作方面、产品方面和应用方面有了显著变化。由于具有携带方便，减少货币流通，使用安全，易于保存等特点，几乎被应用于当前社会的各个领域。加之印刷精良，深得人们喜爱，数据卡正成为人们生活中必不可少的印刷品。

一、数据卡的分类及应用

1. 数据卡的分类。数据卡的分类如图6-9所示。
2. 数据卡的应用。数据卡的名称及用途参见表6-2。

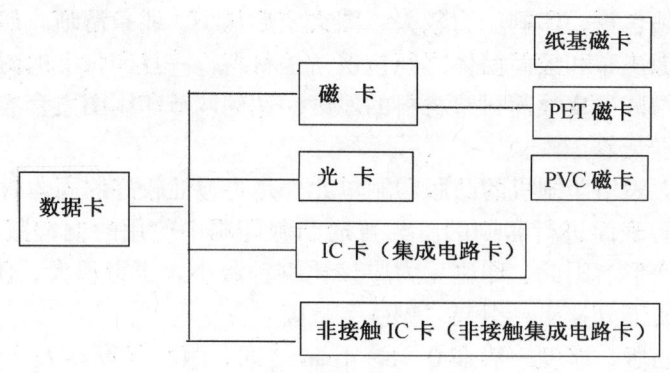

图 6-9

表 6-2　　　　　　　　　　　数据卡的名称及用途

应用领域	数据卡名称	设备系统
金融	现金卡 信用卡 银行客户查询卡 证券卡	ATM 系统 POS 系统 银行客户自动查询系统 证券买卖支付系统
保险税务	社会保险卡 税务征管卡	保险系统 证券买卖支付系统
交通运输	磁性车票 高速公路收费卡 登机卡 停车场收费卡 加油卡	自动售、检票系统 高速公路收费系统 机场自动离港系统 停车场自动管理系统 加油站 POS 系统
商业流动	预付购物卡 电表收费卡 医疗保险卡	磁卡收费机 IC 卡电表 医疗管理系统
事物管理	库存、生产管理卡 考勤卡 职员 ID 卡 学生 ID 卡	生产管理系统 考勤管理系统 食堂小卖部、图书馆 消费管理系统
服务行业	会员卡 贵宾卡	各类社会团体、俱乐部、宾馆 商店、酒店、美容院等
通信 保安	电话卡 钥匙卡	磁卡、IC 卡电话机 磁卡、IC 卡、非接触 IC 卡

数据卡的种类较多，应用范围广，此节只介绍 PVC 卡的制作。

二、PVC 磁卡

1. PVC 磁卡及其结构。

（1）PVC 磁卡。PVC 磁卡是在一定规格的 PVC 基材表面覆盖一磁性层，它是一种电磁技术、塑料加工技术和印刷防伪技术为一体的产品。其工作原理是利用磁性层内磁记录介质所特有的磁滞现象记录信息。当写入信息时，写入磁头将产生一外加磁场作用于磁性层表面，使磁介质按图 6-10 中的 a 曲线变化达到最大磁感应强度 Bs，当外加磁场消失后，磁介质中就会按 b 曲线的变化产生剩余磁感应强度 Br，当读出磁头经过时，磁感应强度在读出磁头中产生感应电压，读出记录信息。

（2）PVC 磁卡的结构。PVC 磁卡的结构如图 6-11 所示。

卡的结构根据生产设备及其应用的不同而有区别，中间的硬质 PVC 白片，可选择一层，有的卡只选择硬质 PVC 白片，但印刷后，表面应印刷一层耐磨层，以保护图文。此外，选择的材料可根据实际情况而定。

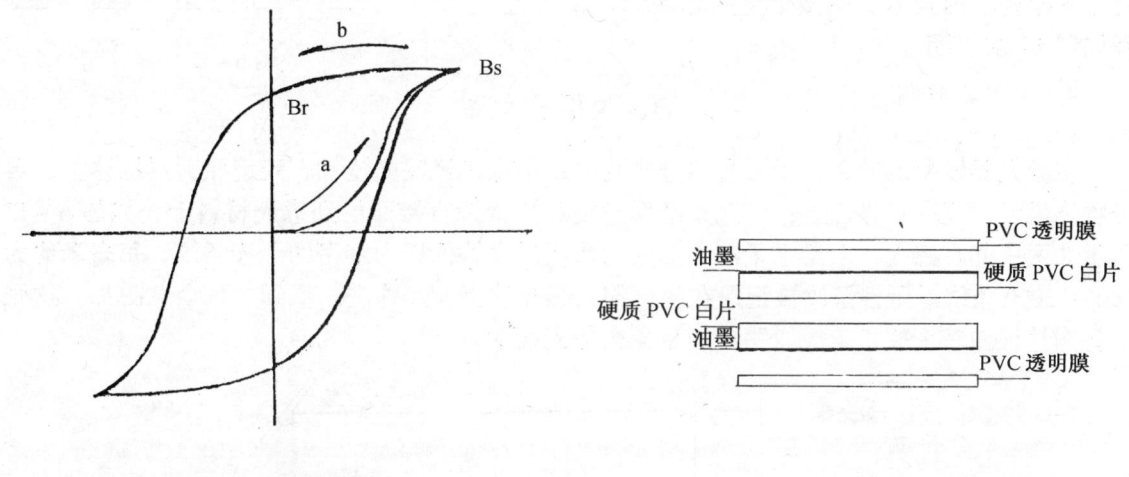

图 6-10 磁感应曲线　　　　图 6-11 PVC 磁卡的结构

2. PVC 磁卡的制作工艺。因设备、材料不同，制作工艺也有区别，但基本过程如下。

（1）设计。根据用户提供的技术说明书及本企业工艺条件设计磁卡图文。

（2）制版打样。打小样，交客户确认签字后连版，连版尺寸应与层压机、模切机所要求的规格尺寸相一致。打出连版样要校核连版尺寸。

（3）印刷。PVC 磁卡属于塑料印刷，一般采用平版印刷（胶印）和丝网印刷。

（4）检查。磁卡材料价格较高，不合格的半成品绝不能进入下一道工序，必须要进行严格检查。

（5）裱磁。在专用的裱磁机上，将转移磁带的胶层与 PVC 透明膜相接触。在一定的速度下，经热压磁性后与 PVC 透明膜粘合，同时将带基剥离。

（6）点焊。将裱磁和未裱磁的 PVC 透明膜各一张放在印刷好的硬质 PVC 白片两边，按照一定的规矩，在最少两个点的位置上，经热压点焊在一起。

（7）层压。将点焊后的 PVC 材料夹在层压板中，放入层压机，在一定的时间内施加压力和温度，使其成为一体。

（8）模切。将层压好的 PVC 材料模切成单个卡片，模切尺寸要严格符合 ISO 标准要求。

（9）检查。检查单个卡片的质量，避免废品进入下一道工序。

（10）加工。在卡的指定位置热压全息图、签字体、打凸码、烫金或烫银。

（11）检测。检验磁卡的印刷质量，四边有无毛边，表面有无气泡、凹痕等外观质量。此外，还要检测磁卡尺寸、凸码高度、层压牢固度、磁条的耐磨性、耐化学药品性等。

第四节　全息照相印刷

全息照相印刷制作的全息图片，具有很高的防伪价值，被广泛用于制作商标、数据卡、有价证券、身份证的防伪标记。由于制作精美，图像的观赏性很强，也用来制作贺年卡及工艺美术装饰品。

通过激光摄像形成的干涉条纹，使图像显现于特定承印物上的技术，叫做全息照相印刷。工艺过程如图 6-12 所示。

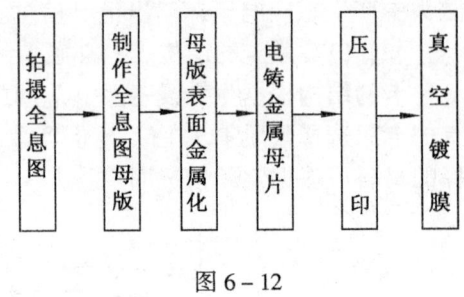

图 6-12

一、拍摄全息图

将激光器发出的激光，用分光器分成两束，一束光经反光镜和扩束镜照射到物体上，再经物体漫反射到达感光片上；一束光经反射镜和扩束镜直接照射到感光材料上，如图 6-13 所示。两束光在感光片上发生干涉，形成无数明暗交替的极为细密的干涉条纹，每毫米约为 1000～3000 条线。干涉条纹被记录在超微粒的感光片上，经冲洗，得到一张全息图片。这张全息图片很像一个按正弦规律明暗交替变化的光栅。

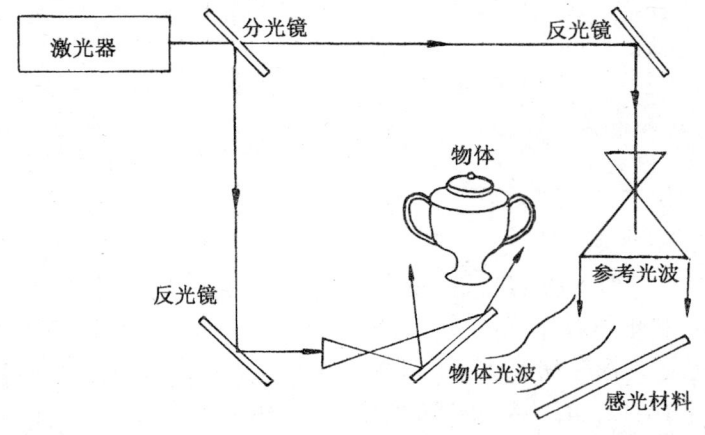

图 6-13　全息照片的拍摄

二、制作全息图母版

如图 6-14 所示，在全息照片与涂有光致抗蚀剂的感光版之间放一有狭缝的挡板。由激光器发出的激光经分光镜被分成两束，一束光经反光镜 A 反射至扩束镜 A，扩束后照射在全息照片上经衍射在照片的后方产生原物体的实像，用实像作为物体光波，通过狭缝照射到感光版上；另一束经反光镜 B，扩束镜 B，直接照射在感光版上，两束激光在感光版上产生干涉，形成"实像"的干涉条纹，再经曝光、冲洗处理，便得到一张浮雕型位相信息图，此信息图便是制作全息图片的母版，它由密密麻麻、错综复杂、凹凸不平的条纹组成。

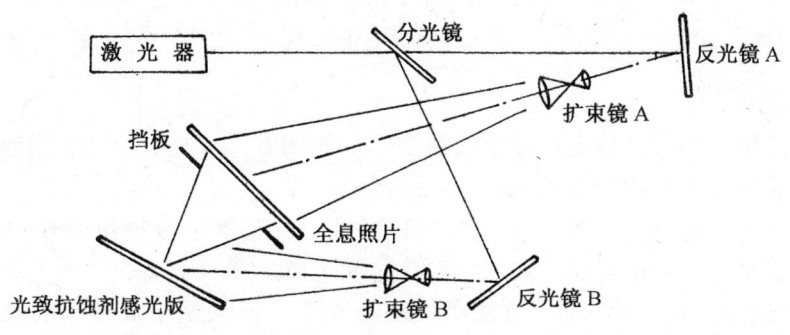

图 6-14 全息图母版光路图

三、母版表面金属化

对母版表面进行金属化处理,使母版表面形成一层导电层。通常采用的方法有:化学沉积镀银法、喷镍法、喷射镀银法三种。这三种方法均能形成导电层,但不会破坏母版表面的干涉条纹。

四、电铸金属母版

在金属化的母版表面,电铸硬度较高的镍,制成机械性能良好的金属模版,参看图6-15(B)。

五、压 印

将金属模版安装在压印机上,用性能良好的聚氯乙烯薄膜进行热压,将浮雕型全息图压印在薄膜上,如图6-15(C)。

六、真空镀膜

在聚氯乙烯薄膜的表面真空蒸镀一层铝膜,以提高膜的反射率,如图6-15(D),获得清晰、明亮的图像。

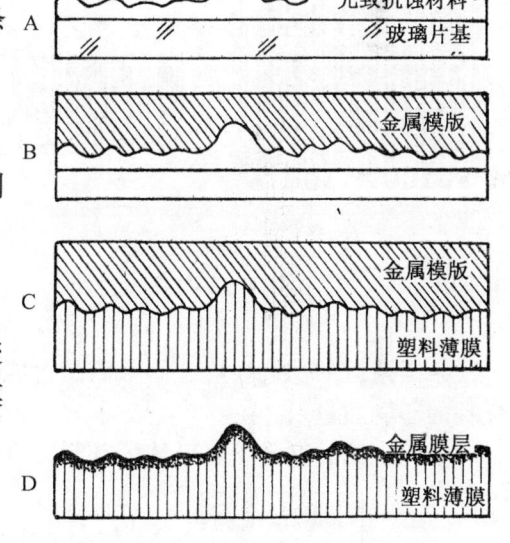

图 6-15 全息图片的制作过程

为保护铝膜表面不受损伤,在铝膜表面再蒸镀一层氧化硅膜或塑料膜。

第五节 条码印刷

条码是由一定长度、宽窄不等的线条与数字符号组成的,被印刷在书刊、商品包装等等的长方形条形块。它是一种利用普通的印刷技术,通过光电扫描阅读装置识读的计算机图形语言。由于它具备技术成熟、成本低、可靠性强、输入快速、具有防伪性、操作方便、对使用环境不苛求的特点,应用范围十分广泛。

条码的码制较多,有 EAN 码、UPC 码……等。本节以常用的 EAN 码为例进行阐述。

一、条码的组成

1. 条码的组成。

（1）条码符号。条码符号为长方形线条图形，如图 6-16 所示。光学扫描器的信息读出主要是对这些条码符号进行阅读识别。

（2）数字符号。它是指图形下面的数字和字母。这些数字符号包括 0~9，字母 A~Z，可直接被人眼识别，一般从 8 位~16 位，码制不同位数也不一样。

2. 编码方法。 EAN 采用的编码方法是模块组配法。模块是组成条码的最基本单元，它的条表示二进制的"1"，空表示二进制的"0"。在条码符号中，条和空分别由 1~4 个同一宽度的深浅颜色的模块组成。如图 6-17 所示，表示数字的每个条码字符都有 2 个条和 2 个空，共 7 个模块组成。计算机就是通过识读模块来识别条码符号的。

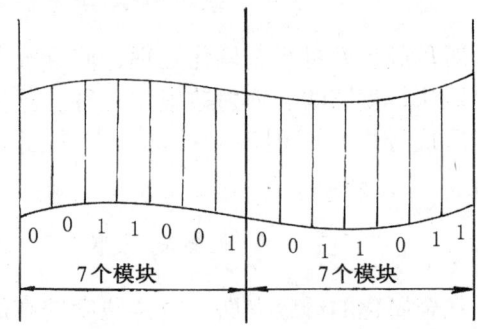

图 6-16　条码的构成　　　　图 6-17　EAN 条码的模切组成

二、条码的识读原理

条码系统的识读性能，即条码是否能够成功的应用，主要取决于系统的识读能力和条码标签的印刷质量。

条码识读装置是条码系统的基本设备，由扫描器和译码器组成（图 6-18）。

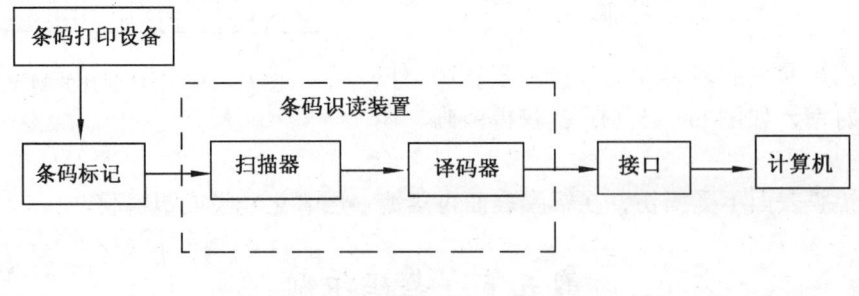

图 6-18

扫描器（又叫光电读入器）装有照亮条码的光源和光电检测器件，当接受条码的反射光后，产生模拟信号，经放大量化后送译码器处理。译码器存储有需译读的条码编码方案的数据和译码算法。识读装置的主要功能是译读条码符号，把条码条符宽度、间隔等空间信息转换成不同时间长短的输出信号，并将该信号转换成计算机可识别的二进制编码输入计算机。

三、条码印刷

条码设计和印刷流程，如图6-19所示。

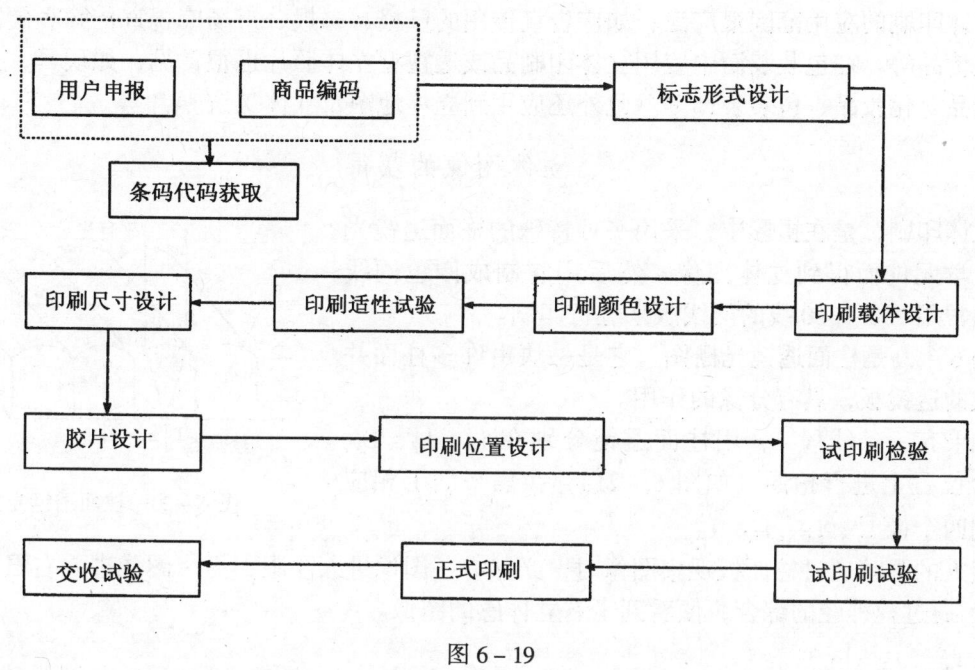

图 6-19

条码印制方式基本上有两类，一是采用传统印刷设备大批量印刷复制，又称商业性的条码标签生产；二是由计算机或微型计算机控制，实时打印条码标签和条码文件。

1. 商业性条码的印刷。对于数量大、规格固定、内容相同的条码，可随商品包装图文采用传统印刷设备批量复制。

（1）条码印刷中要注意的问题。

①为了保证印刷后得到条码设计尺寸，必须在制作原版胶片时，适当减少线宽，以弥补印刷中的扩大偏差，对不同的印刷工艺需控制不同的线宽缩减量，如柔性版印刷的条宽缩减量应大些。

②印刷热收缩包装时要考虑好薄膜收缩后条码所处的位置，要事先计算好纵、横向的收缩倍数，在制版时预先调整，并要选用收缩均匀的高品质的热收缩薄膜。

（2）连续号码的条码标签印刷。类似于表示产品零件流水号、图书馆的存放号以及医学标本序号等的条码连续号码形式，但标签的总体格局是固定的。这类标签可以由专门的标签制作机生产，采用一种专用的整字型条码字头打印机，这种打印机可根据所需标签的要求，如净区尺寸、除条码符号外的字符要求、数字图形要求、条码高度以及其它要求进行结构设计。打印机上的条码符号以及相应的数字符号字头采用照相制版方法刻制，并与金属条轮合成一体，通过选择变号机构，每印制一个号码的条码或字符后，码轮旋转前进一步，实现字符的进位。

2. 计算机控制的条码打印。随着计算机的硬拷贝输出设备——打印机的发展，从技术上看，几乎每种打印机都能完成条码标签及文件的打印，其差别是精度较低的打印手段只能完成低密度条码的打印，而精度高、性能好的打印设备能完成高密度条码的打印。

条码打印设备有击打式点阵打印机、喷墨打印机、热敏打印机、热转印式打印机及激光打印机。

第六节　立体印刷

立体印刷的应用范围很广泛。如广告宣传用的壁报、海报、市场广告宣传牌和橱窗广告陈列宣传品等。在包装装潢中应用立体印刷品或透视型立体照片也很常见，如玩具、文教用品、食品、化妆品、包装装饰等。此外还应用到立体地图及立体X光照片等。

一、立体图像的获得

立体印刷，是在摄影中，采用一种特殊的柱面透镜光栅板光学元件而得到立体图像，然后用它制成四色网线版，通常用250～300线的网线版来进行印刷。

图6-20是柱面透镜光栅图。它是一块由许多柱面并列组成的透镜板，具有分像的作用。

如果有一条线段L，用柱面透镜分别在L_1、L_2、L_3、L_4四个位置上进行拍照（如图6-21），在焦平面上相应地得到四个像L_1'、L_2'、L_3'、L_4'。

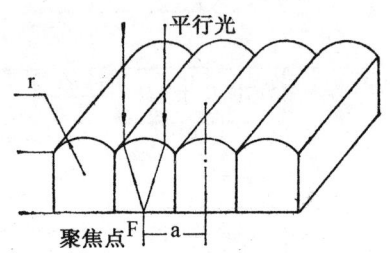

图6-20　柱面透镜光栅

当人的眼睛通过柱面板观察图像时，必然有一图像进入左眼，另一图像进入右眼，如图6-22，通过视神经的综合，便看到了右立体感的图像。

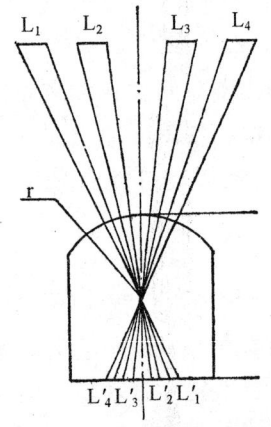

图6-21　柱面透镜分像原理

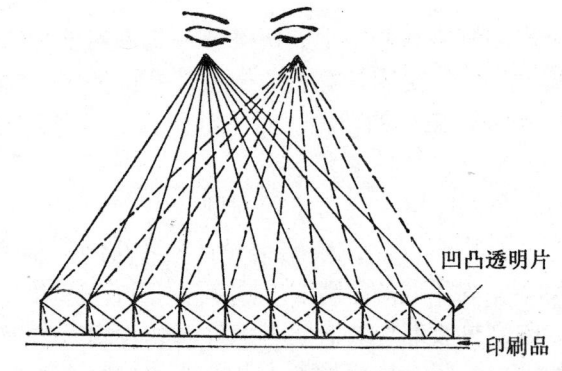

图6-22　立体印刷品视觉图

二、立体印刷工艺

立体印刷的主要工艺流程如图6-23所示。

1. 拍摄立体照片。立体印刷，必须以立体照片为原稿，因此，要进行立体摄影。

立体摄影，常用的方法是：将柱面光栅板直接加装在照相机的感光片前面，在一定的视野内移动照相机，把被摄物连续地拍摄下来。拍摄前要对被摄物的位置、角度、中心点以及光栅板的间距等进行精确的计算。

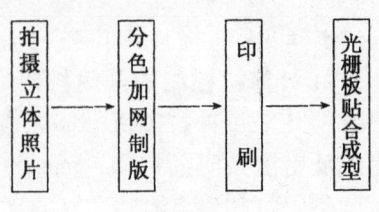

图6-23

2. 分色加网制版。将立体照片进行分色、加网并制出四块印版。制版方法与平版制版相同，一般使用 PS 版印刷。因为柱面光栅板有放大作用，故要采用高网点线数制版，用电子分色机分色时，扫描线数在 400 线/厘米以上，加网线数在 120 线/厘米以上。

柱面光栅板是平行的直线条，容易和网点产生闪动的光晕，因此，要避开使用 45°和 90°的网点角度，根据光栅板栅距的不同改变网目角度。

表 6-3　　　　　　　　　　　网目角度比较

色别	立体印刷			平版印刷
	栅距 0.44mm	栅距 0.31mm	栅距 0.25mm	150 线网目
	光栅 58 线	光栅 81 线	光栅 100 线	
黄	50°	66°	50°	90°
品红	20°	22°	20°	45°
青	65°	51°	65°	75°
黑	65°	51°	65°	15°

3. 印刷。立体印刷一般采用平版印刷的方式。在印刷过程中，要求网线清楚，套印准确，因为印刷品上还要复合一张塑料光栅板，套色误差不允许超出 0.02mm。光栅运用柱镜板把图面分割成上百个断面，不仅使部分断面起凸透镜的聚焦作用，还对其它断面起阻隔作用。所以只有套色正确的印刷品复合上光栅板后，才能制得图像清晰、质感强的立体图片。

4. 光栅板贴合成型。光栅板与印刷品的贴合成型，是立体印刷的关键性工序。

（1）光栅板模具制作。刻制光栅板的刀具采用合金材料，制作时按光栅尺寸预先画好样板，然后将样板覆在投影仪的对光板面台上，用金钢钻膏对刀具手工研磨，使刀的弧形符合所设计的几何圆弧，这种刀具刻制的光栅板质量才能达到技术标准。

（2）贴合成型。光栅板的模具刻制完成后，即将印刷品与压制的光栅板复合成立体印刷品。立体印刷品有硬塑立体图片和软塑立体图片印刷品之分。

硬塑立体图片用聚苯乙烯原料注塑成型的光栅板复合在印刷品上制成产品；软塑立体图片用 PVC 软塑薄膜材料在光栅压模机上与印刷品复合成产品。

第七节　贴花印刷

贴花印刷品，也叫贴花纸。分为商标贴花纸和瓷器贴花纸两大类。机床、仪器、自行车的商标、家具上的商标、瓷器上的图案，大多是用贴花纸转印而得到的。

贴花印刷中的图案花纹不是印在纸张上，而是印在涂布于纸面的树胶层上。贴花印刷的成品贴在所要装饰的物体表面，利用树胶的水溶性，用水浸泡，待树胶溶解并揭下纸，图案花纹就被转移到物体表面。它是一种用途较广的转移印刷方法。

贴花印刷有瓷器贴花和商标贴花两种，主要用来装饰工业产品，它们的工艺过程如图 6-24 所示。

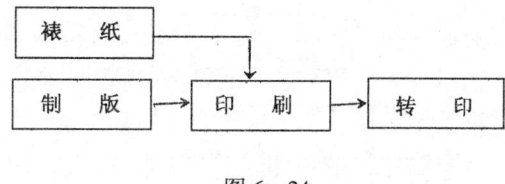

图 6-24

一、裱纸

贴花印刷的纸张,是用手工或机械裱制的专用纸张,纸上的涂层如图6-25所示。

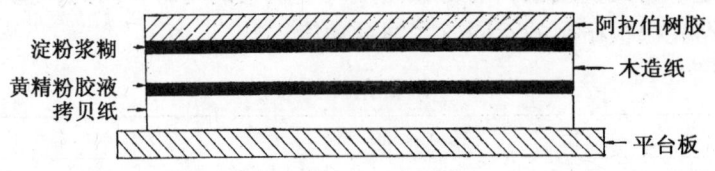

图6-25 贴花印刷用的纸基结构

裱纸的方法分手工裱纸和机械裱纸两种。

手工裱纸的过程:先将拷贝纸铺在平台板上,用排笔均匀地涂布黄精粉胶液,然后把木造纸覆盖在拷贝纸上,反复刷平,使两纸间无气泡,由平台板上揭下,约晾半日,用排笔蘸刷淀粉浆糊,当淀粉干燥后,再在表面涂布阿拉伯树胶,晾干后即可印刷。

机械裱纸的操作过程:将拷贝卷筒纸和木造卷筒纸分别置于裱纸机的装纸轴上,中间有一涂胶辊,通过装纸和涂胶辊的转动,把海藻酸粘合剂涂于拷贝纸和木造纸中间,经压平辊将两层纸张粘合,再经烘干,一直传送到收纸部分,然后送轧光机上胶,即可印刷。

二、制版

贴花印刷的制版工艺与一般平版制版相同,印版上的图文是正向的,当印到胶纸上时,则成反向,而转印到所需要的器物表面时,图文又成为正向。

三、印刷

贴花印刷一般采用平版胶印的方法,但印刷时要先在贴花纸上印一层透明的调墨油。如果是商标贴花,可以使用普通平印彩色油墨或马口铁印刷用的印铁油墨。

先印透明性强的色墨,后印遮盖力强的色墨,这样当贴花纸转印后,就得到了和普通印刷色序相同的图文。通常在最后一层油墨上,再加印一次最不透明的由钛白粉制成的白墨,其目的是作为底层,使物体本身的颜色影响商标的色彩。

印刷陶瓷贴花纸时,必须使用耐高温颜料制成的特殊油墨,以经受高温煅烧。耐高温颜料大部分是金属氧化物,颗粒较粗,熔点各不相同,印刷的墨色较厚,因而只能套色而不宜叠印。

四、转印

商标贴花纸转印,先将被转印的物体表面,如木器、金属制品的表面,涂布一层凡立水,稍稍晾干,再将用水或硼酸液润湿过的贴花纸贴在上面,并施加一定的压力,然后小心地将纸基揭下来。

陶瓷贴花纸的转印,要先在瓷器表面涂一层明胶液,再把贴花纸贴在上面,贴花纸上的图案转移到瓷器上以后,要用水洗去残留在瓷器表面上的胶质,待晾干后即可入窑煅烧。一般要经过400℃~500℃,甚至800℃的温度,才能出现需要的颜色。

长期以来,陶瓷贴花纸主要利用平版印刷印制。近几年,随着丝网印刷技术的发展,陶瓷表面的装饰越来越多地使用丝网印刷。用丝网印刷的陶瓷贴花纸，墨层厚实，着色力强，转贴到陶瓷釉面上的图案经烧结，色彩鲜丽、富有立体感，能产生手工描绘的艺术效果。

用丝网印刷陶瓷贴花纸的工艺流程（图6-26）：DTP系统是专为陶瓷贴花纸图案设计开发的，除具有一般图像处理的功能外，还具有勾边、膜版制作等特殊功能，以适应陶瓷贴花的需要。

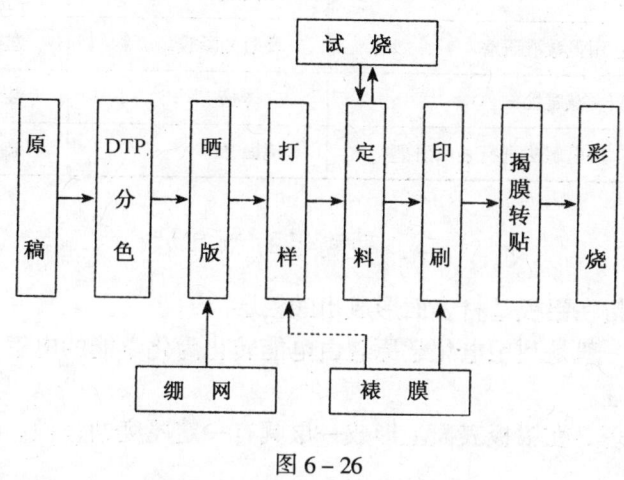

图6-26

丝网印刷一般选择300目的聚酯网，油墨需要由专人按照原稿以及制版人员提供的颜色进行调配。

第八节 铭牌印刷

铭牌印刷是指以铭牌为主要产品的印刷。

从家用电器、光学制品、日用品等到大型的工业制品，都装有表示其名称、性能的铭牌。这种铭牌大多由专业制造厂生产。铭牌的材料过去一般采用铁、铜或黄铜等，现在大多以铝为主体。

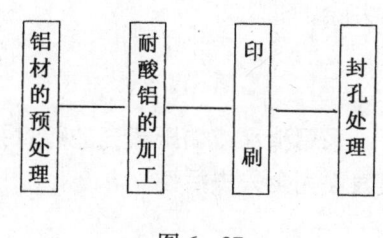

图6-27

以铝作为铭牌的基材主要有两种制作方法。一是以铝直接作基材使用制成铝制铭牌；二是把铝进行阳极氧化处理得到氧化铝（耐酸铝）皮膜，在皮膜上经染色制成耐酸铝铭牌。

耐酸铝制铭牌的制作工艺如图6-27所示。

一、铝材的预处理

铝材的预处理主要有机械处理、化学处理、电化学处理等，可按使用目的不同进行选择（表6-4）。

表6-4　　　　　　　　　　铭牌用铝板的预处理

处理方法		表面状态	用途
机械处理	抛光：将磨料放入研磨	光泽	消除表面划痕，装饰用
	喷丸：用压缩空气将磨料喷射铝表面	呈梨皮状	消除划痕，装饰用
	刷式研磨	表面光洁	装饰用
	雕刻或压痕	压凸效果	装饰用
化学处理	化学研磨：用强酸液研磨	反射光泽较高	装饰用
	蚀刻：用酸、碱腐蚀	立体感	装饰用
电化学处理	电解研磨：由电解法进行表面研磨	镜面光泽	装饰用

二、耐酸铝的加工

耐酸铝的加工是指在铝板基材表面形成耐酸铝层。

耐酸铝层的形成一般是利用电化学原理由电能转化为化学能的电解过程而实现的，这就是所说的阳极氧化处理。

通过阳极氧化处理，在铝板表面上形成一层具有一定厚度的坚硬、致密的氧化铝膜，制成耐酸铝。

三、印　刷

首先在耐酸铝层表面涂布感光性乳剂，然后用照相软片进行密附、曝光，经显影后，用油溶性染料进行耐酸铝的染色。若将上述工艺过程反复进行，便可得到多色的染色耐酸铝膜。此外，还可在感光乳剂上用耐药品性油墨进行蚀刻，可以得到具有立体感的铭牌。

采用丝网印刷的方式，先在染色后的耐酸铝表面印刷出保护膜图像，将不印刷部分的染料去除。

四、封孔处理

采用沸水或加压蒸气进行封孔处理，消除表面残留的吸附性，使其通过阳极氧化得到的膜表面完全失去活性。

第九节　软管印刷

软管印刷是利用弹性橡胶层转印图像的原理或其它的印刷方式，对软管进行印刷的总称。

软管按所用的材质和制造方法，可以分为金属挤压软管、塑料挤压软管、层压复合软管和吹塑软管。

本节只对金属挤压软管的印刷进行阐述。

一、冲制软管

金属软管一般用锡、铅、铝等金属制造。

把金属锡或铝板先冲成圆片，再把圆片放进冲压成型机，冲成圆管。因为金属管比较硬，需放在 500℃的烘箱中，烘烤一分钟使其软化。

为了提高铝材的耐内装物性、应对内表面进行涂装处理，防止因铝材接触内装物被腐蚀，同时也防止内装物与铝材直接接触而变质。所用的涂料主要有环氧、环氧酸、环氧氨树脂等。

为了形成软管底色，如图 6-28 所示的辊式涂装设备，涂布白色或彩色涂料。所用涂料主要有改性醇酸、改性环氧树脂等。

二、印刷

软管印刷，一般采用凸版印刷方式，先把印版上的图文，印在包有橡皮布的滚筒上，然后再转印到软管上。如果是多色套印的图文，各印版上的油墨，依次套印在橡皮滚筒上，随后多色油墨的印迹一次转印到软管上。

软管印刷机，大多采用流水线作业，为联动印刷机。主要由印版滚筒、橡皮滚筒、套软管的压印滚筒盘、墨斗、输送机构组成，参见图 6-29。

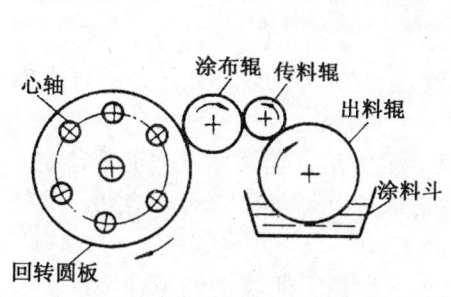

图 6-28 辊式涂装机

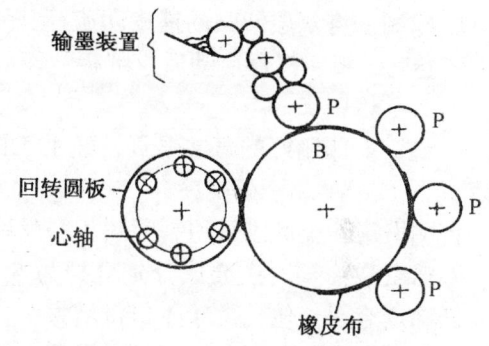

图 6-29 四色软管印刷机工作原理

金属软管套在压印滚筒的压印辊上，与橡皮滚筒相接触时，靠摩擦而旋转。软管旋转一周，离开橡皮滚筒，完成一次软管的印刷。印刷后的软管，用红外线照射，使油墨迅速干燥。

软管印刷的油墨，应具有耐热、耐光、耐挤压、耐弯折、耐水等性能，还应具有抗软管内物质腐蚀的性能。

近几年，塑料软管、层合软管（由铝箔与塑料膜复合而成），在包装印刷中占的比例不断上升，可以先印刷再成型或采用热压转印的方法印刷。

第十节 盲文印刷

盲文是盲人使用的文字，由凸起的点子组成拼音文字。盲人用手触摸点子的位置，以此识读文字。因此盲文是用特殊的方法印刷的。

盲文书籍印刷的印刷工艺如图6-30所示。

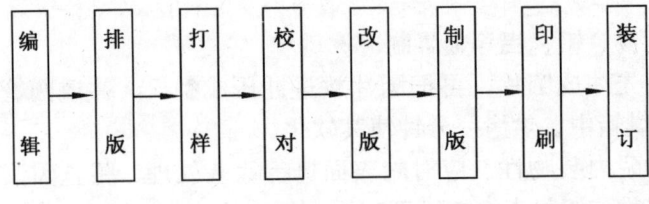

图6-30

1. 编辑。按照盲文书籍的制版、印刷要求，编辑人员进行版面设计。

2. 排版。用盲文计算机排版系统，进行盲文的录入、排版并存入磁盘。

3. 打样。将磁盘中的文字信息输入特制的盲文打样机，打出校样。

4. 校对。明眼人口读，盲人校对人员边听边用手触摸校样，并标注出错误的文字或部位。

5. 改版。排版人员根据校样的标注，对存储在计算机中的文字版面进行修改。反复多次，直到校改无误为止。

6. 制版。将磁盘中的排版信息，输入盲文打版机。打版机上安装有双层铁皮，机器启动后，按照盲文点子的位置，在铁皮上冲压出凹凸的点子，制成盲文印版。

7. 印刷。将双层凹凸的铁皮印版，分别固定在圆压圆印刷机的两个滚筒上，对准规矩，安装好卷筒纸板，机器启动后，纸板从印版中穿过，经滚筒加压，纸板上便形成隆起的盲文圆点。

8. 装订。印刷好的盲文书页，经手工配页、锁线订、粘糊书皮，便成为供盲人阅读的书籍了。

盲文书籍，也可以采用制版照相和丝网印刷相结合的方法，用微球发泡油墨印刷。

微球发泡油墨的主要成分是直径为 5~80μm 的球体，中间充有低沸点溶剂。球体受热后，低沸点溶剂汽化，微球体积将增大 5~30 倍。

用丝网印刷的盲文，经低温干燥后，再经130℃烘道加热，油墨中的微球膨胀，有墨迹的部位便形成了凸起的盲文点子。

第十一节　木刻水印

木刻水印是我国劳动人民创造发明的一种传统印刷方法，已有一千多年的历史，专门用来复制我国特有的水墨画、彩墨画和绢画等手迹艺术品。印刷出来的成品，能保持原作的笔调、气韵和风格，达到乱真的效果。

特殊风采的木刻水印产品，1959年在莱比锡国际艺术展览会上获得了金质奖章，被誉为"再创造的艺术"。

木刻水印，完全依靠手工来制作，每一道工序都要按照原稿的特点分析制作，要求操作者具有较高的艺术修养和卓越的复制技能。

木刻水印主要有以下4道工序（图6-31）。

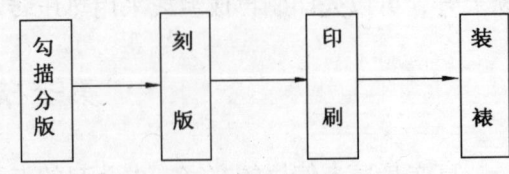

图6-31

1. 勾描分版。首先对原稿的色彩层次，浓淡虚实和画家的风格、艺术特点及画面大小进行仔细的分析。然后把原稿上同一色彩阶调的笔迹归纳到同一版内。原稿上有几种色调，就分几套色版，色调简单的一般也需几套至几十套版，复杂的原稿则需要几十套以上，有的甚至超过几百套。

分版后，用半透明的雁皮纸把每块版勾描下来。勾描者要以很高的绘画技艺临摹，以达到再现时逼真如实的境界。

2．刻版。把勾描好的雁皮纸底稿，分别贴在梨木或枣木木板上，干燥后进行雕刻。

刻版工人要用高超的雕刻技艺，细心领会原作的精神和笔法，从而把原作的技法和笔触在刀下生动地表现出来。

3．印刷。各版刻完之后，依照原作一块版一块版地依次套印，在画面上一次一次地增添颜色和笔触，逐渐套印成一幅完整的印刷品，然后根据原作再以渲染、润色、枯笔等艺术技巧，用画笔适当地加工。

印刷时，使用和原作相同的宣纸和中国画颜料，充分利用水溶颜料的浸润现象，来表达原稿的神彩和特有风格。

4．装裱。印刷的成品，用传统的国画装裱形式加以衬托、裱糊，以便张挂或长期保存。

习 题

1. 何谓不干胶标签？不干胶标签印刷有何特点？简述不干胶标签印刷的特点。
2. 一张完整的表格印刷品应具备哪些印刷内容？表格印刷机有何特点？
3. 何谓数据卡？数据卡如何分类？有何用途？简述 PVC 磁卡的制作工艺。
4. 简述条码印刷的工艺。
5. 简述全息照相印刷的工艺。
6. 简述立体印刷图像获得的原理。简述立体印刷工艺过程。
7. 简述贴花印刷的工艺过程。
8. 简述铭牌印刷工艺。
9. 简述软管印刷的工艺过程。
10. 盲文书籍是怎样印制的？
11. 简述木刻水印的工艺过程。

第七章 印后加工

将经过印刷的承印物，加工成人们所需要的形式或符合使用性能的生产过程，叫做印后加工。主要包括装订、印品的表面整饰。

第一节 书刊装订工艺

将印好的书页、书贴加工成册，或把单据、票据等整理配套，订成册本等印后加工，统称为装订。

书刊的装订，包括订和装两大工序。订就是将书页订成本，是书芯的加工，装是书籍封面的加工，就是装帧。

一、书刊装订工艺的演进

我国最早的书，是用皮带或绳子把写有文字的竹片、木片，连串成册，称为"简策"。

简策十分笨重，不易阅读。后来人们把写有文字的丝绢，按照文章的长短裁开，卷成一卷，有的还在丝绢两端配上木轴，便出现了"卷轴装"的书。

纸张发明以后，把文字写在纸张上，按照一定的规格，向左右反复折叠成长方形的册子，将前后两页粘上硬纸或较厚的纸，作为封面和封底。这种装帧最初用于佛教经典，故叫经折装（参看图7-1）。

经折装的书籍，最前面的一页和最后面的一页是分开的，将经折装的首、末两页粘连在一起，翻开阅读有风吹来时，中间的纸页飞起，犹如旋风，故名旋风装（参看图7-1）。

用以上两种方法装帧的书籍，翻阅时间长了，折叠处断裂，书页散落。到了宋朝，开始采用浆糊粘连或用丝线穿订的方法来装订书籍，出现了如图7-1中所示的蝴蝶装和包背装。

从明朝中期，开始有了线装书籍。线装书装订牢固、装帧美观、翻阅方便。

清朝以后，活字印刷逐渐代替了雕版印刷，印刷品的产量、品种不断增加，装订技术也得到了相应的发展，逐步从手工操作走向机械化。

二、书刊装订的方法及主要工艺流程

1. 书刊装订的方法。书刊装订方法分为精装、平装、骑马订装、古装和其它印后加工形式（如图7-2所示）。平装书芯的订联方法有铁丝平订、缝纫订、锁线订、无线胶订等多种形式。精装书芯的订联方法有锁线订和胶粘装订等。

2. 书刊装订的主要工艺流程。书刊装订工作十分繁杂，如一般的平装书需要十几道工序，精装书需要二十多道工序，特装书的装订工序高达五十多道。不同的装订方法，操作工序不一样，就是同一种装订方法，也可以采取不同的操作工艺。下面仅写出平装、精装工艺的流程。

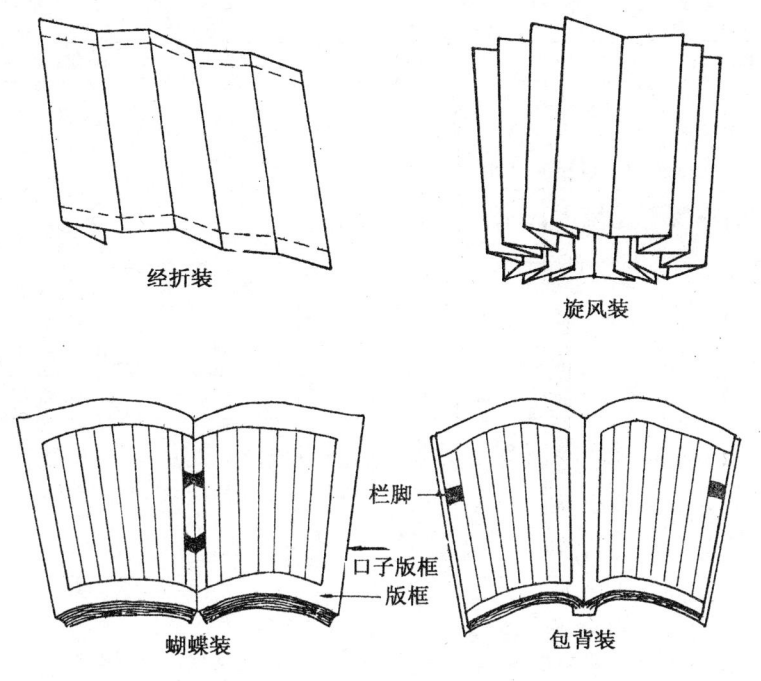

图 7-1 古代书籍装帧的形式

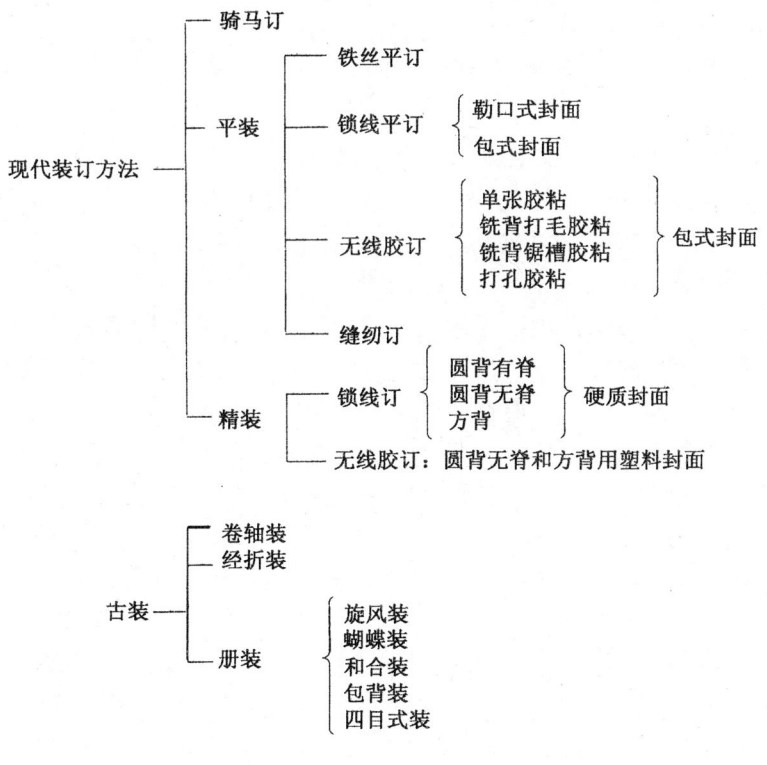

图 7-2

149

平装书制作的主要工艺流程：

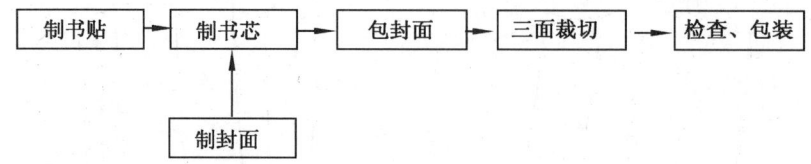

精装书制作的主要工艺流程：

为了加快出书速度，书刊的两个主要部分——书芯和封面的加工是并行的。上述工艺流程中的每一个过程都是一个操作过程的总称。例如制书帖，是由撞页、裁切、折页、压平和书帖捆扎等工序组成。

三、骑马订工艺

在骑马配页订书机上，把书帖和封面套合后跨骑在订书架上，将铁丝从书刊的书脊折缝外面穿进里面，用两个铁丝钉扣订牢称为骑马订，如图7-3所示。

骑马订具有工艺流程短、出书快、成本低、书页能摊平、阅读方便等优点。但铁丝钉易生锈，牢度低，使用时间较久后，封面和内文中间页容易脱落。骑马订装多用于装订期刊、杂志、画册、商品样本、练习本等印刷物，是目前国内外常用的装订方法之一。

骑马订是书刊装订形式之一。因订书时要跨骑在订书架上而得名，骑马订的书帖采用套帖配页。配帖时，将折好的书帖从中间一帖开始，依次搭在订书机工作台的三角形支架上，最后将封面套在最上面。订书时，用铁丝从书刊的书脊折缝外面穿进里面，并被弯脚订本，通过三面裁切即成为可供阅读的书刊。

图7-3 骑马订

骑马订是一种较简单的订书方法，工艺流程短，出书速度快；用铁丝穿订，用料少，成本低；书本容易开合，翻阅方便。但在使用过程中封面易从铁丝订连处脱落，不易保存。所以，骑马订装订方法常用于装订保存时间比较短的杂志、期刊和小册子之类的书籍。又因骑马订采用套帖法，产品的厚度受到一定限制，一般最多只能装订100页左右的书刊。

常用的骑马订书机有两种：一种是半自动骑马订书机；另一种是全自动骑马订书联动机。全自动骑马订书联动机是一种多工序的联动化装订机械，用铁丝装订各种画报、杂志、期刊等，用途广泛，生产效率高。

1. 骑马订生产联动线。有代表性的骑马订订书联动生产线是瑞士马蒂尼公司生产的235型铁丝订书联动生产线，该机主要用于装订厚度在6mm以内的期刊、杂志和小册子等。由搭页（配页）、骑马订、三面裁切机构组成，并带有质量检测控制、废页剔除、成品堆积计数和安全装置等。该机最大的特点是采用积木式组合，可以根据不同情况，在上述的组成基础上再加上堆积机、包装机、插页机等组成新的多种形式的装订联动线，适应用户的各种需要。图7-4为骑马订联动机的几种组合形式。

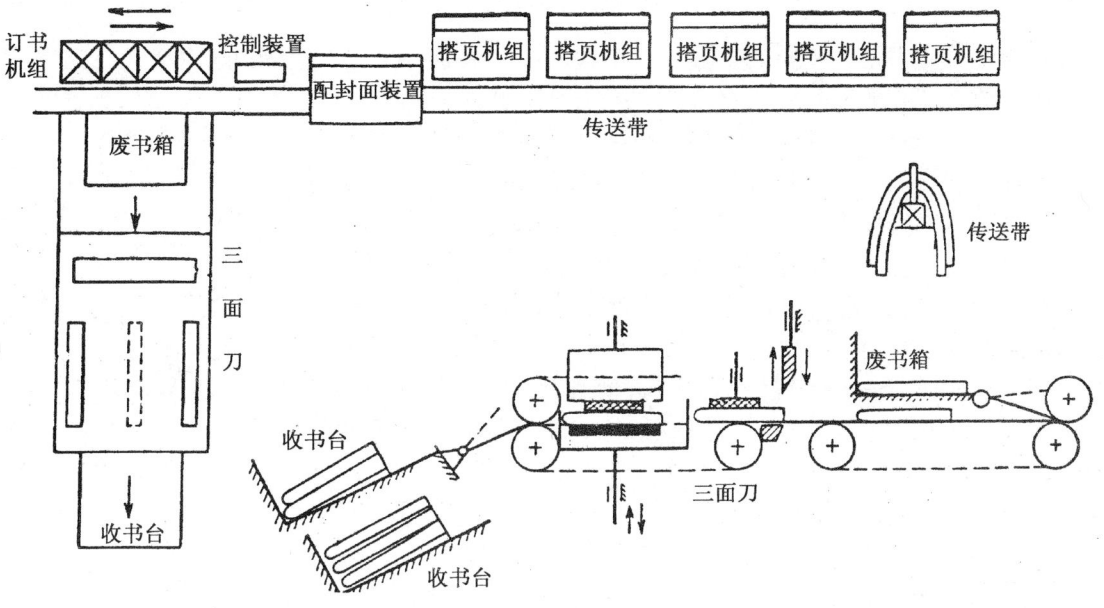

图7-4　三联型骑马订联动订书机工作过程示意图

2. 骑马订质量要求。

（1）书页与书帖。

①三折及三折以上书帖，应划口排除空气。

②59g/m² 以下纸张最多折四折；60~80g/m² 纸张最多折三折；81g/m² 以上纸张最多折二折。

③书帖平服整齐，无明显八字皱折、死折、折角、残页、套帖和脏迹。

④书帖页码和版面顺序正确，以页码中心为准，相连两页之间页码位置允许误差≤4.0mm，全书页码位置允许误差≤7.0mm，画面接版允许误差≤1.5mm。

（2）装订质量。

①配帖应正确、整齐。

②订位为钉锯外钉眼距书芯长上下各1/4处，允许误差±3.0mm。

③订后书册无坏钉、漏钉，书册平服整齐、干净，钉脚平整、牢固，钉锯均钉在折缝线上，书帖歪斜允许误差≤0.2mm。

（3）成品质量。

①成品裁切歪斜误差≤1.5mm。

②成品裁切后无严重刀花、无连刀页、无严重破头。

③成品外观整洁、无压痕。

（4）使用铁丝规格。根据纸质的厚度，铁丝直径为0.5mm~0.6mm。

四、平装工艺

平装是现代书籍、图册的主要装订形式之一。通常用纸封面和覆膜形式，以齐口居多，也有勒口的。平装的书芯加工有多种方式：铁丝平订、缝纫订、三眼线订、无线胶订、锁线订、塑料线烫订等。平装工艺简单，使用方便，价格低廉，是目前我国应用最普遍的装订形式，国际上称平装书为纸皮书或小册子，如图7-5所示。

平装书籍加工工艺流程如图7-6所示。

1. 撞页裁切。印刷好的大幅面书页撞齐后，用单面切纸机裁切成符合要求的尺寸。

裁切是在切纸机上进行的。切纸机按其裁刀的长短，分为全张和对开两种，按其自动化程度分为全自动切纸机、半自动切纸机。操作时，要注意安全，裁切的纸张、切口应光滑、整齐、不歪不斜、规格尺寸符合要求。

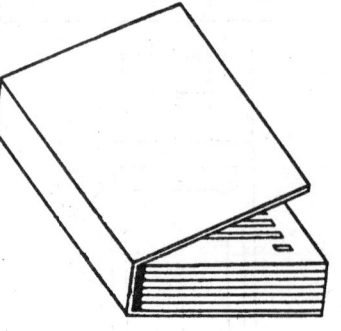

图7-5 平装书

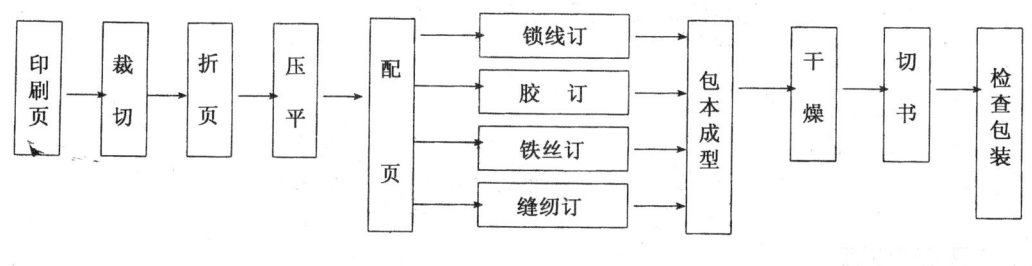

图7-6

2. 折页。印刷好的大幅面书页，按照页码顺序和开本的大小，折叠成书帖的过程，叫做折页。

折页的方式，大致分为三种。

（1）垂直交叉折页法。每折完一折时，必须将书页旋转90°角折下一折，书帖的折缝互相垂直（参看图7-7）。这种折页形式，操作方便，折数与页数有一定关系。

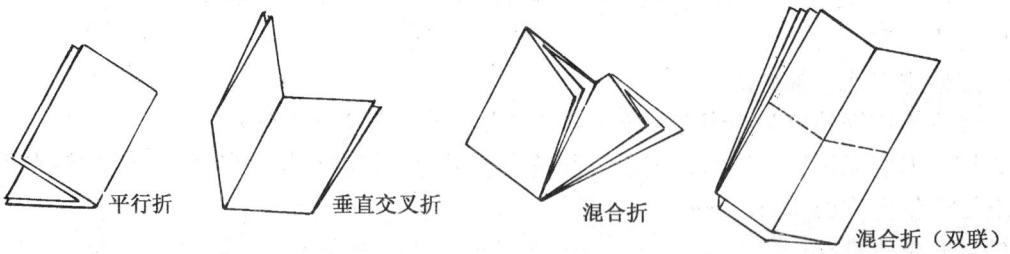

图7-7 折页方法示意图

（2）平行折页法。折出的书帖折缝互相平行，如图7-7所示。适用于折叠较厚纸张的书页，如少儿读物、画册等。

（3）混合折页法。在同一书帖中的折缝，既有平行，又有垂直的折页方式为混合折页法。用机器折成的书帖大部分是这种形式（参看图7-7）。

目前，我国的印刷厂，大部分采用机械折页。折页机分为刀式折页机、栅栏式折页机和栅刀混合式折页机，有全张和对开两种。

刀式折页机，是采用折刀将纸张压入旋转着的两个折页辊的横缝里，通过两个辊与纸张之间的摩擦力来完成折页过程（参看图7-8）。这种折页机可以折全张的印张，折页精度高，但占地面积大。

栅栏式折页机，是使运动的纸张，通过折页辊沿着栅栏往前运动，直至挡板，在折页辊的摩擦作用下，纸张被弯曲折叠（参看图7-9）。这种折页机折页速度快，占地面积小，但不适合折幅面大、薄而软的纸张。

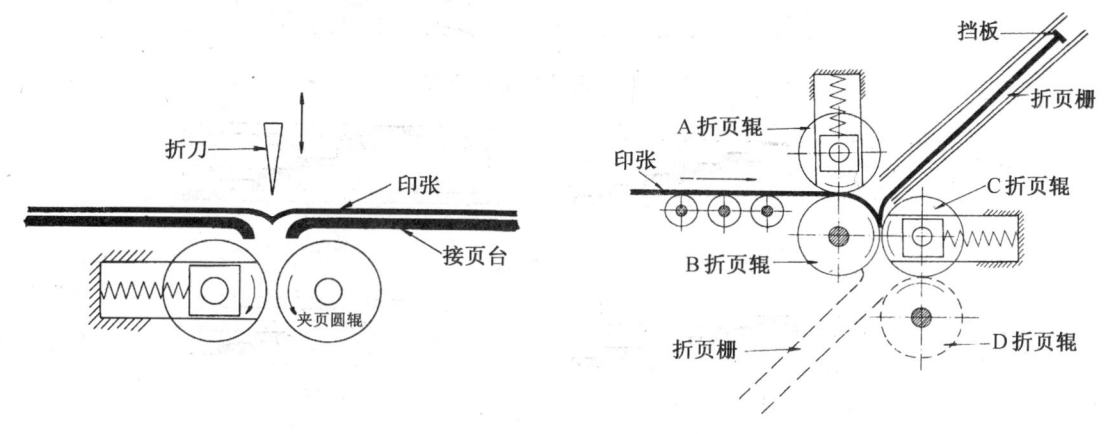

图7-8　刀式折页机折页原理图　　　　图7-9　栅栏式折页机原理图

同一台折页机，是由刀式和栅栏式组合而成，叫做栅刀混合式折页机。这种折页机的折页速度比刀式折页机快。

此外，书刊卷筒纸印刷机，一般都附设有折页装置。

3. 配书帖。把零页或插页按页码顺序套入或粘在某一书帖上。

4. 配书芯。把整本书的书帖按顺序配集成册的过程叫配书芯，也叫排书。有套帖法和配帖法两种。

（1）套帖法。将一个书帖按页码顺序套在另一个书帖里面或外面，形成两帖厚而只有一个帖脊的书芯。该法适合于帖数较少的期刊、杂志。

（2）配帖法。将各个书帖按页码顺序，一帖一帖地叠擦在一起，成为一本书刊的书芯，供订本后包封面。该法常用于平装书或精装书。

配帖可用手工，也可用机械进行。手工配帖，劳动强度大、效率低，还只能小批量生产，因此，现在主要利用配帖机完成配帖的操作。

配帖机的工作原理如图7-10所示。将书帖按顺序放在传送带上，依次重叠，完成书芯的配帖。

为了防止配帖出差错，印刷时，每一印张的帖脊处，印上一个被称为折标的小方块。配帖以后的书芯，在书背处形成阶梯状的标记，如图7-11所示，检查时，只要发现梯档不成顺序，即可发现并纠正配帖的错误。

将配好的书帖（一般叫毛本）撞齐、扎捆，除了锁线订以外，在毛本的背脊上刷一层稀薄的胶水或浆糊，干燥后一本本地分开，以防书帖散落，然后进行订书。

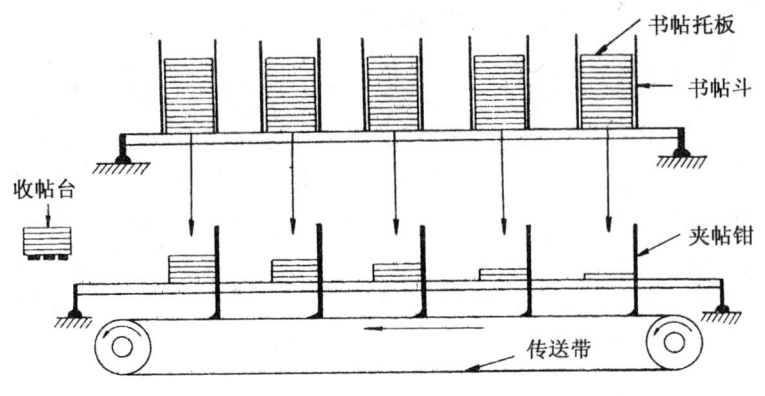

图 7-10 配帖机工作原理图

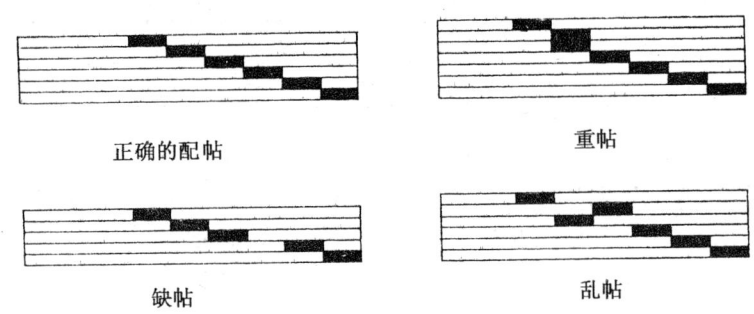

图 7-11 书背的梯档

5. 订书。 把书芯的各个书帖，运用各种方法牢固地连接起来，这一工艺过程叫做订书。常用的方法有铁丝平订、锁线订、无线胶订、缝纫订四种。

(1) 铁丝平订。铁丝平订又称铁丝订或平订，是将用配帖法配好的书帖，在订口处（一般离书脊 5mm 处），用订书机将铁丝穿过书芯在背面弯折，把书芯订牢的订书方法，如图 7-12 所示。

铁丝平订一般用于装订较厚的书刊、杂志，它对装订的书帖有较宽的选择性。如果装订的书芯太厚，铁丝钉无法伸出背面卡紧时，可使铁丝钉在书芯的前后套住直订。

铁丝订的生产效率高，价格便宜，所订书册的书背平整美观。但铁丝的订脚紧，较厚的书不易翻阅；铁丝受潮易生锈，一方面影响书的牢固程度，另一方面锈斑渗透封面，造成书页的破损和脱落。

(2) 锁线订。将已经配好的书芯，按顺序用线一帖一帖沿折缝串联起来，并互相锁紧，这种装订方法称为锁线订，参看图 7-13。

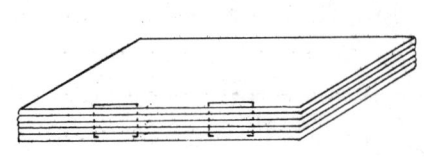

图 7-12 铁丝平订示意图

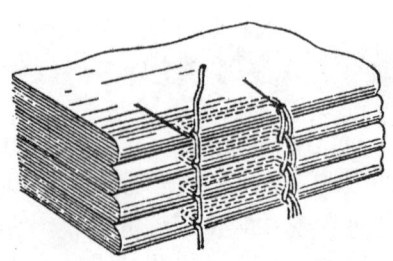

图 7-13 普通锁线订示意图

154

锁线订是一种历史悠久，质量较高的传统订书方法，是用线沿各书帖折缝处订逢，不占订口，装订成册的书籍容易摊平，阅读时翻阅方便，可以装订各种厚度的书籍，并且对于胶质和各种外来条件的作用比较稳定，因此，锁线订书芯的牢固度高，使用寿命长。

目前，质量要求字和耐用的书籍多采用锁线订。锁线订的缺点是：锁线机一般是单机操作，书芯中书帖的数量越多，锁线劳动强度越大，与其它装订设备的生产效率不易平衡，难以实现装订联动化；由于每个书帖的订缝处都有两根线，所以书芯的书脊处增厚，并且还要大量消耗价格较贵的订缝用线。

锁线订的方式分为平锁和交叉锁两种，参看图 7-14。

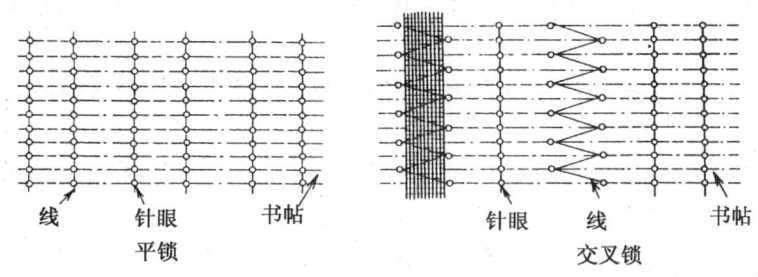

图 7-14 锁线订

（3）无线胶订。无线胶粘装订是指用胶质物质将每一帖书页沿订口相互粘接为一体的固背装订方法。从配页到出书整个无线胶订的工艺过程，可以在一台机器上连续自动完成。显然，这一工艺方法大大缩短了书刊装订的工艺流程，减少了重复劳动，提高了生产效率。无线胶订和锁线订一样，具有翻阅方便，不占订口等优点，用无线胶订加工的书芯，既能用于平装，也能用于精装，是一种广泛采用的订书方法。

无线胶粘装订的方法很多，一般可分为：切孔胶粘装订法、铣背打毛胶粘装订法、切槽式胶粘装订法、单页胶粘装订法。

①切孔胶粘装订法。印刷页在折页机上折页时，沿书帖最后一折的折缝线上用打孔刀（又称花轮刀）打成一排孔，折叠以后，切口处外大内小成喇叭口。再经配页、压平、捆扎后，在书背上涂刷胶粘材料。胶液从背脊孔中渗透到书帖内的每张书页，使每页的切孔处相互牢固粘连。较厚的书（一般在 20mm 左右）还要粘纱布和卡纸，干燥后分本，即成为无线胶粘装订的书芯。

切孔胶粘装订法适用于 8 开和 16 开的书帖，打孔长度一般为 15~28mm，口与口之间的距离一般为 3~5mm，口的深度以划透书帖为准。

用切孔胶粘装订法制成的书芯质量取决于纸张的种类，书芯中的页数，胶液的性质等因素。使用这一胶粘方法时，为了使胶液能够渗透到书帖中的每张书页，使书帖里面的书页粘牢，胶液必须具有较低的粘度。一般是用加水稀释的方法使胶液达到要求的粘度，因此得到的胶层很薄，大大降低了粘结的牢度，同时又增加了干燥时间。这种装订方法不能使书芯得到等强度的结构，尤其是书帖里面的书页不能得到足够牢固可靠的粘结，不适用于 32 开书帖的装订。因此，这种装订方法有一定的局限性。

②铣背打毛胶粘装订法。将配好页的书帖撞齐、夹紧、沿订口把书背脊用刀铣平，书背铣削的深度以纸张的厚度和书帖的折数而不同，应以铣削成为单张书页为准，而后对铣削过的书帖打毛，或再铣成若干小沟，深度一般在 0.8~1.5mm，间隔为 3~5mm，把胶粘材料涂

刷在书背表面上，并使槽沟中灌满胶液，以增加粘接牢度。再贴上纱布、卡纸，即成为无线胶订书芯。

③切槽式胶粘装订法。切槽式和切孔式胶粘装订法一样，都是在折页机上进行，但切槽式切出的孔大。经切槽的书帖配成书芯后，可以直接涂刷胶液，对胶液没有特殊要求。这种方法不但能使胶液涂到书帖页子的切口上，而且还能涂到切口的侧边，书帖通过切槽间的阶梯，彼此粘在一起，使胶订的书帖具有较大的牢固性。

④单页胶粘装订法。全书以单张书页或一折书帖为单位，沿订口撞齐后，再将订口均匀地错开约1.5~2mm左右，放在台子上，均匀地刷上胶液，然后沿订口撞齐并加压，使页与页之间相互连成为书芯。用这种方法粘接的书芯非常牢固，为此，有些精美画册、地图册的书芯常用这种胶粘方法加工。

6. 包封面。 通过折页、配帖、订合等工序加工成的书芯，包上封面后，便成为平装书籍的毛本。

包封面也叫包本或裹皮。手工包封面的过程是：折封面、书脊背刷胶、粘贴封面、包封面、抚平等。现在除畸形开本书外，很少采用手工包封面。

机械包封面，使用的是包封机，有长式包封机和圆式包封机。

机械包封机的工作过程是：将书芯背朝下放入存书槽内，随着机器的转动，书芯背通过胶水槽的上方，浸在胶水中的圆轮，把胶水涂在书芯脊背部、靠近书脊的第一页和最后一页的订口边缘上。涂上胶水的书芯，随着机器的转动，来到包封面的部位，最上面一张封面被粘贴在书脊背上，然后集中放入烘背机里加压、烘干，使书背平整。

平装书籍的封面应包得牢固、平服，书背上的文字应居于书背的正中直线位置，不能斜歪，封面应清洁、无破损、折角等。

7. 切书。 把经过加压烘干、书背平整的毛本书，用切书机将天头、地脚、切口按照开本规格尺寸裁切整齐，使毛本变成光本，成为可阅读的书籍。

切书一般在三面切书机上进行。三面切书机是裁切各种书籍、杂志的专用机械。三面切书机上有三把钢刀，它们之间的位置可按书刊开本尺寸进行调节。

书刊切好后，逐本检查，防止不符合质量要求的书刊出厂。

8. 无线胶订生产线。 无线胶订联动机，能够连续完成配页、撞齐、铣背、锯槽、打毛、刷胶、粘纱布、包封面、刮背成型、切书等工序（参看图7-15）。有的用热熔胶粘合，有的用冷胶粘合，自动化程度很高。

(1) Jet-Binder型高速无线胶订生产线。该生产线是瑞士米勒公司生产的高速薄本无线胶订生产线（直线型），以热熔胶为主要粘合材料。它的组成可以有不同形式，最常见的是由配页机、无线胶订机、三面切书机和堆积式收书机等组成。在胶订机的终端，垂直地装有一个风车式干燥装置，对书背进行干燥处理。根据生产的需要，在生产线内还可以任意加装配页单元组。当装订好的书芯需要加插页时，可以在切书机和收书机之间加一台插页机，该生产线比较灵活，可以适应多种生产的需要。

(2) RB5-201型全自动无线胶订生产线。RB5-201型全自动无线胶订生产线是瑞士米勒马提尼公司生产的较新产品，其装订部分是圆盘形，以热熔胶为胶粘剂。它的主要机构由配页机、圆盘式胶订机、三面切书机和堆积式收书机等组成。该生产线能够装订厚度为3~40mm的各种书册，最大开本为300mm×450mm，最小开本为120mm×185mm，装订速度为3000~10000本/小时，适合大、中型印刷厂装订书刊和小册子使用。

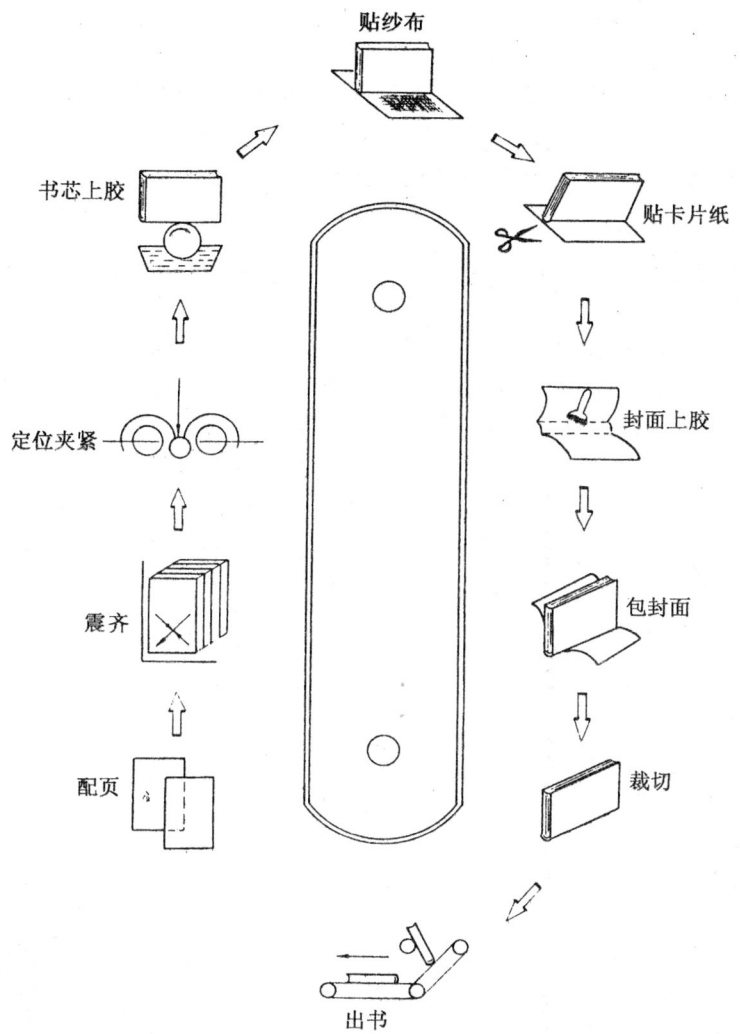

图 7-15 胶粘订联动机工作示意图

9. 平装书的质量要求。

（1）成品质量。

①封皮和书芯粘贴牢固，书背平直，无空泡、无皱折、变色、破损，粘口符合要求。

②成品裁切歪斜误差≤0.15mm。

③成品裁切后无严重刀花，无连刀页，无严重破头。

④书背字平移误差以书背中心线为准，书背厚度在10mm及以下的成品书，书背字平移的误差为≤1.0mm；书背厚度大于10mm，且小于等于20mm的成品书，书背字平移的允许误差为≤2.0mm；书背厚度大于20mm的成品书，书背字平移的允许误差为3.0mm；书背字歪斜的允许误差均比书背字平移的允许误差小0.5mm。

⑥成品护封上下裁切尺寸误差≤2.0mm；护封封口或勒口的折边与书芯前口对齐，误差≤1.0mm。

⑦成品书背平直，岗线≤1.0mm。无粘坏封面，无折角，不显露钉锯。

157

⑧成品外观整洁，无压痕。

(2) 封面覆膜。

①粘结牢固，表面平整，光洁度好。无皱折、起泡、粉箔痕和亏膜。

②分割尺寸正确，不出膜，无明显卷曲，破口≤4.0mm。

③干燥程度适当，无粘坏表面薄膜和纸张的现象。

④覆膜后放置10~20h，覆膜质量应无变化。

(3) 烫箔质量。

①烫箔后字迹、图案清晰，不糊版、花版，烫箔牢固，光泽度好。

②烫箔后书脊字居中。

五、精装工艺

精装是现代书籍的主要装帧形式之一，是书刊装订加工中比较精致的装帧方法，装帧工艺复杂。精装一般以纸板作为书壳，其面层用纸、布、麻丝、漆布等材料，经装饰加工，烫印上彩色文字或图案后做成硬质封面。书芯经加工后，书背为圆弧形或平直形。硬质封面和书芯两者套合，构成造型美观，挺括坚实，翻阅方便的精装书籍（图7-16）。

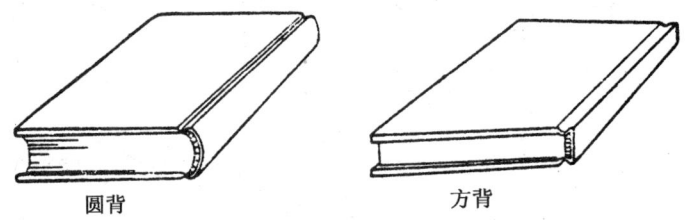

图7-16 精装书

精装工艺是指折页、配页、订书、切书以后对书芯及书籍的外形进行加工的工艺，主要有书芯加工、书壳制作及上书壳三大工艺过程。其主要工艺流程如图7-17所示。

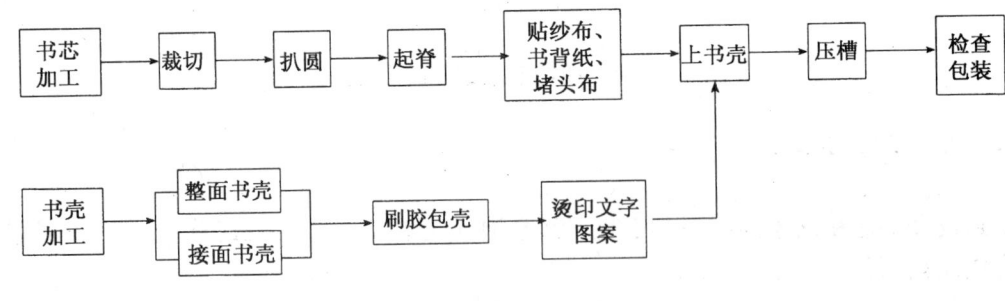

图7-17

1. 书芯的制作。 书芯制作的前一部分和平装书装订工艺相同，包括：裁切、折页、配页、锁线与切书等。在完成上述工作之后，就要进行精装书芯特有的加工过程。书芯有如图7-18所示的几种形式：即方背、圆背无脊、圆背有脊。可在平装书芯的基础上，经过压平、刷胶、干燥、裁切、扒圆、起脊、刷胶、粘纱布、再刷胶、粘堵头布、粘书背纸、干燥等便完成了精装书芯的加工。

(1) 压平。在专用的压平书机上进行，使书芯结实、平服，以便提高书籍的装订质量。

(2) 刷胶。用手工或机械的方法刷胶，使书芯达到基本定型，在下一道工序加工时，书

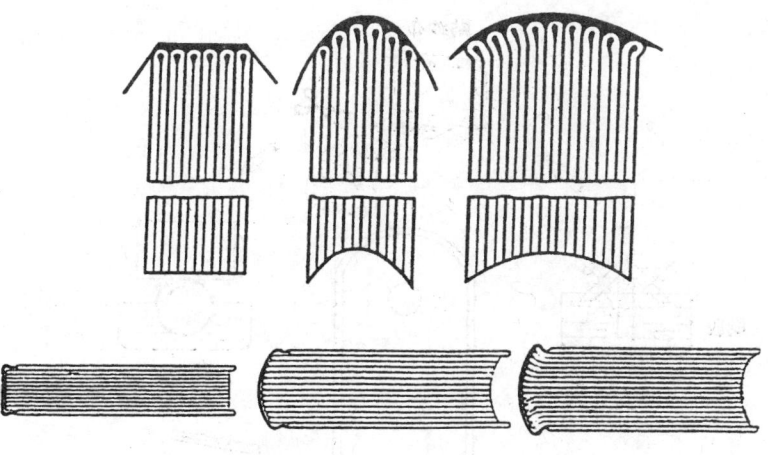

图 7-18　书芯的书背形式

帖不相互移动。

(3) 裁切。对刷胶基本干燥的书芯，进行裁切，成为光本书芯。

(4) 扒圆。由人工或机械，把书芯背脊部分，处理成圆弧形的工艺过程，叫做扒圆。扒圆以后，整本书的书帖能互相错开，便于翻阅，提高了书芯的牢固程度。

(5) 起脊。由人工或机械，把书芯用夹板夹紧夹实，在书芯正反两面，接近书脊与环衬连线的边缘处，压出一条凹痕，使书脊略向外鼓起的工序，叫做起脊，这样可防止扒圆后的书芯回圆变形。

(6) 书背的加工。加工的内容包括：刷胶、粘书签带、贴纱布、贴堵头布、贴书脊纸，如图 7-19 所示。

贴纱布能够增加书芯的连接强度和书芯与书壳的连接强度。

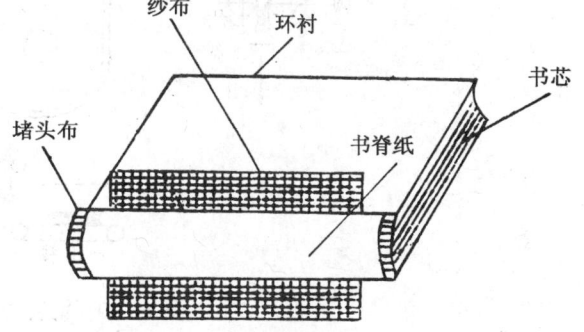

图 7-19　精装书书芯

堵头布，贴在书芯背脊的天头和地脚两端，使书帖之间紧紧相连，不仅增加了书籍装订的牢固性，又使书变得美观。

书脊纸必须贴在书芯背脊中间，不能起皱、起泡。

精装书芯的加工工序多，难度大，质量要求高，所需要的机器也多，除折页机、配页机、锁线机或无线胶订机、压书机以外，还需要多种施胶、扒圆、起脊、贴脊等机器，因而占用人力和工时多，生产效率低。为了提高书芯的生产效率，目前除使用单机生产外，多使用精装书芯联动机，进行自动化的连续生产，其工艺流程如图 7-20 所示。

2. 书壳的制作。 书壳是精装书的封面。书壳是书刊的外衣，对于书籍来说，它一方面起着外部装饰作用，另一方面也是为了保护书籍使其具有完好的使用性。因此，书壳不仅应有美观的外表，而且还应有耐用性。在大批量的生产中，还要求书壳的制作及与书芯的套合，更易于实现机械化和自动化的生产。

(1) 书壳的结构。精装书书壳分为整面和接面两种。

整面书壳是由一张完整的封面材料制成（如全布面、全纸面），如图 7-21a 所示。接面

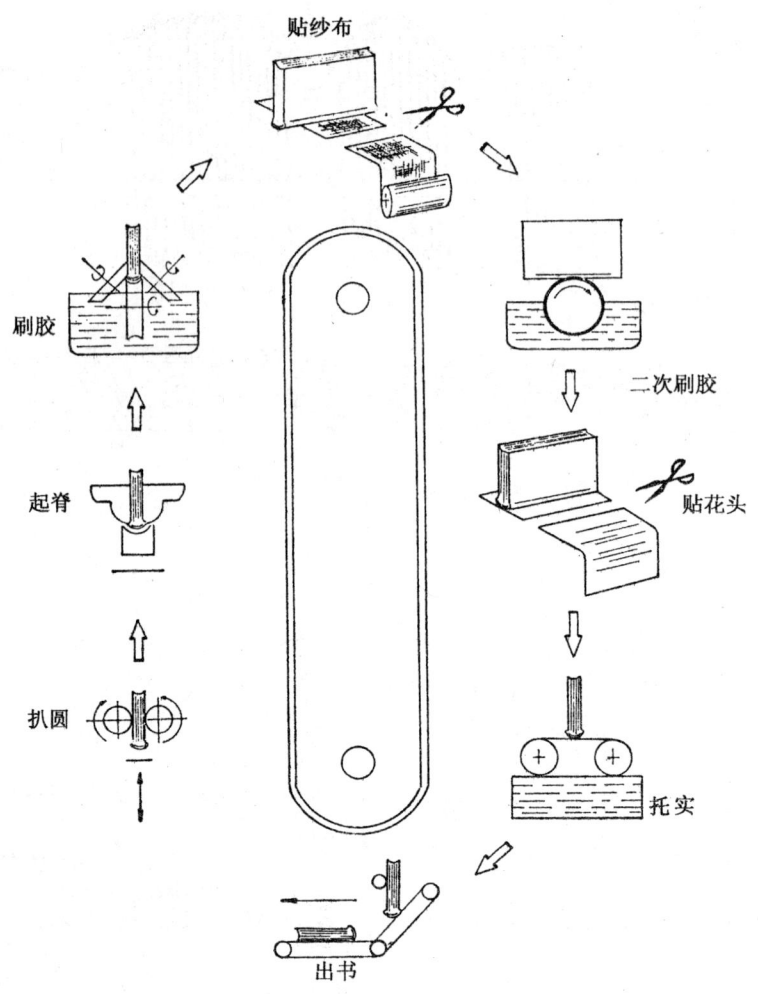

图 7-20 精装书加工工艺流程

书壳的封面材料不是一整块，通常是封面和封底用一种材料，书腰用一种材料拼接而成（如布腰纸面、皮腰布面和包四角的封面），如图 7-21b 所示。

精装书壳是由软质裱面材料、里层材料和中径纸三部分组成，如图 7-21 所示。常用的裱面材料有绸缎、人造革、漆布、塑料纸、各种织物及纸张等。里层材料，即组成前、后封的材料，多采用纸板，中径纸用厚纸或纸板。书壳在展开平放时，前后封中间的距离叫中径。前后封的硬纸板与中径纸板中间的距离叫中缝，也称隔槽、书槽。

在前封及中腰正面上，一般用烫印或印刷方法印上书名、作者名、出版社名称及其它装饰性图案。中径纸能使书壳中腰坚固和富有弹性，便于烫印。在翻阅全书时，中径纸是支持书芯的弹性支柱。

(2) 书壳制作工艺。根据不同的开本及书芯厚度，将裁好的纸板、封面裱装材料及中径纸按一定的规格粘合在一起的工艺过程称为制书壳。所使用的设备称为糊封机。使用糊封机可以制作整面书壳，也可以制作接面书壳。

糊封机主要由刷胶机构，封面、纸板、中径纸输送机构，包边、包角机构，压实及输送机构等组成。完成从输料到精装书壳制作完成的全部工作。图 7-22 为整张封面材料糊封机的工作过程图。

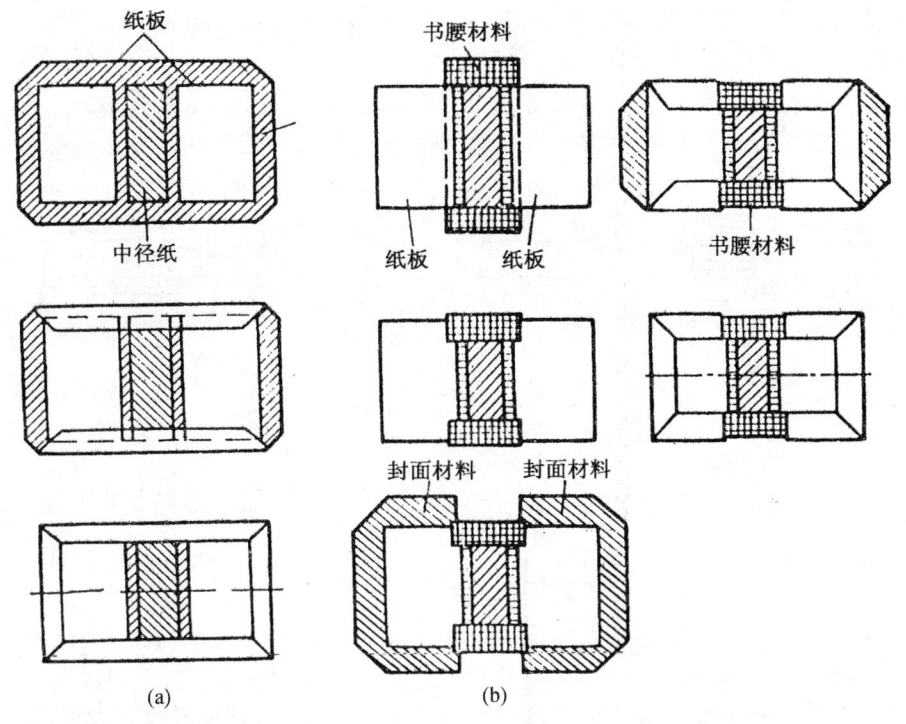

图 7-21　精装书书壳结构示意图

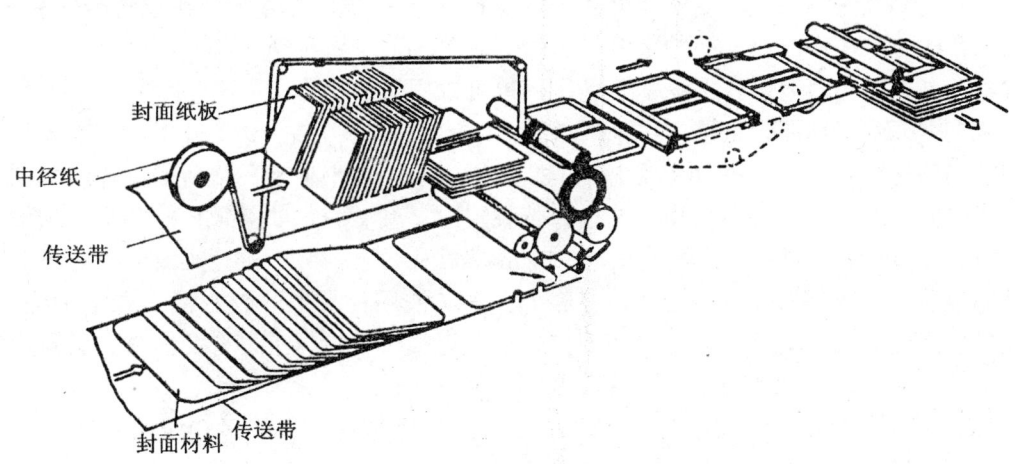

图 7-22　糊封机工作过程示意图

书壳制作完成以后，还必需经过干燥，以排除糊封时粘合剂中的水分，保证下工序的正常进行。干燥的方法有自然干燥和人工干燥两种。自然干燥时间较长，一般要一天多的时间。人工干燥时间短，可以采用流通的空气吹干，或者采用红外干燥、高频干燥等。我国的印刷厂大多使用自然干燥法。

制作好的书壳还需要进行装饰加工，使其更加美观。精装书壳的装饰加工，是根据原设计的要求在书壳上加印文字和图案，根据制作书壳时所采用的表层材料，可以采用烫印、压凹凸或印刷的方法来完成。

3. 上书壳。 把精装书芯与书壳套合在一起，经刷胶使其粘合固定的工艺称为上书壳。上书壳是制作精装书籍的最后一道工序。

（1）书芯与书壳的套合方式。精装书壳与书芯的套合有三种方法：普通式、筒子式和套合式，如图 7-23 所示。普通采用的方法是普通式上书壳法，其它两种方法较少使用。

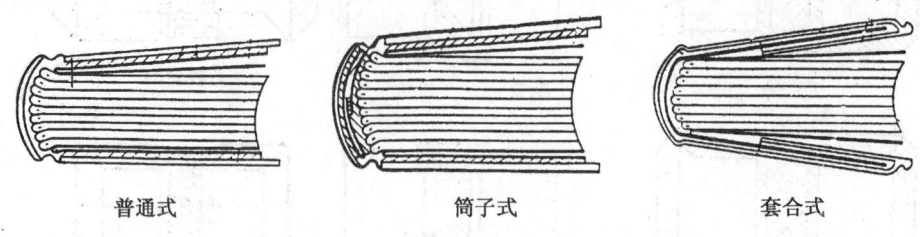

图 7-23 书心与书壳的套合方式

普通式上书壳方法。即将胶液均匀地刷到环衬上，使前、后封面与环衬粘接。这是书芯与书壳套合的主要方法。

筒子式上书壳法。即先按书背弧长用牛皮纸卷一活筒卷，粘贴在书脊背上，待书芯与书壳套合时，将刷好胶的活筒卷与书壳的中径纸板粘接起来，而后将前后封壳与环衬粘接。这样在翻阅书籍时，纸筒随之撑开呈空心筒状，既增加了书芯的牢度，又使书背平服。这种上书壳的方法一般用于生产量较少、使用期限长、使用频率高、大开本印张多的书籍。例如，百科全书、多册的工具书、精致的画册等。

套合式上书壳法。一般使用塑料书壳，把经过裱卡的书芯或薄册套在塑料壳的袋子里。这种上书壳的方法多用于小开式的字典、手册、工具书以及各种薄册等。

（2）上书壳工艺。上书壳可以手工操作，也可以用机器操作。

精装上书壳的工作原理如图 7-24 所示。

书芯先到达分切装置，被分切的书芯中插入挂书板，挂书板是用很薄的铜片或其它金属薄片制成的。挂书板带着书芯移动，到达涂胶装置时，粘有胶水的圆辊，把胶水均匀地涂布在书芯前后衬页的外面，在书芯移动的同时书壳从堆积台上被吸下进行烫背处理。书芯随着挂书板的移动和书壳相遇时，书壳套在书芯上，书芯便用衬页上的胶水把书壳牢牢地粘住，最后挂书板离开书芯，上好书壳的精装书被送往压脊线机，在靠近书脊的前封、后封边缘各压出一道深的槽，使书刊更加定型、装潢更加美观。

4. 精装书籍生产线。 精装书籍生产线是一系列用机械动作，将经锁线或无线胶订后的半成品书芯，进行连续的流水作业，成为精装书的生产线。目前，我国使用较多的精装书籍生产线有 JZX-01 型国产精装书生产线和德国柯尔希斯精装自动线。

柯尔希斯精装自动线的工艺流程图如图 7-25 所示。

该自动线由 6 台机器组成，包括扒圆起脊、贴背、上书壳、压槽成型 4 台主机和输送翻转及皮带运输机。能够对已锁线的书芯进行全部的书芯加工工作。

5. 精装书质量要求。

（1）表面应平整，无明显翘曲，书的四角垂直，歪斜误差 ≤1.5mm，飘口宽 32 开本以下为 3.0mm±0.5mm；16 开本为 3.5mm±0.5mm；8 开本及以上为 4.0mm±0.5mm。书芯圆背圆势应在 90°～130°之间；起脊高度为 3.0mm～4.0mm；书脊高与书芯表面倾斜度应是 120°±10°。

（2）烫印字迹清楚，图案清晰、不糊、不花、牢固有光泽。

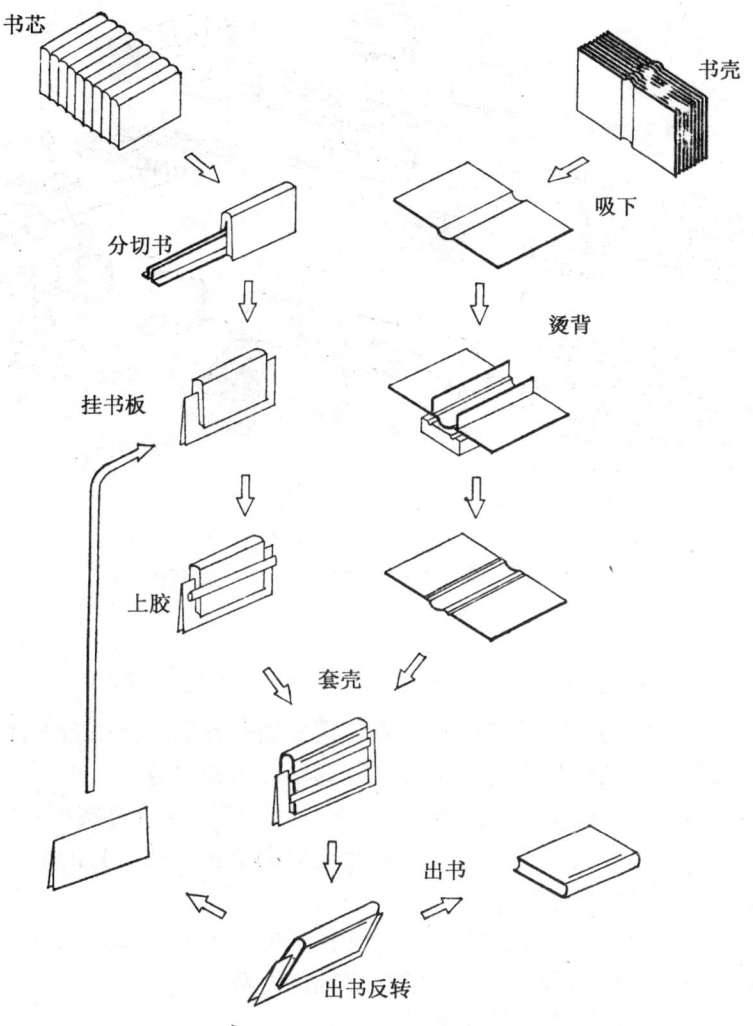

图 7-24 精装上书壳的工作原理图

(3) 书槽整齐牢固，深、宽度为 3.0mm±1.0mm。
(4) 环衬和书芯前后无明显皱折。
(5) 烫印歪斜误差，以书背中心线为准，书背字误差如表 7-1。全套书的书背字上下误差≤2.5mm。

表 7-1　　　　　　　　　　　　书背字误差要求

书背厚度（mm）	误差范围（mm）
≤10	≤1.0
>10≤20	≤2.0
>20≤30	≤2.5
>30	≤3.0

(6) 精装书的一些技术专业用语。
①书封壳。也称书壳、封壳、硬面皮等，即精装书的书封，是用软质材料与硬质纸板糊

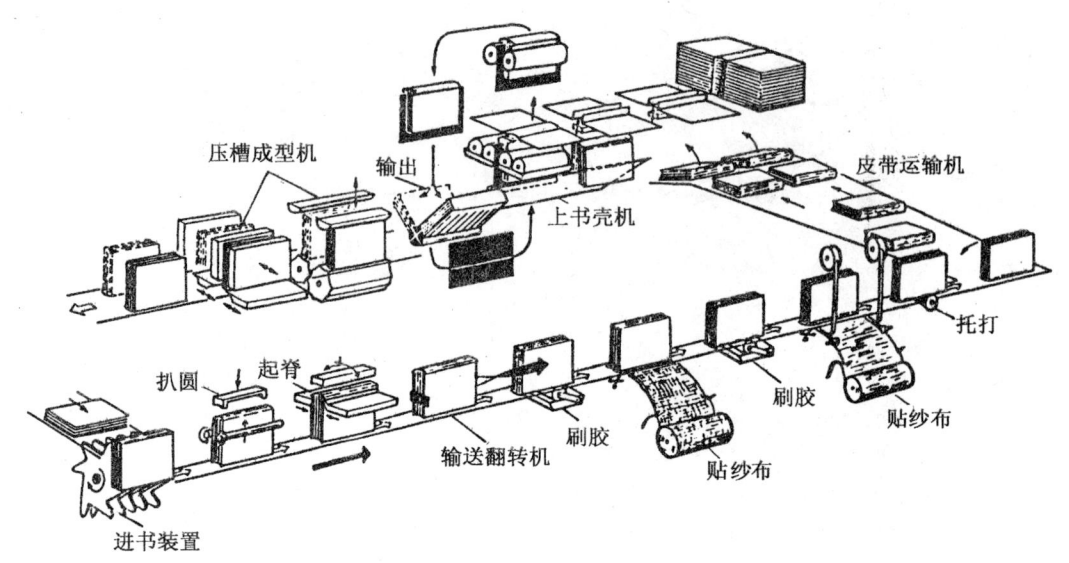

图 7-25 柯尔希斯精装自动线工艺流程图

制而成的。

②书背、书脊。

书背：也称后背，指书帖配后需粘连（或订连）的平齐部分。书背有圆背和方背之分。

书脊：指书籍表面与背的连接处，精装书有真脊、假脊之分。

③书槽。又称书沟或沟槽，指精装书套合后，封面和封底与书脊连接部分压进去的沟槽。

④飘口。飘口指精装书刊套合加工后，书封壳大出书芯（切口）的部分。

⑤中腰、中径、中径纸板、中缝。

中腰：也称书腰，指上、下书封壳中间的连接部分，即封一和封四所夹的中间位置。

中径：指书封壳内的封二和封三两块纸板之间的距离。

中径纸板：中径部分中间所粘的纸板条。

中缝：指中径纸板与书壳纸板之间的两个空隙。

⑥整面书壳与接面书壳。

整面书壳：也称全面书壳，糊制书壳时，用一整张软料将各纸板糊制成书壳，称整面书壳。

接面书壳：也称半面书壳，糊制书壳时用两种以上材料将各纸板糊成封壳，称为接面书壳。

⑦堵头布。也称花头布、堵布等，是一种带有线棱的布条，用于粘贴在精装书芯后背的两端，将每帖天头地脚的折痕盖住，只露线棱，因堵在书背两头故称堵头布。

⑧活套与死套。活套与死套是精装套合加工的两种形式。

活套：也称活络套装，书刊加工成册后，书芯是插在书封内的，可随意分开或调换，常用于本册。

死套：套合加工时，书芯的环衬是牢粘在书封壳的封二、封三上的称死套。

⑨护封。套在封面或书封壳外的包封纸，常用于讲究的书刊本册。

⑩色口、金口、花口。

色口：将切好的书刊本册，在切口的一面或三面，喷或涂上各种颜色的加工。

金口：将书刊本册切口的一面或三面粘压上一层金色箔的加工，即滚金口。

花口：将书刊切口的一面或三面，蘸粘上各种花纹、图案的加工，即蘸花口。

⑪锁绳头。也称锁花头，指不用粘贴布带的方法加堵头布，而是用一定规格的丝绳（单色或双色）一针针捆锁在书背两端的加工。

⑫竹节。书封壳的腰部上，加工成的隆起的棱条。

⑬封里纸。书壳封二、封三包边内的单张白纸。

⑭裱衬。指在环衬表面另粘一200g/m²以上的单张白纸。

⑮筒子纸。指在书背纸上面另粘的筒形双层纸。

⑯垫软面。指在书壳面料与硬纸之间垫一薄层棉花或泡沫塑料的加工。

⑰塞假脊。指在书壳中径部分用薄纸板粘压定型。

6. 线装及特装工艺。 线装是我国带有民族特色的一种书籍装订方法，是雕版书籍的主要装订形式。线装书的特点是，印刷用纸为质地柔软坚固的毛边纸，单面印刷，以中缝栏线口对折，前口为规矩边，不用整张纸包封皮，而是在书的前、后面各放一张同样大小的封面纸与书芯一起用线穿订，线露在书皮外面，比较讲究的书籍还用绫子包住上下两个角，如图7-26所示。线装书式样美观，装潢典雅，古朴大方，是一种精美的艺术品。

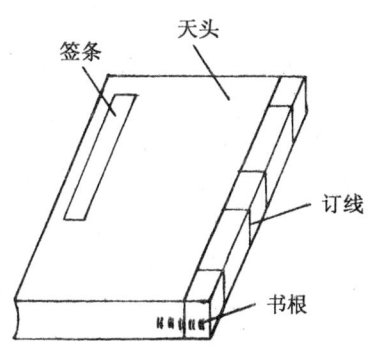

图7-26 线装书

长期以来，线装书的加工采用手工操作，这种装订形式既保持了民族传统，又美观典雅。因此，作为我国特有的书籍装帧形式，在我国书籍装订生产中仍占有一席之地。

线装书全部用手工装订，主要的工艺流程如图7-27所示。

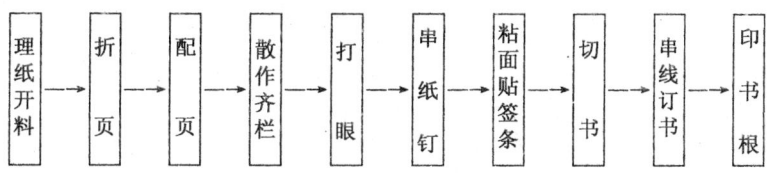

图7-27

（1）理纸开料。线装书所用纸质软而薄，理纸困难。因此，要将印张理齐，再根据折页的要求进行裁切。

（2）折页。线装书的书页，一面印有图文，一面是空白，书页对折后图文在外，占2个页码。有的书页在折缝印有"鱼尾"标记（参看图7-28），折页时将鱼尾标记折叠居中，版框也就对准了。

（3）配页。先把页码理齐，然后逐帖配齐。配页时，一边配页，一边毛查，防止多帖、漏帖、错帖现象发生。

（4）散作、齐栏。将书页逐张理齐，使书页达到齐正的工艺操作，称之为"散作"。逐张拉齐栏脚的过程叫"齐栏"。

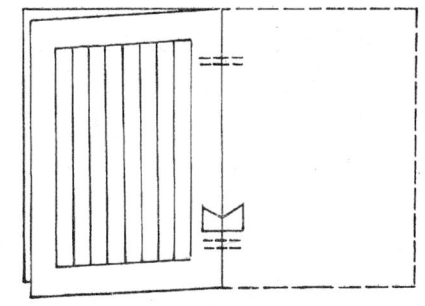

图7-28 鱼尾标记和折页

（5）打眼。线装书要打两次眼。第一次在书芯打2个纸钉眼，用来串纸钉定位。第二次是打线眼，是书芯与封面配好，并粘牢，再经3面裁切成光本书后，打4个或6个眼。

165

(6) 串纸钉。串纸钉是线装书装订的特有工序。纸钉用长方形的连史纸切去一角制成。纸钉穿进纸眼后，纸钉弹开，塞满针眼，达到使散页定位的目的。

串纸钉时，纸钉的头与尾需露在书芯的外面并且要摊平。

(7) 粘画、贴签条。线装书的封面、封底是由两张或三张连史纸裱制而成。粘面时，先把少量的胶粘液涂在纸钉的头尾部分，然后将封面、封底粘在正确的位置上。

线装书的封面，一般为水青色或玉青色，封面的左上角贴有印好书名的签条，签条的设计及粘贴的位置，对书籍的造型有一定的影响。

(8) 切书。一部由多册组成的书，将各册依次配成整部，再利用三面切书机裁切成为光本，这样就减少了整部书的裁切误差。

(9) 串线订。线装书的串线方式繁多，如图7-29所示。使用最多的是丝线，其次是锦纶线。

订好的书，要求平整、结实，线结不能外露，应放在针眼里。

(10) 印书根。在书籍的地脚切口部分印书名、卷次和册数字样，以便于查找。

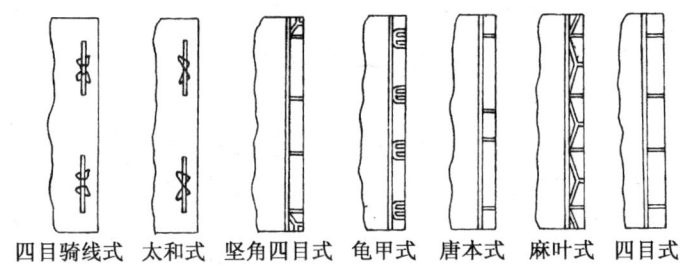

图7-29 线装书的串线方式

第二节 表面整饰加工

在书籍封皮或其它印刷品上，进行上光、覆膜、烫箔、模切、压痕或其它加工处理，叫做表面整饰。

表面整饰加工，不仅提高了印刷品的艺术效果，而且具有保护印刷品的作用。

一、上　光

在印刷品表面涂上(或喷、印)一层无色透明涂料，干后起保护及增加印刷品光泽的作用，这一加工过程叫做上光。一般书籍封面、插图、挂历、商标装潢等印刷品的表面要进行上光处理。

1. 上光涂料。上光涂料的种类较多，有氧化聚合型上光涂料、溶剂挥发型上光涂料、热固化型上光涂料和光固化型上光涂料等。

(1) 上光涂料的组成。上光涂料尽管种类很多，但是基本组成大体相同，由主剂、助剂和溶剂组成。

主剂是上光涂料的成膜物质，通常为天然树脂或合成树脂。

助剂是改善上光涂料的理化性能和加工特性的物质。常用的有增加膜层内聚强度的固化剂；降低上光涂料表面张力的表面活性剂；便于涂布操作的消泡剂；为提高膜层弹性的增塑剂等。

溶剂是分散、溶解主剂、助剂的物质。常用的溶剂有：甲苯、二甲苯、乙醇、丁醇、异丙醇、甲醇、乙酸乙酯、乙酸甲酯、乙酸丁酯等。

（2）上光涂料的质量要求。上光涂料应对印刷品表面有一定的粘合力，具有良好的流平性，成膜后膜面平滑。

上光涂料形成的膜层，应具有一定的韧性和耐磨性，透明不变色，印后加工适应性广，耐溶剂、耐热性好等。

上光涂料应无嗅、无味，对人身无危害，无环境污染，价格便宜，使用安全。

2. 上光工艺。 印刷品的上光，一般包括上光涂料的涂布和压光。

（1）上光涂料的涂布。采用的方式有：喷刷涂布、印刷涂布和上光涂布机涂布三种主要方式。

喷刷涂布，均为手工操作，虽然速度慢、涂布质量差，但灵活性强，适用于表面粗糙或凹凸不平的印刷品（瓦楞纸）或包装容器等异形印刷品。

印刷涂布，通常用印刷机涂布，将上光涂料，贮存在印刷机的墨斗中，采用实地印版，按照上光印刷品的要求，印刷一次或多次上光涂料。印刷涂布上光，不需要购置新设备，一机两用，适合于中、小型印刷厂上光涂布加工。

专用上光机涂布，是目前应用最普遍的方法。上光涂布机由印刷品传输机构、涂布机构、干燥机构以及机械传动、电器控制等部分组成。适用于各种类型上光涂料的涂布加工，能够精确地控制涂布量，涂布质量稳定，适合各种档次印刷品的上光涂布加工。

（2）上光涂层的质量要求。为获得理想的上光效果，上光涂层应符合以下要求：

①上光涂布层均匀、无砂眼、无气泡和无漏涂现象。

②涂布量适宜，涂层能在一定温度、涂布速度下完成干燥结膜。

③涂层不受印刷油墨性能、印刷图文、印刷密度的影响，流平性好，同印刷品表面有一定的粘合力。

④涂层在压光中，能粘附在压光带表面，冷却后又能容易地被剥离。

（3）压光。利用压光机压光，改变干燥后的上光涂层表面状态，使其形成理想的镜面，这一过程叫做压光。许多精细的印刷品，上光涂布后，需要进行压光处理。

压光机通常为连续滚压式，由输送机械、机械传动、电器控制等部分组成。印刷品由输纸台输入加热辊和加压辊之间的压光带，在温度和压力的作用下，涂层贴附在压光带表面被压光。压光后的涂料层逐渐冷却后，形成一光亮的表面层。压光带由特殊抛光处理的不锈钢制成，采用电气液压式调压系统来调节加压辊的压力，可满足各类印刷品的压光要求。

二、覆　膜

将聚丙烯等塑料薄膜，覆盖于印刷品表面，并采用粘合剂经加热、加压使之粘合在一起的加工过程叫做覆膜。

覆膜工艺，分为预涂覆膜和即涂覆膜两种。预涂覆膜工艺是将粘合剂预先涂布在塑料薄膜上，经烘干、收卷，作为产品出售。覆膜加工部门，在无粘合剂涂布装置的覆膜设备上进行热压，便可完成印刷品的覆膜。该工艺简化了覆膜加工的操作，无环境污染，覆膜质量高，因而有广阔的应用前景。

1. 即涂覆膜的工艺流程。 即涂覆膜的工艺流程如图7-30所示。

（1）覆膜准备。覆膜生产的准备工作包括：待覆印刷品的检查、塑料薄膜的选择，粘合剂的配制等。

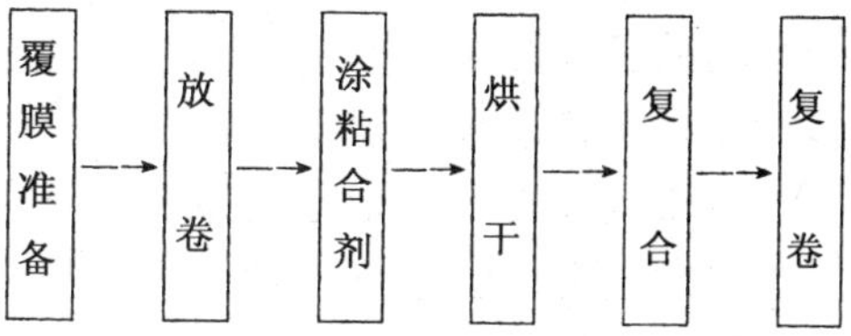

覆膜准备 → 放卷 → 涂粘合剂 → 烘干 → 复合 → 复卷

图7-30

①待覆印刷品的检查。目前大部分的印刷品是用多色高速印刷机印刷的，为了防止印品发生背面蹭脏的故障，常采用喷粉的方法，将印张隔离开。若印刷品表面残留大量的粉质颗粒，粘合剂无法与印刷品墨层接触、粘合，严重影响覆膜质量。因此，应采取措施，消除喷粉物质，积极的办法是在印刷时尽量少喷粉或不喷粉。

检查印刷品的平整度。平整度极差的印刷品直接用于覆膜，热压时，产品边缘会起皱、严重时造成废品。

②塑料薄膜的选择。塑料薄膜是覆膜的主要材料，无论采用哪种类型和体系的塑料薄膜，均需符合下面的基本要求：

1) 厚度在 0.01~0.02mm 之间；
2) 表面张力应达到 4×10^{-2}N/m 以上；
3) 透明度高；
4) 具有良好的耐光、耐机械、耐化学性能；
5) 几何尺寸稳定；
6) 膜面平整、无凹凸不平及皱纹。

常用的塑料薄膜有：聚丙烯薄膜（CPP）、聚氯乙烯薄膜（PVC）、聚乙烯薄膜（PE）、聚酯薄膜（PET）、聚碳酸酯薄膜（PC）等。

③粘合剂的配制。粘合剂通常由几种材料配制而成。一般分为主体材料和辅助材料。

主体材料是粘合剂的主要成分，起粘合作用，有合成树脂、合成橡胶、天然高分子物质以及无机化合物。

辅助材料是粘合剂中用以改善主体材料性能或便于施工而加入的物质。常用的有固化剂、增塑剂、填料和溶剂（稀释剂）等。为了满足某些特殊要求，还要加入其它一些组分，如防老化剂、增塑剂、引发剂、促进剂、乳化剂等。

(2) 覆膜操作。覆膜一般使用覆膜机。覆膜机由放卷部分、涂布部分、印刷品输入台、热压复合部分、辅助层压部分、印刷品复卷部分、干燥通道等组成，如图 7-31。

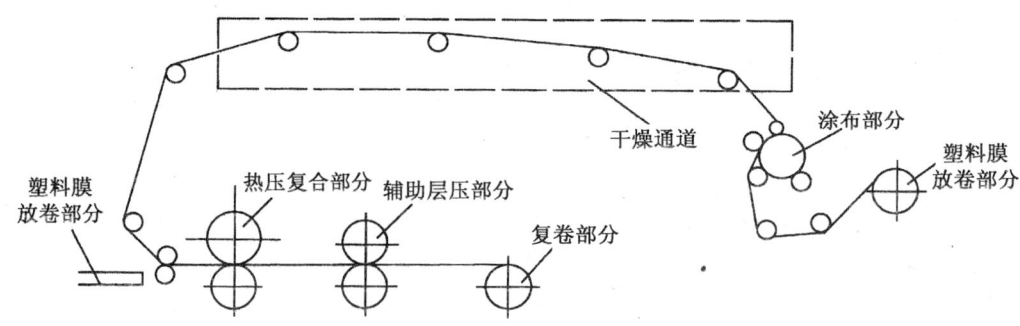

图 7-31 即涂膜覆膜机结构示意图

覆膜的具体操作如下：
①根据印刷品尺寸切膜、装膜；
②将塑料膜按机器指定的路线穿过各传送辊；
③接通电源使烘干道、电热辊升至设定温度并开启送风装置；
④打开贮胶箱阀门，将粘合剂注入覆膜机的涂布槽，并达到标准工作液面；
⑤启动机器运转，检查薄膜行进、覆卷机构，调整输纸台规矩挡板，使其合乎要求；

⑥将涂胶辊、热压辊合压并输入印刷品复合，复合过程中要经常检查产品质量。

即涂膜覆膜工艺，设备陈旧，环境污染严重，覆膜的产品易起泡、折皱，是比较落后的印后加工工艺。

2. 预涂膜覆膜工艺。从事预涂膜生产的专业厂家把粘合剂涂布在塑料薄膜上，经过烘干、收卷作为产品出售。印后加工企业在无粘合剂涂布装置的覆膜设备上进行热压，完成印刷品的覆膜加工。

预涂型覆膜机是将印刷品同预涂塑料薄膜复合到一起的专用设备，主要结构如图 7-32 所示，由薄膜放卷印刷品自动输入、热压复合、自动收卷 4 大部分组成。与即涂型覆膜机相比，不需要粘合剂涂布、加热干燥系统，所以结构紧凑、体积小、造价低、操作简便，随用随开机，生产灵活性大，效率高。

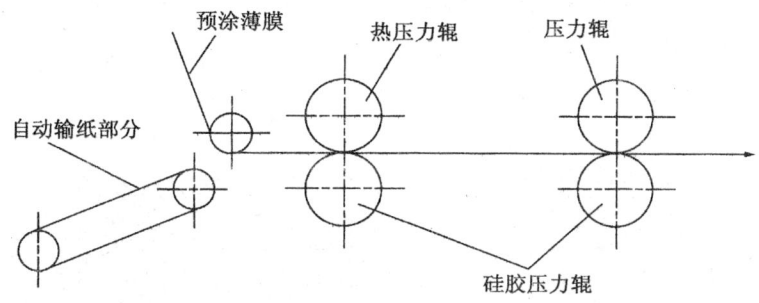

图 7-32 预涂膜覆膜机结构示意图

3. 覆膜产品质量要求。覆膜的产品应达到以下质量要求：
①覆膜粘结牢固，表面干净、平整、不模糊、光洁度高，无皱折、无起泡和膜痕。
②覆膜后分割的尺寸准确、边缘光滑、不出膜、无明显卷曲，破口不超过 10mm。
③覆膜后干燥程度适当，无粘坏表面薄膜或纸张的现象。
④覆膜后放置 6~20h，产品质量无变化，如果有条件应采用恒温箱测试。

第三节 模切与压痕

模切工艺就是用模切刀根据产品设计要求的图样组合成模切版，在压力作用下，将印刷品或其它板状坯料轧切成所需形状和切痕的成型工艺。

压痕工艺则是利用压线刀或压线模，通过压力在板料上压出线痕，或利用滚线轮在板料上滚出线痕，以便板料能按预定位置进行弯折成型。用这种方法压出的痕迹多为直线型，故又称压线。压痕还包括利用阴阳模在压力作用下将板料压出凹凸或其它条纹形状，使产品显得更加精美并富有立体感。

在大多数情况下，模切压痕工艺往往是把模切刀和压线刀组合在同一个模版内，在模切机上同时进行模切和压痕加工的，故可简单称之为模压。

纸片、印刷品经过模切、压痕加工后，可以制成各种形状的容器或盒子（参看图 7-33）。

模压前，需先根据产品设计要求，用钢刀（即模切刀）和钢线（即压线刀）或钢模排成模切压痕版（简称模压版），将模压版装到模压机上，在压力作用下，将纸板坯料轧切成型，

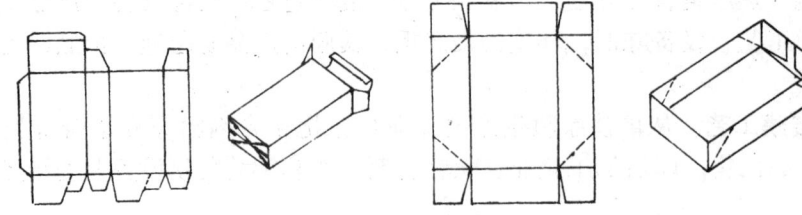

图 7-33 模切与成型

并压出折叠线或其它模纹。

钢刀进行轧切,是一个剪切的物理过程,而钢线或钢模则对坯料起到压力变形的作用,橡皮用于使成品或废品易于从模切刀刃上分离出来,垫板的作用类似砧板。

模切压痕工作原理如图 7-34 所示。

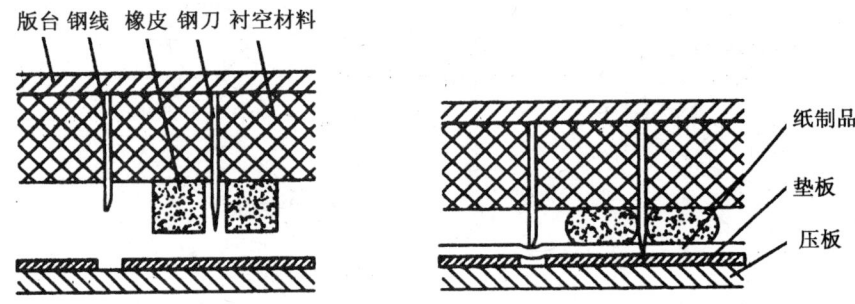

图 7-34 模切压痕工作原理示意图

1. 模切压痕版的设计。 模压版的结构取决于产品结构,版面设计的任务包括:模压版面的大小,应与所选用设备的规格和工作能力相匹配,既要保证加工质量,又要较好发挥设备的能力;确定模压版的种类;选择模版所用材料及规格;模版的格位应与印刷格位相符;工作部分应居于模版的中央位置;线条、图形的移植,要保证产品所要求的精度;版面刀线要对直,纵横刀线互成直角并与模版侧边平行,断刀、断线要对齐。

2. 模切压痕版的制作。

(1) 底版的制作。按照产品设计或样品的要求,将平面展开图上所需裁切的模切线和折叠的压痕线图形,按实样大小比例,准确无误地复制到底版上,并制出镶嵌刀线的狭缝。而图样复制的准确性及嵌缝的优劣是影响模压工艺质量的关键。

制作底版有多种方法:一是用手工制版,即将图样绘制或粘贴到底版上,再用线锯锯缝。模版的准确度完全取决于操作者个人的技术水平;二是采用现代技术,用 X 和 Y 的坐标系统、分段重复的方法以及数控计算机系统等,使转移复制图样的作业自动化,加上模版制作设备的改进,使制作的模版能以较高的精确度来满足加工的要求。近年来又出现了激光制版系统,可将制版的精确度和自动化程度提高到一个新的高度,可完全排除人为的误差。

(2) 钢刀、钢线的铡切及成型加工。按设计要求,将模压用的钢刀和钢线铡切成最大的成型线段,再将其加工成所要求的几何形状的过程。

在模切压痕加工中,钢刀钢线的工作刃部,反复多次与纸板作用,故要求其有较高的硬度与耐磨性。但有些模切线为非直线,尚需将钢刀成型为相应的形状,这又要求钢刀的材质有较高的弹性和韧性。

(3) 排刀拼版。将钢刀、钢线、衬空材料按制版要求拼装组合成模压版的过程。

利用金属空铅作衬空材料，排刀时按一定的工艺要求，用空铅直接将刀线固定在模压版的指定位置上，其操作类似于活字印刷中的排版操作。这时要求工作人员能够灵活自如地正确运用各种规格的空铅，排出的模压版不能在工作时松动或窜线。

以胶合板作衬空材料排刀时，钢刀、钢线镶嵌入底版的锯缝中后，应与底版的平面垂直，间隙要适当，不应在嵌入或加工中出现变形或扭动等现象。

排刀时，钢刀、钢线的接口要安排在合适的位置，接口间隙要适当，不能因压力作用而在接口处发生刀线重叠或间隙过大的现象。

拼版是将若干个模切版块拼装成整个模切版，不仅可以节省大量的原材料，还可以获得良好的模切效果。常见的拼版组合形式有：一刀切拼版、双刀切拼版、搭接桥拼版等。

3. 模切压痕工艺。一般模切压痕工艺流程如图7–35所示。

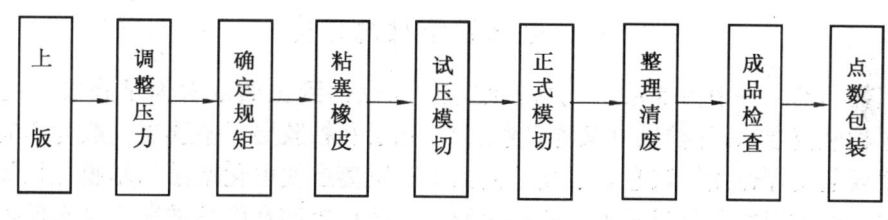

图7–35

对模切压痕加工后的产品，应将多余边料清除，称为清废，也称落料、除屑、撕边、敲芯等，即将盒芯从坯料中取出并进行清理。清理后的产品切口应平整光洁，必要时应用砂纸对切口进行打磨或用刮刀刮光。

4. 激光模压。激光制版系统就是应用激光和计算机等技术来加工模切压痕版。这种模版制造方法能使底版制作实现自动化。操作中，只要把待模切产品的图样、纸板厚度等参数输入电子计算机，便可控制底版制作系统，使底版按照所需模版图样在激光束下自动地移动。这种模版制作方法改变了传统的铅空法或锯切法中精度差、速度慢、没有重复性、无法适应包装自动化生产线要求的状况。目前激光切割的模切版已广泛应用于印刷、包装装潢行业，产品涉及到汽车、家电、轻工、食品、药品、宣传等领域。

这种新工艺的优点可归纳为：

(1) 激光切割速度快、周期短。激光切割可提高工效几倍至十几倍。一般情况下，一块模切版只需1~3h即可完成编程及切割任务。

(2) 质量好、精度高。激光制作模压版由计算机控制，尺寸精度可提高一个数量级，误差±0.05mm。任何复杂图形都可加工。对于异型板、多联版及一刀分两色、两边无杂色的模压版，用传统工艺制作非常困难，而激光工艺的积累误差很小，制成品非常精美。

(3) 重复性好。计算机编制的程序可以存储，大批生产时，需要多块相同的模压版，新工艺只需调出程序再切制即可，有极好的重复性，而传统工艺则无法办到。

(4) 无毒无害，对工人的技术要求不高。

用于包装装潢印刷的高速凹印机、柔性版印刷机和标签印刷机，附设有滚筒模切装置，一般采用滚动模切方式，对印刷品进行模切、压痕，大大地提高了生产效率。

第四节 烫 金

电化铝烫印是一种不用油墨的特种印刷工艺，它是借助一定的压力与温度，运用装在烫印机上的模版，使印刷品和烫印箔在短时间内相互受压，将金属箔或颜料箔按烫印模版的图文转印到被烫印刷品表面，俗称烫金。

电化铝烫印的图文呈现出强烈的金属光泽，色彩鲜艳夺目。尤其是金银电化铝，以其富丽堂皇精致高雅的装潢点缀了印刷品表面，其光亮程度大大超过印金和印银，使产品具有高档的质感，同时由于电化铝箔具有优良的物理化学性能，又起到了保护印刷品的作用。所以电化铝烫印工艺被广泛应用于高档、精致的包装装潢、商标和书籍封面等印刷品上，以及家用电器、建筑装潢用品、工艺文化用品等方面。该工艺可应用于纸、皮革、丝绸织物、塑料等材料上。

一、电化铝箔材的结构

电化铝烫印箔，一般由5层不同材料组成，从反面到正面依次为基膜层（也称片基）、隔离层（也称脱离层）、保护层（又称颜色层）、铝层和粘胶层。基膜层一般为双向拉伸的聚酯薄膜，主要起支撑作用，其它各层均依附其上；隔离层使电化铝箔与基膜互相隔离，烫印时便于脱箔；保护层主要是显示电化铝的色彩，烫印后罩印在图案的表面又起保护作用；铝层是利用金属铝能较好地反射光线的特点，使电化铝呈现金属光泽，一般由真空喷铝的方法完成，"电化铝"的名称由此而来，胶粘层是在烫印时，电化铝箔与被烫印材料接触，遇热后起良好的粘结作用。

二、烫印机的基本结构

（1）机身机架。包括外形机身及输纸台、收纸台等。

（2）烫印装置。包括电热板、烫印版、压印版和底版。电热板固定在印版平台上，内装有大功率的迂回式电热丝；底版为厚度约为7mm的铝板，用来粘贴烫印版；烫印版的深蓝色铜版或锌版，特点是传热性好，不易变形、耐压、耐磨；压印版通常为铝版或铁版。

（3）电化铝传送装置。由放卷轴、送卷辊和助送滚筒、电化铝收卷辊和进给机构组成。电化铝被装在放卷轴上，烫印后的电化铝在两根送卷辊之间通过，由凸轮、连杆、棘轮、棘爪基本相同，但必须掌握衬垫厚度，以免造成印迹变形；同时要掌握衬垫的软硬性，以适应不同印刷品烫印的需要。使用衬垫的目的，是使印刷品与印版版面具有良好的弹性接触，从而提高电化铝烫印的质量。

三、电化铝烫印工艺

电化铝的烫印工艺如图7-36所示。

1. 烫印前的准备工作。 有准备烫料及烫印版两项工作。

（1）烫料的准备。包括电化铝型号的选择和按规格下料。型号不同，其性能和适烫的材料及范围也有所区别，如白纸与有墨层的印刷品、实地印刷品与网点印刷品、大字号与小字号等，对电化铝型号的选择就要有所区别。如当烫印面积较大时，要选择易于转移的电化铝；烫印细小文字或花纹，可以选择不易于转移的电化铝；烫印一般的图文，应选择通用型

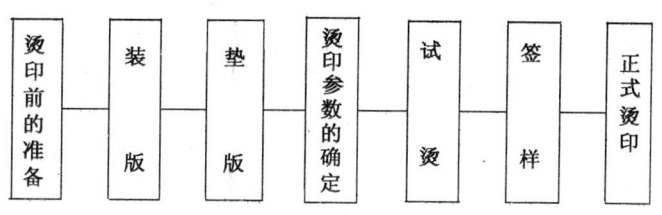

图 7-36

的电化铝等。

(2) 烫印版的准备。烫印所用版材为铜版，其特点是传热性能好，耐压、耐磨、不变形。当烫印数量较少时，也可以采用锌版。铜、锌版要求使用 1.5mm 以上的厚版材，通过照相制版加工成凸版，图文腐蚀深度一般应达到 0.5~0.6mm。加工时，要腐蚀得略深，图文与空白部分高低之差要尽可能拉大，这样在烫印时可以减少出现连片和糊版，以利于保证烫印质量。

2. 装版。 是将制好的铜或锌版固粘在机器上，并将规矩、压力调整到合适的位置。印版应粘贴、固定在机器底版上，底版通过电热板受热，并将热量传给印版进行烫印。印版的合理位置应该是电热板的中心，因中心位置受热均匀，当然还应该方便进行烫印操作。

3. 垫版。 印版固定后，即可对局部不平处进行垫版调整，使各处压力均匀。平压平烫印机应先将压印平板校平，再在平板背面粘贴一张 $100g/m^2$ 以上的铜版纸，并用复写纸碰压得出印样，根据印样轻重调整平板压力，直至印样清晰、压力均匀。可根据烫印情况在平板上粘贴一些软硬适中的衬垫。

4. 烫印工艺参数的确定。 正确地确定工艺参数，是获得理想的烫印效果的关键。烫印的工艺参数主要包括：烫印温度、烫印压力及烫印速度，理想的烫印效果是这三者的综合效果。当一定的温度把电化铝胶层熔化之后，须借助于一定的压力才能实现烫印，同时，还要有适当的压印时间即烫印速度，才能使电化铝与印刷品等被烫物实现牢固粘合。

5. 试烫、签样、正式试烫。 烫印工艺参数确定之后，可进行印刷规矩的定位。烫印规矩也是依据印样来确定的。平压平烫印机是在压印平板上粘贴定位块，定位块必须采用较耐磨的金属材料，如铜块、铁块等，然后试烫数张，烫印质量达到规定要求，并经签样后，即可进行正式烫印。

第五节 凹凸压印

凹凸压印习称"凹凸印刷"、"轧凹凸"或"压凸印"，最早起源于我国。1627 年到 1644 年间印制的"十竹斋笺谱"，就是利用凸版在画笺上压印花叶脉纹和水波云浪，当时称为"拱花"。近代许多瓶签、商标和信封、年历片等印刷品上凸起的花纹、图形，也都是用凹凸压印方法制成的，复制品十分美观并增加了立体感的效果。

凹凸压印不用油墨，只利用压力在已经印好的彩色印刷品或空白的纸上压出凹凸图形和花纹。其印刷方法有两种，一种是压凸纹，一种是模切压痕。

一、压凸纹

用凹模、凸模在纸张上施加压力压印花纹。工艺过程如图 7-37 所示。

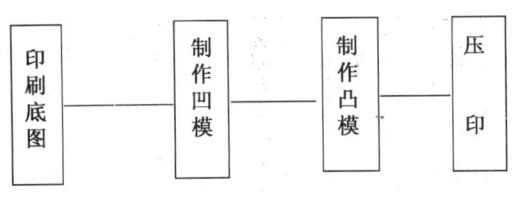

图 7-37

1. 印刷底图。凹凸印刷的成品大多是彩色的，通常先在纸张上用普通的印刷方法印成彩图。商标或瓶签上的金、银色，可用胶印印刷或擦金，也可以烫电化铝，制成底图。

2. 制作凹膜。凹模用金属板制作，通常用铜刻版、腐蚀版、钢刻母版与复制电镀版等方法制成。雕刻是选用 1.5~3mm 厚的铜板，用照相晒版或手工描绘的方法使图文显现在版面上，然后雕刻成有层次的凹型版。腐蚀版是直接在铜板上晒版腐蚀，加工速度快，但缺乏层次，有时可按需要再进行雕刻加工。钢刻母版是选用一定厚度的铸钢板，雕刻成凹型模版，可以直接上机压印；有时为了制作多块相同的印版同时压印，可用钢刻母版先复制铅版凸版，再电镀复制出多块金属凹版称为子版。凹模制作必须根据图案采用不同的工艺，如果图案是带圆形的物体（水果、动物等），版口要修成圆边；如果是文字或线条，版口宜修成直边；有时为了突出立体造型，则要把版口修成斜面。

3. 制作凸模。压凸纹除使用凹模外，要在平台上配置一块与凹模纹路相对应的压印凸版。方法是将制好的铜（钢）凸版粘在平压机的金属底板上，校平版子并在压印平板上用纸板糊好，然后用树胶液或糯米粉调和石膏粉，快速糊在粘有纸板的平板上，稍加摊平，覆上一层薄纸，再覆一层塑料薄膜，防止石膏粉落入版纹中。为避免压印时粘坏石膏模子，可在压印前于凹版上轻轻地刷一层煤油。第一次压印力要小，约显出影子即可；第二次压印时，在凹版后面加垫一张较厚的白板纸，在石膏粉快干时压上去，待石膏粉完全固化干燥，即制成凸模。

4. 压印。压印凸纹一般是在压力很大的平压式凸版印刷机或特制的压凸机上进行，也有用圆压平卧式压印机压印，这种机器机速较高，但冲击力小，印件的凹凸层次不如平压式机器压印的丰满。

压印的操作方法与一般三色版印刷相同，将已印好的图片放在凸模和凹模之间，用较大的压力和冲力直接压印。压轧较厚的硬纸板时，利用电热器将金属凹模加热，可压出优质产品。

二、模切压痕

模切压痕亦称压钢线。模切工艺是在一般商标、盒子等印刷品上，进行压印、折、切而使之成型的工艺技术。对圆弧形或复杂外形的标签等印件，由于不能用普通裁纸机裁切而必须用模切轧刀进行裁切，故模切压痕印版称作刀版或轧刀。常用的刀版是用钢线在夹具上弯成多种所需的形状再组排制成"印版"，大致有金属底版和木底版两种。

模切压痕的工艺过程如图 7-38 所示。

1. 制金属底版。将钢线刀弯曲成一定形状，固定于金属底版上，或按照印品边缘形状用整块钢版制成轧切刀口和底版。

2. 制木底版。模切压痕机与凹凸压印机通用，只是在压印平版构造上有所不同。常用的有立式模切机、一回转平台

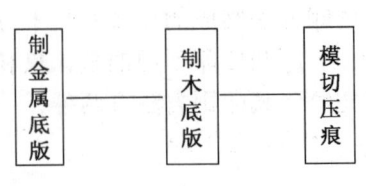

图 7-38

模切压痕机及自动平压模切机等。操作与压凸纹基本相同,模切压痕时必须在压印板上安装一块薄钢板,要平贴,并在钢板上粘一层白板纸。校版时压力应先轻后重,防止边缘裂口、走版。模切用的刀版比印刷铅字略高,上面呈锋口,使印件被切割分离。压痕用的刀版比模切的刀版略低,没有锋口,只要求在印刷品某处轧一条痕迹,以便折叠,不轧穿。

第六节 UV仿金蚀刻油墨网印装饰

UV仿金属蚀刻印刷,又名砂面印刷,是在有金属镜面光泽的承印物(如金、银卡纸)上印上一层凹凸不平的半透明油墨以后,经过紫外光(UV)固化,便可产生类似于光亮的金属表面经过蚀刻或磨砂的效果,使印品显得高雅、庄重、华贵。这种油墨通常用于印制一些高档、精美的包装纸盒。例如:精品服饰、工艺品、化妆口、茶叶、卷烟、名酒及礼品盒等。

一、UV仿金蚀刻油墨

UV蚀刻油墨的主要组成如下:

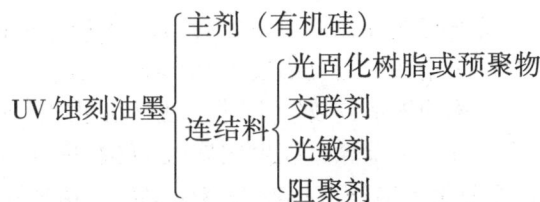

UV蚀刻油墨的墨丝短而稠,其中添加剂颗粒直径约15~30μm左右。印刷后,由于油墨膜面粗糙不平,在光照下,产生漫反射,膜面光泽较暗。有金属光泽的无膜面地方,在光照下,反光为正反射,光泽较强。所以有膜面的地方灰暗凹下,无膜面的地方光亮凸起,二者效果截然相反。为了反映出承印物的固有光泽,用墨应该是透明型,遮盖力大的油墨是不宜使用的。UV仿金属蚀刻油墨一般是将光敏树脂等多种材料搅拌成浅色透明糊状,也可加入色料制成彩色蚀刻墨。

二、UV皱纹花样墨网印工艺

用丝网印刷方式将UV皱纹墨印于承印物表面后,经过紫外光干燥,就会在承印物表面产生特别的皱纹花样装饰效果。

皱纹装饰的独特效果,是精品包装如烟、酒、服装等包装印刷及标牌网印的理想选择。可应用于纸、复合纸、聚氯乙烯、聚碳酸酯及其它材料上的印刷。

UV皱纹花样油墨网印工艺有以下几点要求:

(1) 一般使用100~150目/英寸,膜厚20~30μm的丝网印刷版,如使用厚膜印刷方法,皱纹花样更加明显。

(2) 刮刀采用聚氨酯材料。

(3) 引皱装置采用紫光线固化照射装置(2支紫光灯管),传送带速度控制在5m/min左右。

(4) 对附着性不好的材料,可使用聚氯乙烯系列的油墨(如ACT)或其它的UV油墨进行底衬印刷后,再使用皱纹墨。

三、UV 冰花墨网印装饰

在具有金属光泽的承印物表面，采用丝网印刷，将冰花油墨覆印其上，经紫外光固化后，呈现出晶莹剔透的块状图案，犹如塞北农家玻璃窗户上的朵朵"冰花"。在光照条件下，闪闪发亮，熠熠生辉，使包装更新颖别致、富丽华贵。

目前，冰花油墨主要应用于高档烟酒包装。也可应用于镜面或某些塑料和金属装饰。

UV 冰花墨网印工艺有以下几点要求：

（1）冰花油墨和仿金属蚀刻墨一样，所用承印物为金银卡纸。

（2）选用 150～250 目/英寸尼龙或聚酯网均可。网目数高则花型精巧细密，网目数低则花型粗犷。

（3）绷网张力依丝网类型和印刷方式选择在 12～20N/cm 范围。

（4）网版印刷面涂布感光胶以厚膜为宜，一般为 12～14μm。

（5）为提高网版耐印力，最好进行二次曝光。

（6）不宜采用彩色油墨层面上再罩印冰花墨工艺。

（7）刮墨刀硬度（肖氏）在 65～75 度。

（8）冰花油墨在印刷前要进行充分搅拌，使之均匀，由于油墨中有光敏剂，故而在印刷过程中应尽量避免日光直射，防止在网版上出现干结现象。同时尽管冰花墨对皮肤只有极轻微的刺激，在生产中如不小心将油墨沾到皮肤上时，也应立即用清水冲洗。

（9）印刷之后，应立即进行固化干燥，以保定融达的 9401—I 型光固机为例，当紫外灯管的总功率为 11.2kW 时，有效曝光时间应控制在 90～120s。这样既可出现冰花效果，又能达到牢度和硬度要求。此光固机为空气冷却，设定机内温度 50℃以下为宜。

特装，也叫豪华装，是指选用优质材料，用特殊的工艺进行加工的一种书籍装帧方法。例如特装书封面往往是用绸缎或羊皮等制品，采用镶嵌金、银、宝石，压烫各种图案花纹。有的在天头、地脚切口进行滚金或着色；有的还配以函套等等。从外观上看，一本特装的图书就是一本精美的艺术品。

特装适用于一些有欣赏、收藏价值的书籍，用作馈赠礼品和纪念品，因而对装帧有特殊要求。特装的加工工艺复杂，技术性强，用料华贵，装订数量很少。因此，到目前为止，特装书籍一般都用手工操作，所以造价更高，除非特殊要求，一般应用不多。

习　题

1. 什么叫印后加工和书刊装订？
2. 简述我国从古代至现代书刊装订形式的演变和发展情况。
3. 书刊装订包括哪些主要的工艺流程？
4. 简述骑马订的工艺过程。
5. 骑马订书刊的质量要求是什么？
6. 简述平装书的装订工艺及成品的质量要求。
7. 简述精装书的装订工艺及成品的质量要求。
8. 何谓线装书和特装书？
9. 印刷品的表面整饰常用的方法有哪几种？各有什么特点？

10. 覆膜工艺有哪两种？各有什么特点？
11. 何为上光，它能对印刷品起到什么作用？
12. 何为模压？模切压痕的工作原理是什么？

参考文献

1. 魏瑞玲，印后原理与工艺，北京：印刷工业出版社，1999 年 9 月。
2. 老网印工作者联谊会，丝网印刷实用技术指南，北京：印刷工业出版社，2000 年 2 月。
3. 富强，不干胶标签印刷，北京：印刷工业出版社，2000 年 5 月。
4. 冯瑞乾，印刷概论，北京：石油工业出版社，1998 年 5 月。
5. 冯瑞乾，印刷原理及工艺，北京：印刷工业出版社，1999 年 2 月。
6. 冯瑞乾，袖珍数字印刷指南，北京：水利电力出版社，1998 年 5 月。
7. 金银河，包装印刷，北京：印刷工业出版社，1997 年 7 月。
8. 智文广，特种印刷，北京：印刷工业出版社，1996 年 5 月。

彩图1

品红网点增大对印刷结果的影响

网点良好(品红)　　　　　网点增大(品红)

色彩再现良好　　　　　　颜色偏红

彩图3

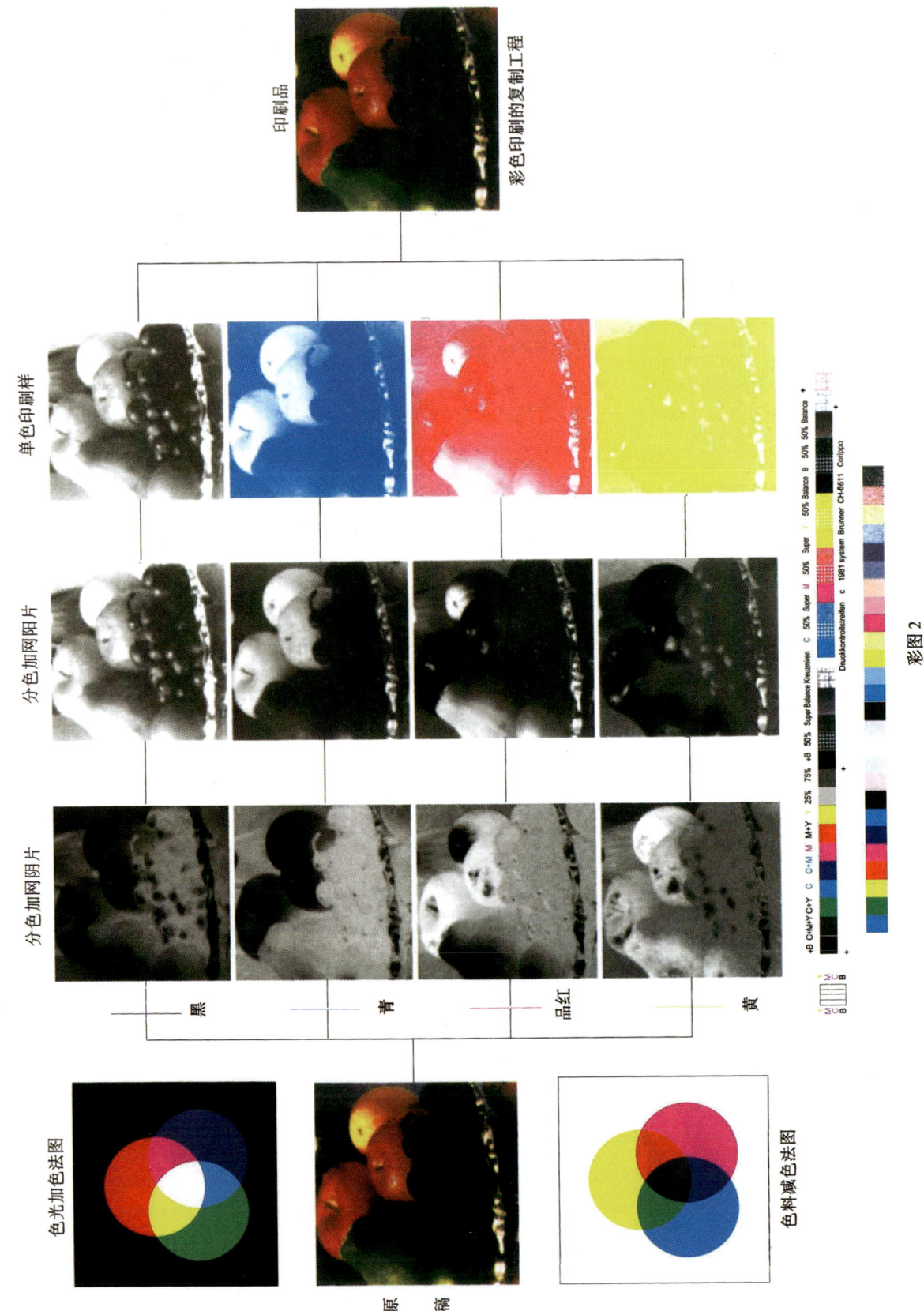

彩图 2